案例名称：课堂案例——显示/隐藏标尺　26页
案例位置：光盘>效果>第2章
学习目标：掌握显示/隐藏标尺的制作方法

案例名称：课堂案例——显示网格线
案例位置：光盘>效果>第2章
学习目标：掌握显示网格线的制作方法

案例名称：课堂案例——显示/隐藏笔记　28页
案例位置：光盘>效果>第2章
学习目标：掌握显示/隐藏笔记的制作方法

案例名称：课堂案例——从外部导入文本　47页
案例位置：光盘>效果>第3章
学习目标：掌握从外部导入文本的方法

案例名称：课堂案例——使用"段落"对话框设置文本对齐方式　56页
案例位置：光盘>效果>第3章
学习目标：掌握使用"段落"对话框设置文本对齐方式的制作方法

案例名称：课堂案例——使用标尺按钮缩进　57页
案例位置：光盘>效果>第3章
学习目标：掌握使用标尺按钮缩进的制作方法

案例名称：课堂案例——设置段落行距和间距　58页
案例位置：光盘>效果>第3章
学习目标：掌握设置段落行距和间距的制作方法

案例名称：课堂案例——添加常用项目符号　60页
案例位置：光盘>效果>第3章
学习目标：掌握添加常用项目符号的制作方法

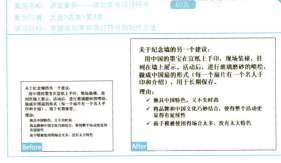

案例名称：课堂案例——添加图片项目符号　61页
案例位置：光盘>效果>第3章
学习目标：掌握添加图片项目符号的制作方法

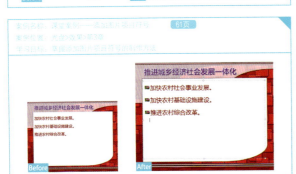

案例名称：课堂案例——添加自定义项目符号　62页
案例位置：光盘>效果>第3章
学习目标：掌握添加自定义项目符号的制作方法

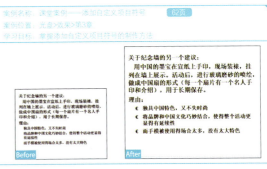

案例名称： 课堂案例——添加常用项目编号　　63页
案例位置： 光盘>效果>第3章
学习目标： 掌握添加常用项目编号的制作方法

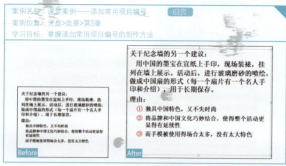

案例名称： 课后习题——为My Room演示文稿添加项目符号　　65页
案例位置： 光盘>效果文件>第3章
学习目标： 掌握为My Room演示文稿添加项目符号的制作方法

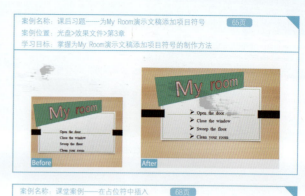

案例名称： 课堂案例——在非占位符中插入　　67页
案例位置： 光盘>效果>第4章
学习目标： 掌握在非占位符中插入的制作方法

案例名称： 课堂案例——在占位符中插入　　68页
案例位置： 光盘>效果>第4章
学习目标： 掌握在占位符中插入的制作方法

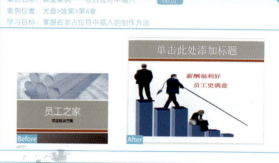

案例名称： 课堂案例——编辑剪贴画　　69页
案例位置： 光盘>效果>第4章
学习目标： 掌握编辑剪贴画的制作方法

案例名称： 课堂案例——插入图片　　72页
案例位置： 光盘>效果>第4章
学习目标： 掌握插入图片的制作方法

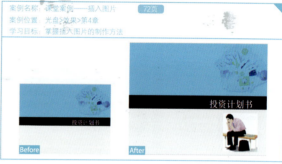

案例名称： 课堂案例——设置艺术字形状样式　　80页
案例位置： 光盘>效果>第4章
学习目标： 掌握设置艺术字形状样式的制作方法

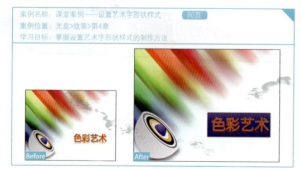

案例名称： 课堂案例——设置艺术字形状填充　　81页
案例位置： 光盘>效果>第4章
学习目标： 掌握设置艺术字形状填充的制作方法

案例名称： 课堂案例——设置艺术字形状效果　　82页
案例位置： 光盘>效果>第4章
学习目标： 掌握设置艺术字形状效果的制作方法

案例名称： 课堂案例——设置艺术字渐变颜色　　84页
案例位置： 光盘>视频>第4章
学习目标： 掌握设置艺术字渐变颜色的制作方法

案例名称：课堂案例——设置形状轮廓样式　　86页
案例位置：光盘>效果>第4章
学习目标：掌握设置形状轮廓样式的制作方法

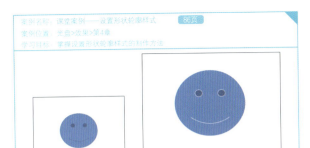

案例名称：课堂案例——设置三维效果　　87页
案例位置：光盘>效果>第4章
学习目标：掌握设置三维效果的制作方法

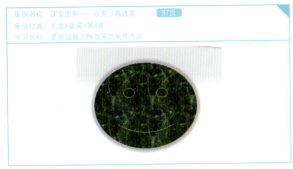

案例名称：课堂案例——让图片变得明亮　　88页
案例位置：光盘>效果>第4章
学习目标：掌握让图片变得明亮的制作方法

案例名称：课堂案例——改变图片形状　　89页
案例位置：光盘>效果>第4章
学习目标：掌握改变图片形状的制作方法

案例名称：课堂案例——添加图片立体效果　　90页
案例位置：光盘>效果>第4章
学习目标：掌握添加图片立体效果的制作方法

案例名称：课堂案例——压缩图片　　92页
案例位置：光盘>效果>第4章
学习目标：掌握压缩图片的制作方法

案例名称：课堂案例——替换图片　　93页
案例位置：光盘>效果>第4章
学习目标：掌握替换图片的制作方法

案例名称：课堂案例——裁剪图片　　94页
案例位置：光盘>效果>第4章
学习目标：掌握裁剪图片的制作方法

案例名称：课堂案例——渐变色美化图形　　96页
案例位置：光盘>效果>第4章
学习目标：掌握渐变色美化图形的制作方法

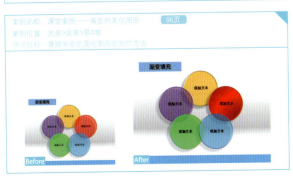

案例名称：课堂习题——为"彩陶艺术"演示文稿设置艺术字　　99页
案例位置：光盘>效果文件>第4章
学习目标：掌握为"彩陶艺术"演示文稿设置艺术字的制作方法

本书案例展示

案例名称：课堂案例——对齐和分布　102页
案例位置：光盘>效果>第5章
学习目标：掌握对齐和分布的制作方法

案例名称：课堂案例——插入流程图形　106页
案例位置：光盘>效果>第5章
学习目标：掌握插入流程图形的制作方法

案例名称：课堂案例——插入循环图形　108页
案例位置：光盘>视频>第5章
学习目标：掌握插入循环图形的制作方法

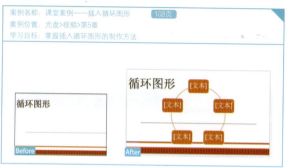

案例名称：课堂案例——插入关系图形　109页
案例位置：光盘>效果>第5章
学习目标：掌握插入关系图形的制作方法

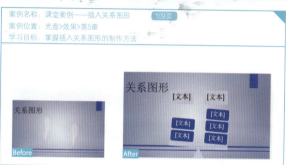

案例名称：课堂案例——插入棱锥图形　110页
案例位置：光盘>效果>第5章
学习目标：掌握插入棱锥图形的制作方法

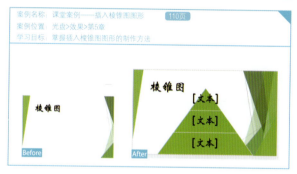

案例名称：课堂案例——插入层次结构图形　110页
案例位置：光盘>效果>第5章
学习目标：掌握插入层次结构图形的制作方法

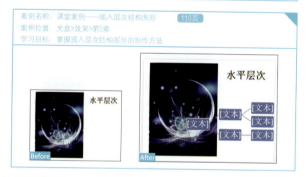

案例名称：课堂案例——编辑相册　116页
案例位置：光盘>效果>第5章
学习目标：掌握编辑相册的制作方法

案例名称：课堂案例——在文本窗格中输入文本　117页
案例位置：光盘>效果>第5章
学习目标：掌握在文本窗格中输入文本的制作方法

案例名称：课堂案例——隐藏文本窗格　119页
案例位置：光盘>效果>第5章
学习目标：掌握隐藏文本窗格的制作方法

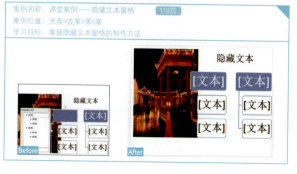

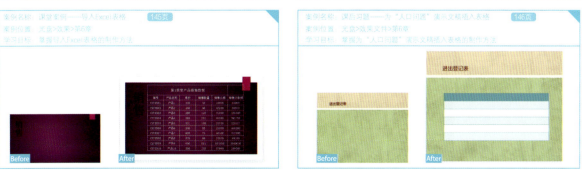

本书案例展示

案例名称：课堂案例——创建柱形图　150页
案例位置：光盘>效果>第7章
学习目标：掌握创建柱形图的制作方法

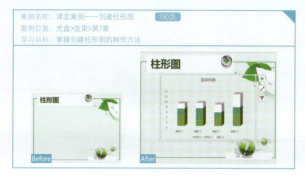

案例名称：课堂案例——创建折线图　152页
案例位置：光盘>效果>第7章
学习目标：掌握创建折线图的制作方法

案例名称：课堂案例——输入数据　158页
案例位置：光盘>效果>第7章
学习目标：掌握输入数据的制作方法

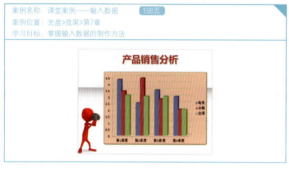

案例名称：课堂案例——插入行或列　161页
案例位置：光盘>效果>第7章
学习目标：掌握插入行或列的制作方法

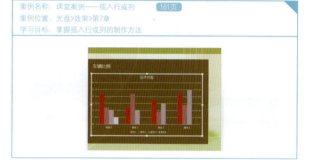

案例名称：课堂案例——快速设置图表布局　162页
案例位置：光盘>效果>第7章
学习目标：掌握快速设置图表布局的制作方法

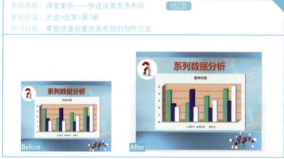

案例名称：课堂案例——添加图表标题　163页
案例位置：光盘>效果>第7章
学习目标：掌握添加图表标题的制作方法

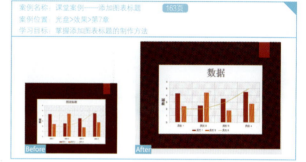

案例名称：课堂案例——设置图表背景　165页
案例位置：光盘>效果>第7章
学习目标：掌握设置图表背景的制作方法

案例名称：课堂案例——设置图表位置　168页
案例位置：光盘>效果>第7章
学习目标：掌握设置图表位置的制作方法

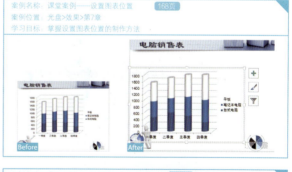

案例名称：课堂案例——添加文件中的声音　173页
案例位置：光盘>效果>第8章
学习目标：掌握添加文件中的声音的制作方法

案例名称：课堂案例——插入剪辑中的声音　174页
案例位置：光盘>效果>第8章
学习目标：掌握添加插入剪辑中的声音的制作方法

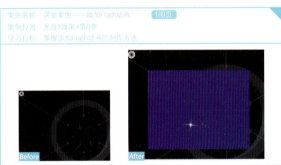

本书案例展示

案例名称：课堂案例——设置主题效果为插页　202页
案例位置：光盘>效果>第9章
学习目标：掌握设置主题效果为插页的制作方法

案例名称：课堂案例——选择主题效果　202页
案例位置：光盘>效果>第9章
学习目标：掌握选择主题效果的制作方法

案例名称：课堂案例——设置纯色背景　205页
案例位置：光盘>效果>第9章
学习目标：掌握设置纯色背景的制作方法

案例名称：课堂案例——设置母版背景　211页
案例位置：光盘>效果>第9章
学习目标：掌握设置母版背景的制作方法

案例名称：课堂案例——设置页眉和页脚　212页
案例位置：光盘>效果>第9章
学习目标：掌握设置页眉和页脚的制作方法

案例名称：课堂案例——设置项目符号　214页
案例位置：光盘>效果>第9章
学习目标：掌握设置项目符号的制作方法

案例名称：课堂案例——插入超链接　224页
案例位置：光盘>效果>第10章
学习目标：掌握插入超链接的制作方法

案例名称：课堂案例——运用选项删除超链接　226页
案例位置：光盘>效果>第10章
学习目标：掌握运用选项删除超链接的制作方法

案例名称：课堂案例——添加动作按钮　227页
案例位置：光盘>效果>第10章
学习目标：掌握运用按钮删除超链接的制作方法

案例名称：课堂案例——更改超链接　229页
案例位置：光盘>效果>第10章
学习目标：掌握更改超链接的制作方法

案例名称：课堂案例——设置超链接颜色　230页
案例位置：光盘>效果>第10章
学习目标：掌握设置超链接颜色的制作方法

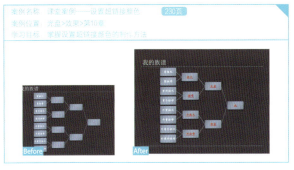

案例名称：课堂案例——设置超链接字体　231页
案例位置：光盘>效果>第10章
学习目标：掌握设置超链接字体的制作方法

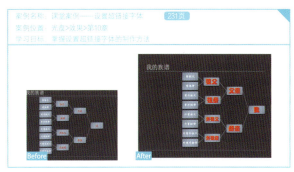

案例名称：课堂案例——链接到电子邮件　233页
案例位置：光盘>效果>第10章
学习目标：掌握链接到电子邮件的制作方法

案例名称：课堂案例——链接到新建文档　235页
案例位置：光盘>效果>第10章
学习目标：掌握链接到新建文档的制作方法

案例名称：课堂案例——头样动画效果　239页
案例位置：光盘>效果>第11章
学习目标：掌握头样动画效果的制作方法

案例名称：课堂案例——添加进入动画　240页
案例位置：光盘>效果>第11章
学习目标：掌握添加进入动画的制作方法

案例名称：课堂案例——添加多个动画效果　243页
案例位置：光盘>效果>第11章
学习目标：掌握添加多个动画效果的制作方法

本书案例展示

案例名称：课堂案例——设置动画效果选项　　246页
案例位置：光盘>效果>第11章
学习目标：掌握设置动画效果选项的制作方法

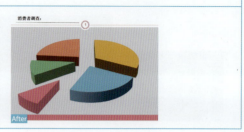

案例名称：课堂案例——添加波浪形动作路径　　247页
案例位置：光盘>效果>第11章
学习目标：掌握添加波浪形动作路径的制作方法

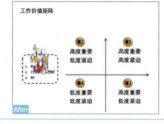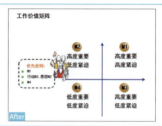

案例名称：课后习题——为"网络时代"演示文稿添加缩放动画　　253页
案例位置：光盘>效果>第11章
学习目标：掌握为"网络时代"演示文稿添加缩放动画的制作方法

案例名称：课堂案例——细微型切换效果　　264页
案例位置：光盘>效果>第12章
学习目标：掌握细微型切换效果的制作方法

案例名称：课堂案例——华丽型切换效果　　265页
案例位置：光盘>效果>第12章
学习目标：掌握华丽型切换效果的制作方法

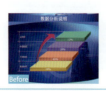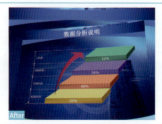

案例名称：课堂案例——动态内容切换效果　266页
案例位置：光盘>效果>第12章
学习目标：掌握动态内容切换效果的制作方法

Before

After

After

案例名称：课后习题——为"红瓷文化"演示文稿设置从当前幻灯片开始放映　270页
案例位置：光盘>效果文件>第12章
学习目标：掌握为"红瓷文化"演示文稿设置从当前幻灯片开始放映的制作方法

Before

After

After

案例名称：课堂案例——品牌服装宣传　286页
案例位置：光盘>效果>第14章
学习目标：掌握品牌服装宣传演示文稿的制作方法

Before

After

After

案例名称：课堂案例——新品推广　295页
案例位置：光盘>效果文件>第14章
学习目标：掌握新品推广演示文稿的制作方法

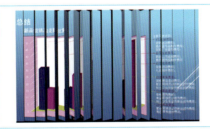

案例名称：课堂案例——年度会议综述　303页
案例位置：光盘>效果>第14章
学习目标：掌握年度会议综述演示文稿的制作方法

本书案例展示

案例名称：课堂案例——语文课件　312页
案例位置：光盘>效果>第14章
学习目标：掌握语文课件演示文稿的制作方法

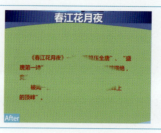

案例名称：课堂案例——市场调研分析　316页
案例位置：光盘>效果>第14章
学习目标：掌握市场调研分析演示文稿的制作方法

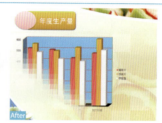

案例名称：课堂案例——广告画册　329页
案例位置：光盘>效果文件>第14章
学习目标：掌握广告画册演示文稿的制作方法

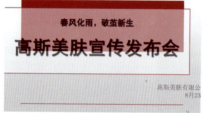

案例名称：课堂案例——运动品牌推荐　340页
案例位置：光盘>效果>第14章
学习目标：掌握运动品牌推荐演示文稿的制作方法

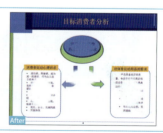

案例名称：课后习题——制作云南风光演示文稿　351页
案例位置：光盘>效果文件>第14章
学习目标：掌握制作云南风光演示文稿的制作方法

案例名称：课后习题——制作数词复习演示文稿　351页
案例位置：光盘>效果文件>第14章
学习目标：掌握制作数词复习演示文稿的制作方法

PPT设计
实用教程

华天印象　编著

人民邮电出版社

北京

图书在版编目（C I P）数据

PPT设计实用教程 / 华天印象编著. -- 北京 ：人民
邮电出版社，2015.12（2019.8重印）
ISBN 978-7-115-40324-7

Ⅰ．①P… Ⅱ．①华… Ⅲ．①图形软件—教材 Ⅳ.
①TP391.41

中国版本图书馆CIP数据核字(2015)第237610号

内 容 提 要

这是一本全面介绍 PowerPoint 2013 基本功能及实际应用的教程。本书针对零基础读者编写，是入门级读者快速、全面掌握 PowerPoint 2013 的必备参考书。

本书以各种重要技术为主线，对每项技术中的重点内容进行详细介绍，并安排了大量课堂案例，让读者可以快速了解软件功能和制作思路。另外，在每章最后都安排了课后习题，这些习题都是在实际创建演示文稿时经常会遇到的项目实例。通过课后习题既达到了强化训练的目的，又可以让学生在不出校园的情况下了解实际工作中需要做什么，该做些什么。

本书附带 1 张 DVD 教学光盘，包括所有案例的素材文件、效果文件和多媒体教学视频，同时提供教学 PPT 课件。另外，我们还精心准备了 PowerPoint 2013 快捷键索引、课堂案例索引和课后习题索引，方便学习使用。

本书具有很强的针对性和实用性，既可以作为院校和培训机构的专业课程教材，也可以作为 PowerPoint 2013 自学人员的参考用书。

◆ 编　　著　华天印象
　　责任编辑　张丹阳
　　责任印制　程彦红

◆ 人民邮电出版社出版发行　　北京市丰台区成寿寺路 11 号
　　邮编 100164　电子邮件 315@ptpress.com.cn
　　网址 http://www.ptpress.com.cn
　　固安县铭成印刷有限公司印刷

◆ 开本：787×1092　1/16
　　印张：22.5　　　　　　　　彩插：6
　　字数：642 字　　　　　　　2015 年 12 月第 1 版
　　印数：4 101—4 700册　　　2019 年 8 月河北第 5 次印刷

定价：49.00 元（附光盘）
读者服务热线：(010)81055410　印装质量热线：(010)81055316
反盗版热线：(010)81055315
广告经营许可证：京东工商广登字 20170147 号

前 言

PowerPoint 2013作为Office 2013的重要组成部分之一，广泛应用于课堂教学、新品推介、公司会议和产品展示等诸多领域。使用PowerPoint 2013可以制作出集文字、图形、图像、声音以及视频等为一体的多媒体演示文稿，功能丰富，作用强大。

我们对本书的编写体系做了精心的设计，按照"课堂案例→课后习题"这一思路进行编写，力求通过软件功能解析使读者深入学习软件功能和制作特色；力求通过课堂案例演练使读者快速了解软件功能和设计思路；力求通过课后练习提高读者的实际操作能力。在内容编写方面，力求通俗易懂，细致全面；在文字叙述方面，注意言简意赅、突出重点；在案例选取方面，强调案例的针对性和实用性。

本书的光盘中包含了所有课堂案例和课后习题的效果文件、素材文件。同时，为了方便读者学习，在光盘中还有所有案例的多媒体有声视频教学录像。这些录像均由专业人士录制，视频详细记录了案例的操作步骤，使读者一目了然。

本书的参考学时为109课时，其中讲授环节为67课时，实训环节为42课时，各章的参考学时如下表所示。

章节	课程内容	学时分配	
		讲授	实训
第1章	PowerPoint 2013快速入门	2	
第2章	演示文稿基本操作	2	1
第3章	文本内容美化操作	3	2
第4章	制作精美图片效果	5	4
第5章	绘制与编辑图形对象	5	3
第6章	表格对象特效设计	4	3
第7章	创建编辑图表对象	5	3
第8章	添加外部媒体文件	6	4
第9章	设置幻灯片的主题和母版	6	4
第10章	创建与编辑超链接	4	2
第11章	幻灯片的动画设计效果	4	2
第12章	幻灯片的放映方式	3	2
第13章	打印输出演示文稿	4	2
第14章	商业案例实训	14	10
课时总计		67	42

为了达到使读者轻松自学并深入地了解PowerPoint 2013功能的目的，本书在版面设计上尽量做到清晰明了，如下图所示。

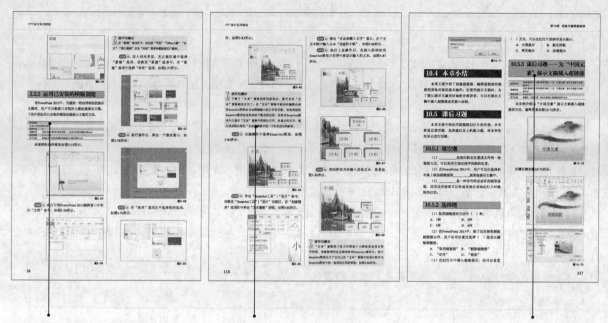

课堂案例：包含大量的案例详解，使大家深入掌握 PowerPoint 2013 的基础知识以及各种功能的作用。

技巧与提示：针对 Office 2013 的实用技巧及制作过程中的难点进行重点提示。

课后习题：安排重要的制作习题，让大家在学完相应内容以后继续强化所学技术。

本书由华天印象编著，参加编写的人员还有甘昀昀等。由于作者的编写水平有限，书中难免出现疏漏和不足之处，还请广大读者包涵并指正。衷心地希望能够为广大读者提供更多的服务，尽可能地帮大家解决一些实际问题。如果大家在学习过程中有疑难问题需要我们帮助，请发送电子邮件到itsir@qq.com。

编 者

目 录 CONTENTS

目 录 CONTENTS

目 录 CONTENTS

目 录 CONTENTS

目 录 CONTENTS

目 录 CONTENTS

第1章

PowerPoint 2013快速入门

　　Microsoft PowerPoint 2013可用来设计、制作信息展示领域的各种电子演示文稿，使演示文稿的制作更加容易和直观，也是人们在日常生活、工作、学习中使用最多、最广泛的幻灯片演示软件。本章主要介绍PowerPoint 2013的基本知识，帮助读者快速入门。

课堂学习目标

PowerPoint 2013基本概念

PowerPoint 2013基本操作

PowerPoint 2013工作界面

常用的视图方式

PowerPoint 2013新增功能

1.1 PowerPoint 2013基本概念

Microsoft Office 2013是美国微软公司发布的新版本，其中Microsoft PowerPoint 2013是Microsoft Office 2013办公套装软件中的一个重要组成部分，它可以用来设计和制作信息展示领域的各种电子演示文稿。

1.1.1 PowerPoint基本概念

PowerPoint 2013是一款专门用来制作和播放幻灯片的软件，使用它可以轻松制作出形象生动、声形并茂的幻灯片。

PowerPoint 2013简单易学，并提供了方便的帮助系统，还可通过互联网协作和共享演示文稿。它能将死板的文档、表格等结合图片、图表、声音、影片、动画等多种元素生动地展示给观众，并能通过计算机（俗称电脑）、投影仪等设备放映出来，表达自己的想法、传播知识、促进交流以及宣传文化等。PowerPoint 2013不仅继承了先前版本的强大功能，更以全新的界面和便捷的操作模式引导用户快速地制作出图文并茂、声形兼具的多媒体演示文稿。图1-1所示为教学课件。

图1-1

1.1.2 PowerPoint应用特点

PowerPoint 2013和其他Office 2013应用软件一样，使用方便，界面友好。简单地说，PowerPoint 2013具有以下特点。

• 简单易用：作为Office软件中的一员，PowerPoint 2013在选项卡、工作界面的设置上和Word、Excel类似，各种工具的使用也相当简单，一般情况下用户只需经过短时间的学习就可以制作出具有专业水准的多媒体演示文稿。

• 帮助系统：在演示文稿的制作过程中，使用PowerPoint 2013帮助系统，可以得到各种提示，可以帮助用户进行幻灯片的制作，以提高工作效率。

• 与他人协作：PowerPoint 2013使连接互联网和共享演示文稿变得更加简单，地理位置分散的用户在自己的办公地点就可以很好地与他人进行合作。

• 多媒体演示：使用PowerPoint 2013制作演示文稿可以应用于不同的场合，演示的内容可以是文字、图形、图像、声音以及视频等多媒体信息。另外，PowerPoint 2013还提供了多种控制自如的放映方式和变化多样的画面切换效果，在放映时还可以方便地使用鼠标箭头或笔迹指示以演示重点内容或进行标示和强调。

• 发布应用：在PowerPoint 2013中，可以将演示文稿保存为HTML格式的网页文件，然后发布到互联网上，这样异地的观众可直接使用网页浏览器观看发布者发布的演示文稿。

• 支持多种格式的图形文件：在Office的剪辑库中收集了多种类别的剪贴画，通过自定义的方法，可以向剪辑库中增加新的图形。此外，PowerPoint 2013还允许在幻灯片中添加JPEG、BMP、EMF和GIF等图形文件，对于不同类型的图形对象，可以设置动态效果。

• 输出方式多样化：用户可以根据制作的演示文稿，选择输出供观众使用的讲义或者供演讲者使用的备注文档。

技巧与提示

在PowerPoint 2013中，用户不仅可以将制作好的幻灯片输出为多种方式，还可以将幻灯片的大纲通过打印机打印出来。

1.1.3 PowerPoint常见术语

PowerPoint 2013引入了一些特有的专业术语，了解这些术语更有利于创建和操作演示文稿。

1. 演示文稿和幻灯片

演示文稿是使用PowerPoint所创建的文档，而幻灯片则是演示文稿中的页面，演示文稿是由若干张幻灯片所组成的，这些幻灯片能以图像、表格、音频和视频的多媒体形式用于广告宣传、产品介绍、业绩报告、学术演讲、电子教学、销售简报和商务办公等。图1-2所示为《公司年度计划》的演示文稿，图1-3所示为演示文稿中的一张幻灯片。

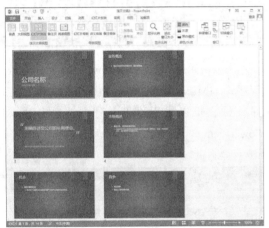

图1-2

图1-3

2. 主题

PowerPoint 2013的主题由"主题颜色""主题字体"和"主题效果"组成，"主题字体"是指应用在演示文稿中的主要字体和次要字体的集合；"主题颜色"是指在演示文稿中使用的颜色的集合；"主题效果"是指应用在演示文稿中元素的视觉属性的集合，主题可以作为一套独立的选择方案应用于演示文稿中。图1-4所示为同一张幻灯片应用两种不同主题的效果。

图1-4

> **技巧与提示**
>
> 在"打开"选项卡中右侧的"最近使用的演示文稿"选项区中，显示了最近打开过的演示文稿，如果用户需要再次打开某一个使用过的演示文稿，则可以直接双击文件名以实现打开操作。

3. 模版

在PowerPoint 2013中，模版记录了对幻灯片母版、版式和主题组合所进行的设置，由于模版所包含的结构构成了已完成演示文稿的样式和页面布局，因此可以在模版的基础上快速创建出外观和风格相似的演示文稿。图1-5所示为已创建的"欢迎使用PowerPoint"演示文稿。

图1-5

4. 母版

母版是模版的一部分，其中储存了文本和各种对象在幻灯片上的放置位置、文本或占位符的大小、文本样式、背景、颜色主题、效果和动画等信息。母版包括幻灯片母版、讲义母版和备注母版，最常用的是幻灯片母版，它定义了在幻灯片中要放置和显示内容的位置信息。如图1-6所示，为应用两种不同母版的效果。

图1-6

图1-6（续）

1.2 PowerPoint 2013基本操作

PowerPoint是在Windows环境下开发的应用程序，与Microsoft Office软件包中的其他应用程序一样，可以采用以下几种方法来启动或退出PowerPoint。

1.2.1 启动PowerPoint 2013

启动PowerPoint 2013，常用的有以下3种方法。

• 图标：双击桌面上的PowerPoint 2013快捷方式图标即可启动PowerPoint 2013，如图1-7所示。

图1-7

• 命令：单击"开始"|"所有程序"|"Microsoft Office 2013"|"PowerPoint 2013"命令，如图1-8所示。

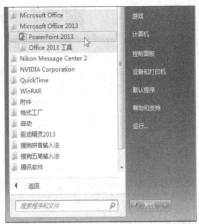

图1-8

• 快捷菜单：在桌面窗口中的空白区域单击鼠标右键，在弹出的快捷菜单中选择"新建"|"Microsoft PowerPoint演示文稿"命令，如图1-9所示。

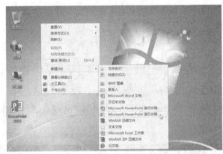

图1-9

1.2.2 退出PowerPoint 2013

退出PowerPoint 2013，常用的有以下两种方法。

• 按钮：单击标题栏右侧的"关闭"按钮，如图1-10所示。

图1-10

• 快捷键：按【Alt＋F4】组合键，可直接退出PowerPoint应用程序。

技巧与提示

在PowerPoint 2013的退出方法中，相比较于PowerPoint 2010，PowerPoint 2013减少了通过命令退出演示文稿的方法。

1.3 PowerPoint 2013工作界面的认识

PowerPoint 2013工作界面和以往的PowerPoint区别不是很大，它主要包括快速访问工具栏、标题栏、功能区、编辑区、状态栏、备注栏、大纲与幻灯片窗格等部分，如图1-11所示，下面将介绍这些组成部分。

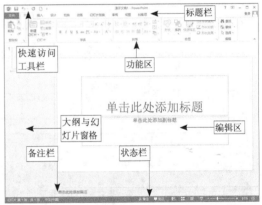

图1-11

1.3.1 快速访问工具栏

默认情况下，快速访问工具栏位于PowerPoint窗口的顶部，用户可以自行设置软件操作窗口中快速访问工具栏中的按钮，可将需要的常用按钮显示其中，也可以将不需要的按钮删除。利用该工具栏可以对最常用的工具进行快速访问，如图1-12所示。

技巧与提示

PowerPoint 2013窗口标题栏右端的按钮，从右至左分别为"最小化"按钮、"最大化"按钮、"功能区显示选项"按钮和"Microsoft PowerPoint帮助（F1）"按钮。

• "最小化"按钮：单击该按钮，可将PowerPoint 2013

窗口收缩为任务栏中的一个图标，单击该图标又可将其放大为窗口。

· "最大化"按钮：单击该按钮，可将PowerPoint 2013窗口放大到整个显示器屏幕，此时"最大化"按钮变成"还原"按钮。

· "功能区显示选项"按钮：单击该按钮，弹出列表框，在其中包含有3种选项，分别为"自动隐藏功能区""显示选项卡"以及"显示选项卡和命令"。

· "Microsoft PowerPoint帮助（F1）"按钮：单击该按钮，将弹出"PowerPoint帮助"窗口，用户可以在"搜索"文本框中输入需要了解的PowerPoint问题。

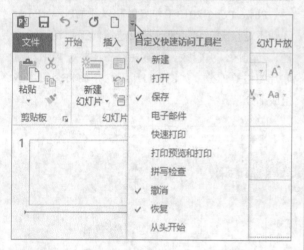

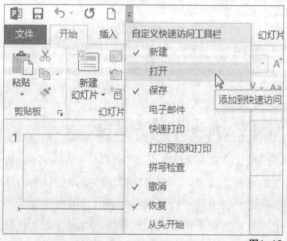

图1-12

1.3.2 功能区

功能区由面板、选项板和按钮3部分组成，如图1-13所示，下面分别介绍这3个部分。

图1-13

1. 面板

面板位于功能区顶部，各个面板都围绕特定方案或对象进行组织，例如在"开始"面板中包含了若干常用的控件。

2. 选项板

选项板位于面板中，用于将某个任务细分为多个子任务控件，并以按钮、库和对话框的形式出现，比如"开始"面板中的"幻灯片"选项板、"字体"选项板等。

3. 按钮

选项板中的按钮用于执行某个特定的操作，例如在"开始"面板中的"段落"选项板中有"文本左对齐""文本右对齐"和"居中"按钮等。

1.3.3 编辑窗口

PowerPoint 2013主界面中间最大的区域即为幻灯片编辑区，用于编辑幻灯片的各项内容，当幻灯片应用了主题和版式后，在编辑区将出现相应的提示信息，提示用户输入相关内容。图1-14所示为幻灯片编辑区。

图1-14

1.3.4 大纲与幻灯片窗格

幻灯片编辑窗口左侧即为"幻灯片"，"幻灯片"窗格以缩略图的形式显示演示文稿内容，使用缩略图能更方便地通过演示文稿导航并观看所更改的效果。图1-15所示为"幻灯片"窗格。

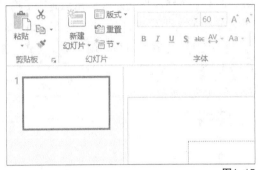

图1-15

1.3.5 备注栏

备注栏位于幻灯片编辑窗口的下方，用于显示幻灯片备注信息，方便演讲者使用。用户可以打印备注，将其分发给观众，也可以将备注包括在发送给观众或在网页上发布的电子演示文稿中。

1.3.6 状态栏

状态栏位于PowerPoint工作界面底部，用于显示当前状态，如页数、字数及语言等信息。状态栏的右侧为"视图切换按钮和显示比例滑块"区域，通过视图切换按钮可以快速切换幻灯片的视图模式，利用显示比例滑块可以控制幻灯片在整个编辑区的显示比例，达到理想效果，在状态栏中还包括"备注"和"批注"按钮。

1.4 常用的视图方式

在演示文稿制作的不同阶段，PowerPoint提供了不同的工作环境，称为视图。在PowerPoint中有4种基本的视图模式：普通视图、幻灯片浏览视图、幻灯片放映视图和备注页视图。在不同的视图中，可以使用相应的方式查看和操作演示文稿。

1.4.1 普通视图

普通视图是PowerPoint 2013的默认视图，也是使用最多的视图，利用普通视图可以同时观察到演示文稿中某张幻灯片的显示效果、大纲级别和备注内容。普通视图主要用于编辑幻灯片总体结构，也可以单独编辑单张幻灯片或大纲。单击大纲窗口上的"幻灯片"选项卡，进入普通视图的幻灯片模式，如图1-16所示。

> **技巧与提示**
>
> 在"演示文稿视图"选项板中，单击"大纲视图"按钮，进入普通视图的大纲模式，由于普通视图的大纲方式具有特殊的结构和大纲工具栏，因此在大纲视图模式中更便于文本的输入、编辑和重组。

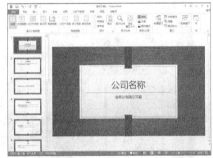

图1-16

幻灯片模式是调整、修饰幻灯片的最好显示模式，如图1-17所示。在幻灯片模式窗口中显示的是幻灯片的缩略图，在每张图的前面有该幻灯片的序列号和动画播放按钮。单击缩略图，即可在右边的幻灯片编辑窗口中进行编辑修改；单击"播放"按钮，可以浏览幻灯片动画播放效果，还可拖曳缩略图以改变幻灯片的位置，调整幻灯片的播放次序。

图1-17

1.4.2 备注页视图

备注页视图用于为演示文稿中的幻灯片提供备注，单击"视图"面板中的"备注页"按钮，如图1-18所示，可以切换到备注页视图。在该视图模式下，可以通过文字、图片、图表和表格等对象来修饰备注，图1-19所示。

技巧与提示

切换至备注页视图以后，在编辑区中仅显示备注编辑区域，而幻灯片中本身的背景图片将不会显示出来。

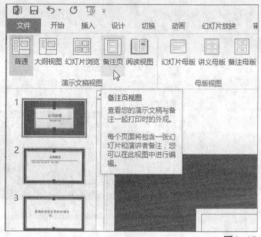

图1-18

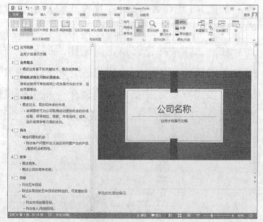

图1-19

1.4.3 幻灯片浏览视图

在幻灯片浏览视图中，演示文稿中所有幻灯片以缩略图方式整齐地显示在同一窗口中，在该视图中可

以查看幻灯片的背景设计、配色方案，检查幻灯片之间是否协调、图标的位置是否合适等问题，同时还可以快速地在幻灯片之间添加、删除和移动幻灯片的前后顺序以及对幻灯片之间的动画进行切换。

单击状态栏右边的"幻灯片浏览"按钮，可将视图模式切换到幻灯片浏览视图模式。另外用户还可以切换至"视图"功能区，在"演示文稿视图"选项板中单击"幻灯片浏览"按钮，如图1-20所示，同样可以切换到幻灯片浏览视图模式。图1-21所示为幻灯片浏览视图。

图1-20

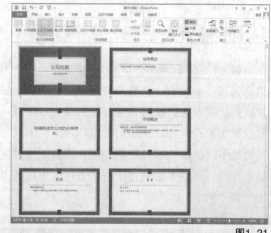

图1-21

1.4.4 幻灯片放映视图

幻灯片放映视图是在计算机屏幕上完整播放演示文稿的专用视图，在该视图模式下可以观看演示文稿的实际播放效果，还能体验到动画、声音和视频等多媒体效果。单击状态栏上的"幻灯片放映"

按钮即可进入幻灯片放映视图。图1-22所示为幻灯片放映视图。

? 技巧与提示
在放映幻灯片时，幻灯片按顺序全屏幕播放，也可以单击鼠标，一张张放映幻灯片，或设置自动放映（预先设置放映方式）。放映完毕后，视图恢复到原来的状态。

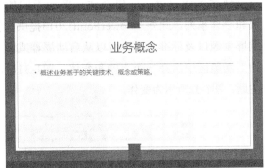

图1-22

1.5 PowerPoint 2013新增功能

Microsoft PowerPoint 2013具有全新的外观，使用起来更加简洁，适合在平板电脑和智能手机上使用，因此在使用这些播放设备时可以在演示文稿中用手指轻扫并点击演示界面。演示者视图可自动适应投影设置，甚至可以在一台监视器上使用它。下面将介绍PowerPoint 2013的部分新增功能。

1.5.1 新增使用模版

PowerPoint 2013提供了许多方式来使用模版、主题、最近的演示文稿、较旧的演示文稿或空白演

示文稿来启动下个演示文稿，而不是直接打开空白演示文稿，如图1-23所示。

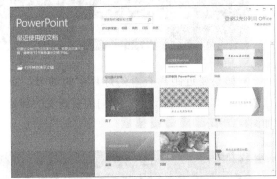

图1-23

1.5.2 简易的演示者视图

在以往的PowerPoint中设置演示者视图时可能会出现问题，但是在PowerPoint 2013中已有很大改进。只需要连接监视器，PowerPoint将自动设置。在演示者视图中，用户可以在演示时看到本身的备注，而观众只能看到幻灯片。图1-24所示为演示者视图。

图1-24

在演示者视图中，用户还可以进行以下操作。

• 如果要移动到上一张或下一张幻灯片，单击"上一张"或"下一张"按钮，如图1-25所示。

图1-25

• 如果要查看演示文稿中所有幻灯片，单击"请查看所有幻灯片"按钮，如图1-26所示。

1-38所示。在PowerPoint中，单击"文件"|"另存为"|"添加位置"按钮，如图1-39所示。在"添加位置"下单击Sky Drive按钮，在PowerPoint中打开需要保存到Sky Drive的演示文稿，然后在"文件"选项卡上单击"另存为"按钮。在"另存为"选项区下方单击"姓名Sky Drive"按钮，从"最近访问的文件夹"列表中选择某个文件夹，或单击"浏览"按钮，以查找Sky Drive上某个文件夹，然后单击"打开"按钮即可。

图1-38

图1-39

技巧与提示

在PowerPoint 2013中，如果要设置免费的Sky Drive 账户，则必须拥有Microsoft账户。

1.5.9 处理同一演示文稿

在PowerPoint 2013中，可以使用PowerPoint的桌面或联机版本处理同一演示文稿，并查看彼此所做的更改。

1.6 本章小结

PowerPoint 2013是Office 2013的重要组成部分之一，使用PowerPoint 2013可以制作出集文字、图形、图像、声音以及视频等为一体的多媒体演示文稿。本章主要介绍了PowerPoint 2013的基本概念、基本操作、视图方式以及一些新增的功能。

1.7 课后习题

本章重点介绍了PowerPoint课件的基础入门知识，本节将通过填空题、选择题以及上机练习题，对本章的知识点进行回顾。

1.7.1 填空题

（1）PowerPoint 2013和其他Office 2013应用软件一样，使用方便，界面友好。简单地说，PowerPoint 2013的特点是_____。

（2）PowerPoint 2013的常用视图有普通视图、_____、_____和幻灯片浏览视图。

（3）在PowerPoint 2013中，有哪些新增功能：_____。

1.7.2 选择题

（1）PowerPoint 2013的主题由"主题颜色""主题字体"和（　）组成。

  A. 主题效果　　　　B. 主题画面

  C. 主题内容　　　　D. 主题文稿

（2）母版包括幻灯片母版、讲义母版和备注母版，最常用的是（　）。

  A. 幻灯片母版　　　B. 讲义母版

  C. 备注母版　　　　D. 以上都是

（3）在PowerPoint 2013中的退出方法中，相较于PowerPoint 2010，PowerPoint 2013减少了（　）退出演示文稿的方法。

  A. 按钮　　　　　　B. 命令

  C. 快捷键　　　　　D. 以上都是

1.7.3 课后习题——制作探测射线的方法的浏览方式

案例位置	光盘>效果>第1章>课后习题——制作探测射线的方法的浏览方式.pptx
视频位置	光盘>视频>第1章>课后习题——制作探测射线的方法的浏览方式.mp4
难易指数	★★★★★
学习目标	掌握制作探测射线方法的浏览方式的制作方法

本实例介绍制作探测射线的方法的浏览方式的方法，最终效果如图1-40所示。

图1-40

步骤分解如图1-41所示。

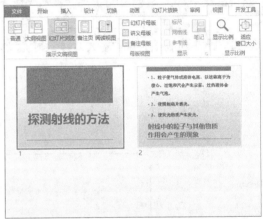

图1-41

第2章

演示文稿基本操作

演示文稿是用于介绍和说明某个问题和事件的一组多媒体材料，也是PowerPoint生成的文档形式。在学习PowerPoint 2013之前，应从演示文稿的建立开始，演示文稿的建立包括创建文稿、打开文稿和保存文稿等。本章主要介绍创建演示文稿、保存演示文稿和制作个性化工作界面等内容。

课堂学习目标

制作个性化工作界面

创建演示文稿

打开/关闭演示文稿

保存演示文稿

2.1　制作个性化工作界面

制作个性化工作界面是把PowerPoint 2013的工作界面设置成自己喜欢或习惯的界面，以提高工作效率，其中包括调整工具栏位置、隐藏功能选项卡区域、显示或隐藏对象和自定义快速访问工具栏等。

2.1.1　调整工具栏位置

在PowerPoint 2013中，用户可以根据喜好来调整工具栏的位置。下面介绍调整工具栏位置的操作方法。

在打开的PowerPoint 2013编辑窗口中，单击自定义快速访问工具栏右侧的下拉按钮，在弹出的列表框中选择"在功能区下方显示"的选项，如图2-1所示。执行操作后即可将快速访问工具栏调整至功能区下方，如图2-2所示。

图2-1

图2-2

2.1.2　折叠功能选项区

在PowerPoint 2013中，隐藏功能选项区的目的是使幻灯片的显示区域更加清晰。下面介绍折叠功能选项区中的操作方法。

在打开的PowerPoint 2013编辑窗口中，在菜单栏中的空白区域单击鼠标右键，在弹出的快捷菜单中选择"折叠功能区"选项，如图2-3所示。执行操作后即可折叠功能选项区，如图2-4所示。

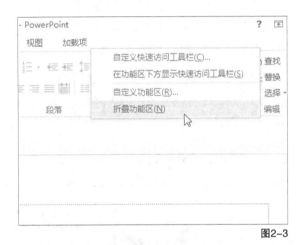

图2-3

图2-4

技巧与提示

如要将功能选项区再次显示出来，有两种方法。

• 在菜单栏的空白处单击鼠标右键，在弹出的快捷菜单中选择"折叠功能区"选项即可。

• 在标题栏中单击"功能区显示选项"按钮，弹出列表框，选择"显示选项卡和命令"选项。

2.1.3 显示或隐藏对象

在PowerPoint 2013中，选中消息栏将显示出安全警报，提醒用户注意演示文稿中存在的可能不安全的活动内容。如果要隐藏消息栏，用户可以在"视图"功能区中的"显示"选项区中取消"消息栏"复选框的勾选即可。

1. 显示/隐藏标尺

在PowerPoint 2013中的普通视图模式下，利用标尺可以对齐文档中的文本、图形、表格等对象。下面介绍显示/隐藏标尺的操作方法。

课堂案例	
显示/隐藏标尺	
案例位置	光盘>效果>第2章>课堂案例——显示/隐藏标尺.pptx
视频位置	光盘>视频>第2章>课堂案例——显示/隐藏标尺.mp4
难易指数	★★☆☆☆
学习目标	掌握显示/隐藏标尺的制作方法

本案例的最终效果如图2-5所示。

图2-5

STEP 01 在PowerPoint 2013中打开一个素材文件，如图2-6所示。

图2-6

STEP 02 切换至"视图"功能区，在"显示"选项区中勾选"标尺"复选框，如图2-7所示。

图2-7

STEP 03 执行操作后即可显示标尺，如图2-8所示。

图2-8

STEP 04 如果用户想要将标尺进行隐藏，可以在"显示"选项区中取消"标尺"复选框的勾选，效果如图2-9所示。

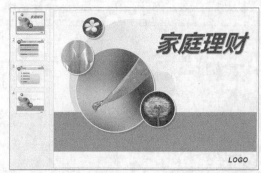

图2-9

2. 显示网格线

在PowerPoint 2013中，网格线是在普通视图模式下出现在幻灯片编辑区域的一组细线，在打印文稿时网格线不会被打印出来。

课堂案例	
显示网格线	
案例位置	光盘>效果>第2章>课堂案例——显示网格线.pptx
视频位置	光盘>视频>第2章>课堂案例——显示网格线.mp4
难易指数	★★☆☆☆
学习目标	掌握显示网格线的制作方法

本案例的最终效果如图2-10所示。

图2-10

STEP 01 在PowerPoint 2013中打开一个素材文件，如图2-11所示。

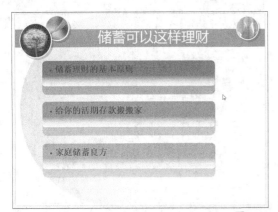

图2-11

技巧与提示

在PowerPoint 2013中，用户还可以通过直接在"显示"选项区中勾选"网格线"复选框。而在编辑窗口显示网格，或按【Shift＋F9】组合键也可以显示网格。另外如果用户需要隐藏网格线，则可以取消"网格线"复选框的勾选即可。

STEP 02 切换至"视图"功能区，在"显示"选项区中右下角单击"网格设置"按钮，如图2-12所示。

STEP 03 弹出"网格和参考线"对话框，在"对齐"选项区中勾选"屏幕上显示网格"复选框，如图2-13所示。

图2-12

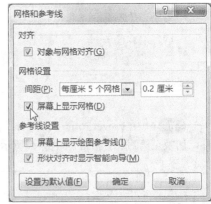

图2-13

STEP 04 单击"确定"按钮即可显示网格，效果如图2-14所示。

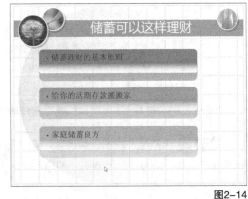

图2-14

3. 显示/隐藏参考线

在PowerPoint 2013中进行操作时，有时需要超越PowerPoint默认网格的限制，微调对象（图片、图形和图表等）的位置，此时可以使用参考线进行辅助操作，使设计出的对象更精确。另外参考线在幻灯片放映时是不可见的，而且不会打印出来。

课堂案例	
显示/隐藏参考线	
案例位置	光盘>效果>第2章>课堂案例——显示/隐藏参考线.pptx
视频位置	光盘>视频>第2章>课堂案例——显示/隐藏参考线.mp4
难易指数	★★☆☆☆
学习目标	掌握显示/隐藏参考线的制作方法

本案例的最终效果如图2-15所示。

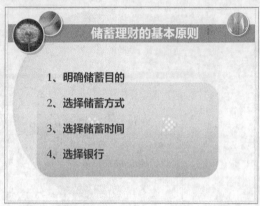

图2-15

STEP 01 在PowerPoint 2013中打开一个素材文件，切换至第2张幻灯片，如图2-16所示。

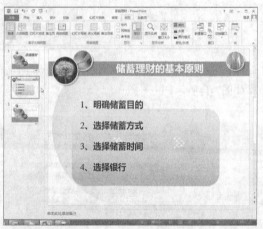

图2-16

STEP 02 切换至"视图"功能区，在"显示"的选项区中勾选"参考线"复选框，如图2-17所示。

图2-17

STEP 03 执行操作后即可在编辑窗口中显示参考线，如图2-18所示。

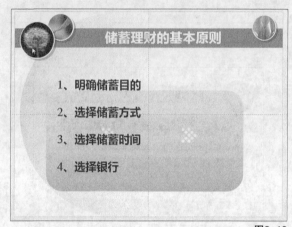

图2-18

STEP 04 如果用户想要将参考线进行隐藏，可以在"显示"选项区中取消"参考线"复选框的勾选，效果如图2-19所示。

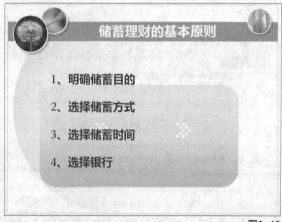

图2-19

4. 显示/隐藏笔记

在PowerPoint 2013中，用户可以在幻灯片中添加笔记（即演讲者备注），以便在演示期间快速参考。在普通和大纲演示文稿视图中，演讲者备注窗格将显示在当前幻灯片下方，而在演示者视图中将显示在当前幻灯片旁边。

课堂案例	
显示/隐藏笔记	
案例位置	光盘>效果>第2章>课堂案例——显示/隐藏笔记.pptx
视频位置	光盘>视频>第2章>课堂案例——显示/隐藏笔记.mp4
难易指数	★★☆☆☆
学习目标	掌握显示/隐藏笔记的制作方法

本案例的最终效果如图2-20所示。

图2-20

STEP 01 在PowerPoint 2013中打开一个素材文件，如图2-21所示。

图2-21

STEP 02 切换至"视图"功能区，在"显示"选项区中单击"笔记"按钮，如图2-22所示。

图2-22

STEP 03 执行操作后即可在编辑窗口下方显示笔记，如图2-23所示。

图2-23

STEP 04 如果用户想要将笔记进行隐藏，在"显示"选项区中再次单击"笔记"按钮即可，效果如图2-24所示。

图2-24

技巧与提示

• 如需要隐藏笔记，用户不仅可以运用以上的方法，还可以单击状态栏中的"备注"按钮。

2.1.4　自定义快速访问工具栏

在PowerPoint 2013中，用户可以根据自己的需要设置"快速访问工具栏"中的按钮，将需要的常用按钮添加到其中，也可以删除不需要的按钮。

1. 在"快速访问工具栏"中添加常用按钮

在PowerPoint 2013工作界面的快速访问工具栏中，用户可以添加一些常用的按钮，以方便运用演示文稿制作课件。

课堂案例	
在"快速访问工具栏"中添加常用按钮	
案例位置	无
视频位置	光盘>视频>第2章>课堂案例——在"快速访问工具栏"中添加常用按钮.mp4
难易指数	★☆☆☆☆
学习目标	掌握在"快速访问工具栏"中添加常用按钮的制作方法

本案例的最终效果如图2-25所示。

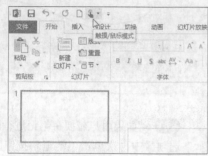

图2-25

STEP 01 在打开的PowerPoint 2013编辑窗口中单击"自定义快速访问工具栏"下拉按钮，在弹出的列表框中选择"触摸/鼠标模式"选项，如图2-26所示。

STEP 02 执行操作后即可在"快速访问工具栏"中显示添加的按钮，如图2-27所示。

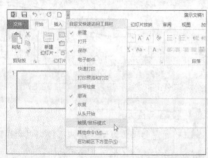

图2-26

技巧与提示

在"自定义快速访问工具栏"列表框中，用户可以将在制作课件时常用的选项逐一添加到快速访问工具栏中。

图2-27

技巧与提示

在快速访问工具栏中添加的"触摸/鼠标模式"右侧单击鼠标，弹出列表框，在其中显示"鼠标"和"触摸"两种模式，两种模式的用途如下。

- 鼠标：标准功能区模式，针对鼠标操作进行优化。
- 触摸：在命令按钮之间有更大间距，针对触摸操作进行优化。

2. 在"快速访问工具栏"中添加其他按钮

由于在"自定义快速访问工具栏"中的按钮相对有限，所以用户还可以通过选择"其他命令"选项，在弹出的相应对话框中选择需要添加的按钮。

课堂案例	
在"快速访问工具栏"中添加其他按钮	
案例位置	无
视频位置	光盘>视频>第2章>课堂案例——在"快速访问工具栏"中添加其他按钮.mp4
难易指数	★★★☆☆
学习目标	掌握在"快速访问工具栏"中添加其他按钮的制作方法

本案例的最终效果如图2-28所示。

图2-28

STEP 01 在打开的PowerPoint 2013编辑窗口中单击"自定义快速访问工具栏"下拉按钮，在弹出的列表框中选择"其他命令"选项，如图2-29所示。

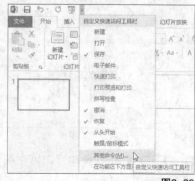

图2-29

"快速访问工具栏"用于放置命令按钮，方便用户快速使用经常使用的命令。默认情况下，在"快速访问工具栏"中只有数量较少的命令，用户可以根据需要添加多个自定义命令。

STEP 02 弹出"PowerPoint选项"对话框，在左侧选择"快速访问工具栏"，单击"从下列位置选择命令"下方的下拉按钮，在弹出的下拉列表框中选择"所有命令"选项，如图2-30所示。

图2-30

STEP 03 在"所有命令"下方的下拉列表框中选择"Excel电子表格"选项，如图2-31所示。

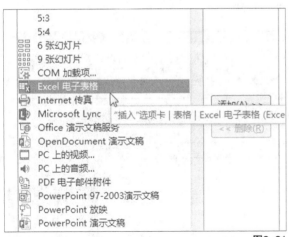

图2-31

STEP 04 单击"添加"按钮，可以在右侧列表框中显示添加的选项，效果如图2-32所示。

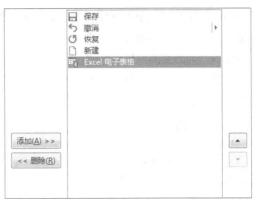

图2-32

STEP 05 单击"确定"按钮，如图2-33所示，返回到PowerPoint 2013工作界面。

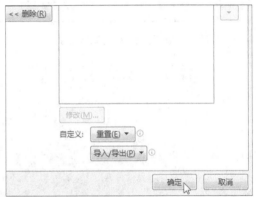

图2-33

STEP 06 执行操作后即可在快速访问工具栏中显示所添加的选项，如图2-34所示。

图2-34

2.1.5 调整窗口

窗口是用户界面中最重要的部分，在PowerPoint

31

2013中，用户可以根据制作演示文稿的实际情况，对打开的多个窗口进行相应调整，其中包括"新建窗口""全部重排"窗口、"层叠窗口""移动拆分"窗口以及"切换窗口"的操作，下面介绍部分窗口的操作方法。

1. 新建窗口

在PowerPoint 2013中打开另一个窗口，可以方便用户同时在不同的位置工作。下面介绍新建窗口的操作方法。

课堂案例	
新建窗口	
案例位置	光盘>效果>第2章>课堂案例——新建窗口.pptx
视频位置	光盘>视频>第2章>课堂案例——新建窗口.mp4
难易指数	★★☆☆☆
学习目标	掌握新建窗口的制作方法

本案例的最终效果如图2-35所示。

图2-35

STEP 01 在PowerPoint 2013中打开一个素材文件，如图2-36所示。

图2-36

STEP 02 切换至"视图"功能区，单击"窗口"选项区的"新建窗口"按钮，如图2-37所示。

图2-37

STEP 03 执行操作后即可新建一个"新建窗口"窗口，如图2-38所示。

图2-38

2. 全部重排窗口

在PowerPoint 2013中制作幻灯片时，如果同时打开了多个文档窗口，可以将打开的多个窗口进行重新排列。

课堂案例	
全部重排窗口	
案例位置	无
视频位置	光盘>视频>第2章>课堂案例——全部重排窗口.mp4
难易指数	★★☆☆☆
学习目标	掌握全部重排窗口的制作方法

本案例的最终效果如图2-39所示。

图2-39

STEP 01 在PowerPoint 2013中打开两个素材文件，如图2-40所示。

STEP 02 在"全部重排窗口2"窗口中，切换至"视图"功能区，在"窗口"选项区中单击"全部重排"按钮，如图2-41所示。

STEP 03 执行操作后即可重排窗口，效果如图2-42所示。

图2-40

图2-41

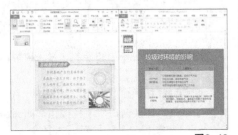

图2-42

3. 层叠窗口

在PowerPoint 2013中使用层叠窗口，可以将打开的两个或多个窗口在屏幕上进行层叠查看。下面介绍层叠窗口的操作方法。

课堂案例	
层叠窗口	
案例位置	无
视频位置	光盘>视频>第2章>课堂案例——层叠窗口.mp4
难易指数	★★☆☆☆
学习目标	掌握层叠窗口的制作方法

本案例的最终效果如图2-43所示。

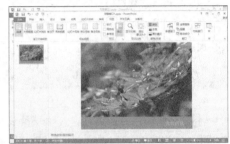

图2-43

STEP 01 在PowerPoint 2013中打开两个素材文件，如图2-44所示。

图2-44

STEP 02 在"层叠窗口1"窗口中，切换至"视图"功能区，在"窗口"选项区中单击"层叠"按钮，如图2-45所示。

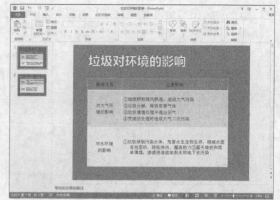

图2-47

STEP 01 在PowerPoint 2013中打开两个素材文件，如图2-48所示。

图2-45

STEP 03 用同样的方法，在"层叠窗口2"窗口中进行相应操作即可层叠窗口，效果如图2-46所示。

图2-46

4. 切换窗口

在PowerPoint 2013中，如果打开了多个窗口，用户可以根据需要在"窗口"选项区中实现多个窗口之间的切换。下面介绍切换窗口的操作方法。

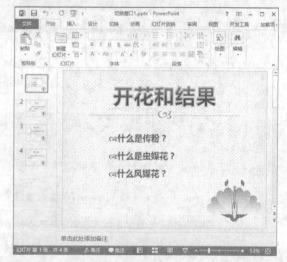

课堂案例	
切换窗口	
案例位置	无
视频位置	光盘>视频>第2章>课堂案例——切换窗口.mp4
难易指数	★★☆☆☆
学习目标	掌握切换窗口的制作方法

本案例的最终效果如图2-47所示。

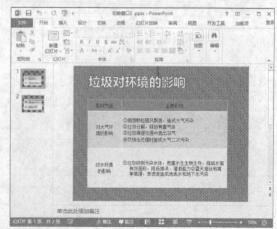

图2-48

STEP 02 切换至"视图"功能区，在"窗口"选项区中单击"切换窗口"下拉按钮，如图2-49所示。

图2-49

STEP 03 弹出列表框，选择"切换窗口2"选项，如图2-50所示。

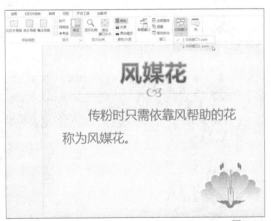

图2-50

STEP 04 执行操作后即可切换窗口，如图2-51所示。

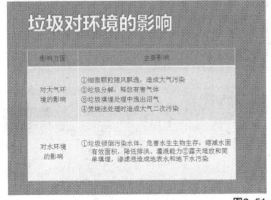

图2-51

2.2 创建演示文稿

新建演示文稿的方法包括新建空白演示文稿、根据已有演示文稿新建演示文稿和通过模版新建演示文稿等，用户可以在空白的幻灯片上设计出具有鲜明个性的背景色彩、配色方案、文本格式和图片等内容。本节主要介绍创建演示文稿的操作方法。

2.2.1 创建空白演示文稿

在PowerPoint 2013中，创建空白演示文稿主要有以下两种方法：

• 启动PowerPoint 2013程序后，系统将进入一个比起以往全新的界面，在右侧区域中选择"空白演示文稿"选项即可创建空白演示，如图2-52所示。

图2-52

• 打开演示文稿，单击"文件"命令，进入相应界面，在左侧的橘红色区域中选择"新建"选项，如图2-53所示。切换至"新建"选项卡，在右侧的"新建"选项区中选择"空白演示文稿"选项即可创建空白演示文稿，如图2-54所示。

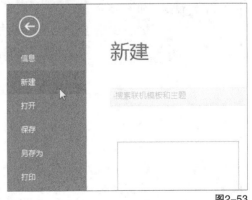

图2-53

35

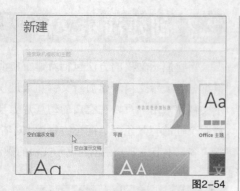

图2-54

2.2.2 运用已安装的模版创建

在PowerPoint 2013中，当遇到一些内容相似的演示文稿时，用户可以根据已安装的主题创建演示文稿。下面介绍运用已安装的模版创建演示文稿的方法。

课堂案例	
运用已安装的模版创建	
案例位置	无
视频位置	光盘>视频>第2章>课堂案例——运用已安装的模版创建.mp4
难易指数	★★★☆☆
学习目标	掌握运用已安装的模版创建演示文稿的制作方法

本案例的最终效果如图2-55所示。

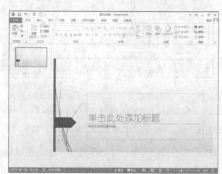

图2-55

STEP 01 在打开的PowerPoint 2013编辑窗口中单击"文件"命令，如图2-56所示。

图2-56

技巧与提示

在"新建"选项区中，还包括"平面""Office主题""切片""博大精深"以及"环保"等多种模版供用户选择。

STEP 02 进入相应界面，在左侧区域中选择"新建"选项，切换至"新建"选项卡，在"新建"选项中选择"丝状"选项，如图2-57所示。

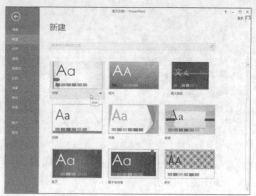

图2-57

STEP 03 执行操作后，弹出一个滑动窗口，如图2-58所示。

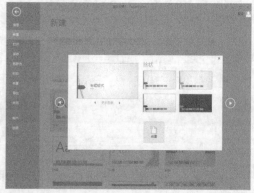

图2-58

STEP 04 在"丝状"选项区中选择相应选项，如图2-59所示。

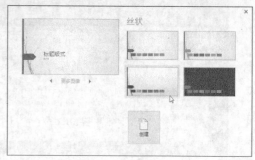

图2-59

技巧与提示

在PowerPoint 2013中，演示文稿和幻灯片是两个不同的概念，利用PowerPoint 2013制作的最终整体作品叫作演示文稿，演示文稿是一个文件，而演示文稿中的每一张页面则是幻灯片，每张幻灯片都是演示文稿中既相互独立又相互联系的内容。

STEP 05 在左侧幻灯片缩略图的下方，单击向右按钮，选择合适的幻灯片样式，单击"创建"按钮，如图2-60所示。

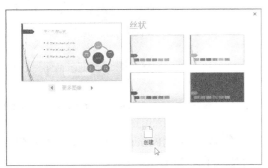

图2-60

STEP 06 执行操作后即可运用已安装的模版创建演示文稿，如图2-61所示。

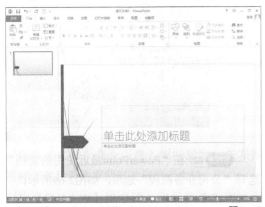

图2-61

2.2.3 运用现有演示文稿创建

PowerPoint 2013除了创建最简单的演示文稿之外，还可以运用现有演示文稿来创建演示文稿。下面介绍具体操作方法。

课堂案例	
运用现有演示文稿创建	
案例位置	无
视频位置	光盘>视频>第2章>课堂案例——运用现有演示文稿创建.mp4
难易指数	★★☆☆☆
学习目标	掌握运用现有演示文稿创建的制作方法

技巧与提示

使用现有模版创建的演示文稿一般都拥有漂亮的界面和统一的风格，以这种方式创建的演示文稿一般都拥有背景或装饰图案，用于帮助用户在设计时随时调整内容的位置等，以获得较好的画面效果。

本案例的最终效果如图2-62所示。

图2-62

STEP 01 在打开的PowerPoint 2013编辑窗口中单击"文件"命令，进入相应界面，在左侧区域中选择"打开"选项，如图2-63所示。

图2-63

STEP 02 在"打开"选项区中选择"计算机"选项，在"计算机"选项区中单击"浏览"按钮，如图2-64所示。

图2-64

图2-71

STEP 01 在制作完成的演示文稿中单击"文件"命令,如图2-72所示。

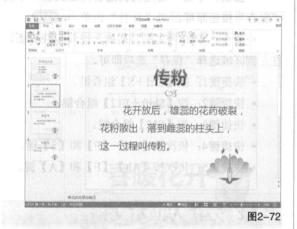

图2-72

STEP 02 进入相应界面,在左侧的区域中选择"另存为"选项,如图2-73所示。

图2-73

STEP 03 执行操作后,切换至"另存为"选项卡,在"另存为"选项区中选择"计算机"选项,在右侧的"计算机"选项区中单击"浏览"按钮,如图2-74所示。

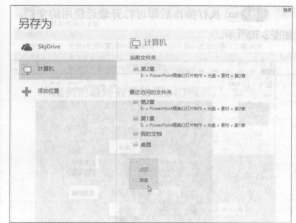

图2-74

STEP 04 弹出"另存为"对话框,选择该文件的保存位置,在"文件名"文本框中输入相应标题内容,单击"保存"按钮,如图2-75所示。

图2-75

STEP 05 执行操作后即可另存为演示文稿。

2.4.3 将演示文稿存为低版本格式

当要在PowerPoint的早期版本软件中打开PowerPoint 2013的文档时,需要安装适合PowerPoint 2013的Office兼容包才能完全打开,用户可以将演示文稿保存为兼容格式,从而能直接使用早期版本的PowerPoint来打开文档。

课堂案例	
将演示文稿存为低版本格式	
案例位置	无
视频位置	光盘>视频>第2章>课堂案例——将演示文稿存为低版本格式.mp4
难易指数	★★☆☆☆
学习目标	掌握将演示文稿存为低版本格式的制作方法

本案例的最终效果如图2-76所示。

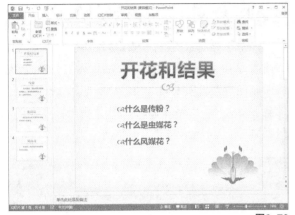

图2-76

STEP 01 在原演示文稿中打开"另存为"对话框，如图2-77所示。

图2-77

STEP 02 单击"保存类型"右侧的下拉按钮，在弹出的列表框中选择"PowerPoint 97-2003演示文稿"选项，如图2-78所示。

图2-78

技巧与提示

PowerPoint 2013制作的演示文稿不向下兼容，如果需要在以前版本中打开PowerPoint 2013制作的演示文稿，就要将该文件的"保存类型"设置为"PowerPoint 97-2003演示文稿"，PowerPoint 2013演示文稿的扩展名是PPTX。

STEP 03 执行操作后，单击"保存"按钮，如图2-79所示。

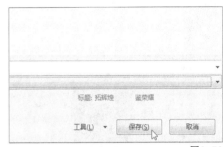

图2-79

STEP 04 返回到演示文稿工作界面，在标题栏中将显示兼容模式，如图2-80所示。

图2-80

2.4.4 设置自动保存演示文稿

设置自动保存可以每隔一段时间自动保存一次演示文稿，即使出现断电或死机的情况，当再次启动时，保存过的文件内容也依然存在，而且避免了手动保存的麻烦。

课堂案例	
设置自动保存演示文稿	
案例位置	无
视频位置	光盘>视频>第2章>课堂案例——设置自动保存演示文稿.mp4
难易指数	★★☆☆☆
学习目标	掌握设置自动保存演示文稿的制作方法

STEP 01 在打开的PowerPoint 2013中单击"文件"命令，进入相应界面，如图2-81所示。在左侧区域中选择"选项"选项，如图2-82所示。

图2-81

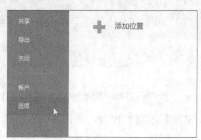

图2-82

STEP 02 弹出"PowerPoint选项"对话框,切换至"保存"选项卡,在"保存演示文稿"选项区中勾选"保存自动恢复信息时间间隔"复选框,并在右边的文本框中设置时间间隔为5分钟,如图2-83所示,单击"确定"按钮即可设置自动保存演示文稿。

图2-83

技巧与提示

在"另存为"对话框中单击"工具"按钮右侧的下拉按钮,在弹出的列表框中选择"保存选项"选项,也可以弹出"PowerPoint选项"对话框。

2.4.5 加密保存演示文稿

加密保存演示文稿,可以防止其他用户随意打开或修改演示文稿,一般的方法就是在保存演示文稿的时候设置权限密码。当用户要打开加密保存过的演示文稿时,PowerPoint将弹出"密码"对话框,只有输入正确的密码才能打开该演示文稿。

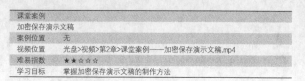

课堂案例	
加密保存演示文稿	
案例位置	无
视频位置	光盘>视频>第2章>课堂案例——加密保存演示文稿.mp4
难易指数	★★☆☆☆
学习目标	掌握加密保存演示文稿的制作方法

本案例最终效果如图2-84所示。

图2-84

STEP 01 在PowerPoint 2013中打开一个素材文件,单击"文件"命令,如图2-85所示。

图2-85

STEP 02 进入相应界面,在左侧区域中选择"另存为"选项,在"另存为"选项区中选择"计算机"选项,在右侧"计算机"选项区中单击"浏览"按钮,弹出"另存为"对话框,单击左下角的"工具"下拉按钮,如图2-86所示。

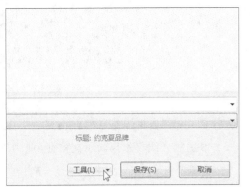

图2-86

STEP 03 弹出列表框，选择"常规选项"选项，如图2-87所示。

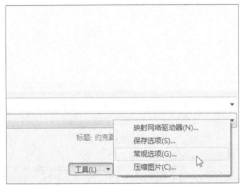

图2-87

STEP 04 弹出"常规选项"对话框，在"打开权限密码"文本框和"修改权限密码"文本框中输入所设置的密码（123456789），如图2-88所示。

图2-88

技巧与提示

"打开权限密码"和"修改权限密码"可以设置为相同的密码，也可以设置为不同的密码，它们将分别作用于打开权限和修改权限。

STEP 05 单击"确定"按钮，弹出"确认密码"对话框，如图2-89所示。

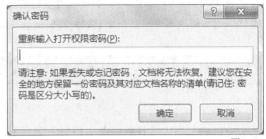

图2-89

STEP 06 重新输入打开权限密码，单击"确定"按钮，再次弹出"确认密码"对话框，再次输入密码，如图2-90所示。

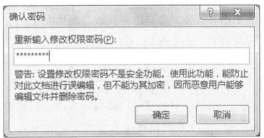

图2-90

STEP 07 单击"确定"按钮，返回到"另存为"对话框，单击"保存"按钮即可加密保存文件，如图2-91所示。

图2-91

技巧与提示

当用户要打开加密保存过的演示文稿时，此时PowerPoint将打开"密码"对话框，输入密码即可打开该演示文稿。

2.5 本章小结

使用PowerPoint 2013可以制作包含多种素材的多媒体演示文稿，本章主要介绍了如何制作演示文稿。

2.6 课后习题

本章重点介绍了演示文稿制作的基础知识，本节将通过填空题、选择题以及上机练习题，对本章的知识点进行回顾。

2.6.1 填空题

（1）制作个性化工作界面是把Powerpoint 2013的工作界面设置成自己喜欢或习惯的界面，以提高工作效率，其中包括_____ 、_____ 、_____和_____。

（2）在快速访问工具栏中添加的"触摸/鼠标模式"右侧，单击鼠标，弹出列表框，在其中显示和_____两种模式。

（3）新建演示文稿的方法包括_____ 、_____。

2.6.2 选择题

（1）（ ）是用户界面中最重要的部分，在PowerPoint 2013中，用户可以根据制作演示文稿的实际情况，对打开的多个窗口进行相应调整。

A．窗口　　　　　　B．工具栏

C．文件　　　　　　D．视图

（2）在PowerPoint 2013中，保存文稿的方法有（ ）种。

A．5　　　　　　　B．6

C．7　　　　　　　D．8

（3）（ ）保存演示文稿，可以防止其他用户随意打开或修改演示文稿，一般的方法就是在保存演示文稿的时候设置权限密码。

A．加密　　　　　　B．命令

C．删除　　　　　　D．重置

2.6.3 课后习题——将水果演示文稿存为低版本格式

案例位置	光盘>效果>第2章>课后习题——将水果演示文稿存为低版本格式.ppt
视频位置	光盘>视频>第2章>课后习题——将水果演示文稿存为低版本格式.mp4
难易指数	★★★★★
学习目标	掌握将水果演示文稿存为低版本格式的制作方法

本实例介绍将水果演示文稿存为低版本格式的方法，最终效果如图2-92所示。

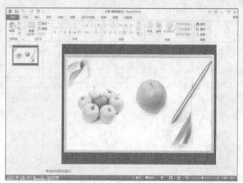

图2-92

步骤分解如图2-93所示。

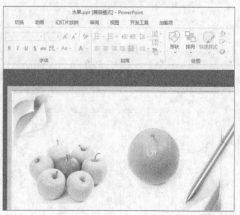

图2-93

第3章

文本内容美化操作

在PowerPoint 2013中，文本处理是制作演示文稿最基础的知识。为了使演示文稿更加美观、实用，可以在输入文本后编辑文本对象。本章主要介绍文本的基本操作、编辑文本对象和为文本添加项目符号等内容。

课堂学习目标

输入多种文本

设置文本格式

编辑文本对象

设置文本段落格式

添加项目符号

3.1 多种文本的输入

文字是演示文稿的重要组成部分,一个直观明了的演示文稿少不了文字说明。无论是新建的空白演示文稿,还是根据模版新建的演示文稿,都需要用户自己输入文字。

3.1.1 在占位符中输入文本

占位符是一种带有虚线边框的方框,是包含文字和图形等内容的容器,如图3-1所示。一般在占位符中预设了文字的属性和样式,供用户添加标题文字、项目文字等。

图3-1

1. 添加文本

如果要在占位符中添加文本,只需要用鼠标单击占位符,里面的提示性内容就会自动消失,然后输入文字内容即可,如图3-2所示。

默认情况下,PowerPoint 会随着输入调整文本大小以适应占位符。如果所输入的项目符号列表文本超出了占位符的大小,PowerPoint将减小字号和行距直到可以容纳下所有文本为止。

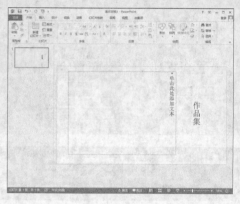

图3-2

2. 编辑占位符

对于输入到占位符中的文本,可以将"幻灯片"模式切换到"大纲"模式,并在"大纲"模式下对文本进行编辑,"大纲"模式有助于编辑演示文稿的内容和移动项目符号或幻灯片,如图3-3所示。

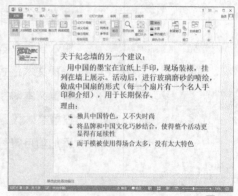

图3-3

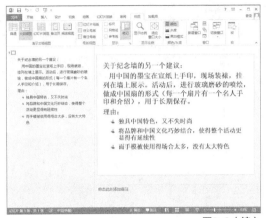

图3-3（续）

3.1.2　在文本框中添加文本

使用文本框可以使文字按不同的方向进行排列，从而灵活地将文字放置到幻灯片的任何位置。在"插入"功能区中单击"文字"选项区中的"文本框"下拉按钮，在弹出的列表框中选择"横排文本框"选项，如图3-4所示。将鼠标光标移动到编辑区内，单击并拖曳鼠标即可创建一个文本框，在文本框中输入文字，如图3-5所示。

图3-4

图3-5

3.1.3　从外部导入文本

在PowerPoint 2013 中除了使用占位符、文本框等输入文本外，还可以从Word、记事本、写字板等文字编辑软件中直接将文字复制到PowerPoint中。选择要复制到PowerPoint 中的文字，执行"复制"命令或按【Ctrl＋C】组合键进行复制。打开PowerPoint 2013文件，选择要插入文字的幻灯片，切换至"开始"功能区，单击"剪贴板"选项区中的"粘贴"下拉按钮，在下拉列表中选择合适的粘贴样式，将文字粘贴至文本框中的指定位置，如图3-6所示，或者按【Ctrl＋V】组合键即可。

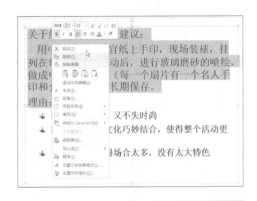

图3-6

用户还可在"插入"功能区中单击"对象"按钮，直接将文本文档从外部导入幻灯片中。

课堂案例	
从外部导入文本	
案例位置	光盘>效果>第3章>课堂案例——从外部导入文本.pptx
视频位置	光盘>视频>第3章>课堂案例——从外部导入文本.mp4
难易指数	★★☆☆☆
学习目标	掌握从外部导入文本的制作方法

本案例的最终效果如图3-7所示。

图3-7

STEP 01 选择要插入文本的幻灯片，展开"插入"功能区，在"文本"选项区中单击"对象"按钮，如图3-8所示。

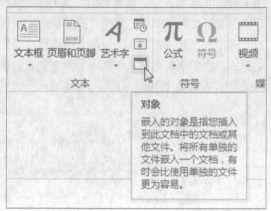

图3-8

STEP 02 在弹出的"插入对象"对话框中选中"由文件创建"单选按钮，如图3-9所示。

图3-9

STEP 03 单击"浏览"按钮，弹出"浏览"对话框，在该对话框中选择需要插入的文本，如图3-10所示。

STEP 04 单击"确定"按钮即可在幻灯片中显示所导入的文本文档，如图3-11所示。

图3-10

图3-11

3.1.4 添加备注文本

在幻灯片编辑窗口下的备注栏中，用户可以输入当前幻灯片的备注。在之后可以打印备注，并在展示演示文稿时进行参考。可以选择需要添加备注的幻灯片，在"备注窗格"中输入或添加备注信息，如图3-12所示。

图3-12

演示文稿作为演讲者的辅助工具，使演讲者的演讲更加出色。在演示文稿中最好显示演讲时的主要关键字，使观众更容易接受、理解演讲者的演讲内容，从而使观众印象深刻。作为演讲者，除了查看演示文稿中的内容提示演讲内容之外，添加备注信息也是提示的另一种手段。

3.2 文本格式的设置

当文本输入完成后，用户可以对文本的格式进行设置，例如更改文字的大小、样式，给文字添加颜色和艺术效果，使文字在幻灯片中的效果更加立体。

3.2.1 设置文本字体

自从PowerPoint 2007开始就新增了一个浮动工具栏，利用其中的字符设置工具，用户可以快速为选中的文字和段落设置相应的格式。当用户选中文本或段落后，浮动工具栏将自动浮出，如图3-13所示。单击浮动工具栏上的"字体"下拉按钮，选择需要更改的文本字体即可以快速设置文本字体，如图3-14所示。

在浮动工具栏中包含了设置字体格式和段落格式的最常用的按钮，包括了字体、字号、颜色、格式刷、加粗、倾斜、段落对齐、段落缩进和项目符号等按钮。

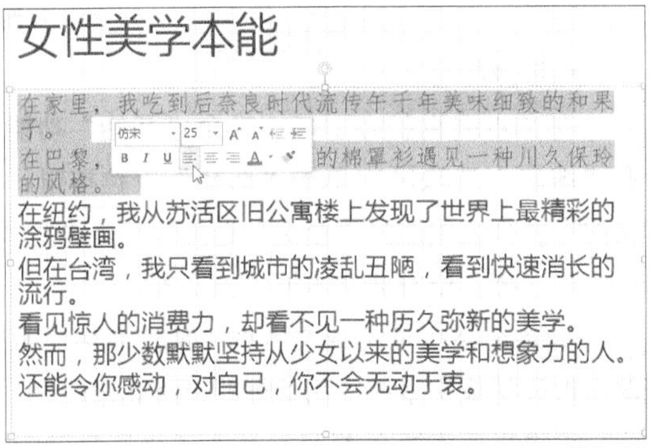

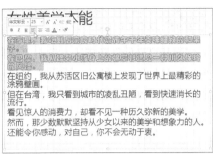

图3-14

3.2.2 设置文本颜色

在文本被选中的情况下，在"开始"功能区的"字体"选项区中单击"字体颜色"下拉按钮，如图3-15所示。在弹出的列表框中选择"红色"色块即可设置文本颜色，如图3-16所示。如果只需要改变单个文字的颜色，选中该文字，在"字体"选项区中单击"字体颜色"下拉按钮，在弹出的列表框中选择相应的颜色即可。

PowerPoint 2013为幻灯片中的文本提供了不同颜色，为文本添加颜色能够使文本从众多对象中突显，并且还能与其他文本形成鲜明对比。

图3-15

图3-16

图3-13

2．移动文本

移动文本有以下4种方法。

● 按钮：选中要移动的文本，切换至"开始"功能区，如图3-25所示。在"剪贴板"选项区中单击"剪切"按钮，如图3-26所示。将鼠标光标定位到目标位置后，单击"粘贴"按钮。如图3-27所示。执行操作后即可移动文本，如图3-28所示。

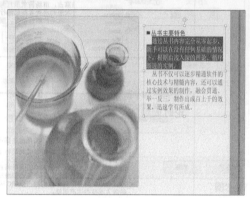

图3-25

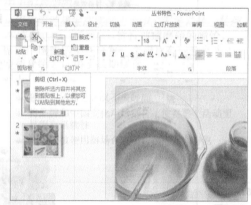

图3-26

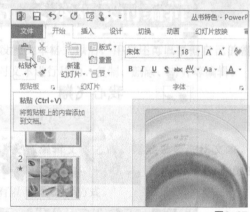

图3-27

图3-28

● 快捷键：选中文本后，直接利用【Ctrl＋X】组合键和【Ctrl＋V】组合键实现文本的移动。

● 命令：选中文本后，单击鼠标右键，在弹出的快捷菜单中选择"剪切"选项，如图3-29所示。将光标定位在目标位置，单击鼠标右键后选择"粘贴"选项，如图3-30所示。

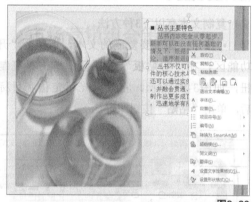

图3-29

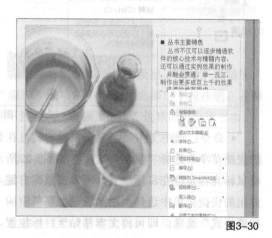

图3-30

● 动作：选中文本后，直接拖曳鼠标将文本放在目标位置，然后释放鼠标即可，如图3-31所示。

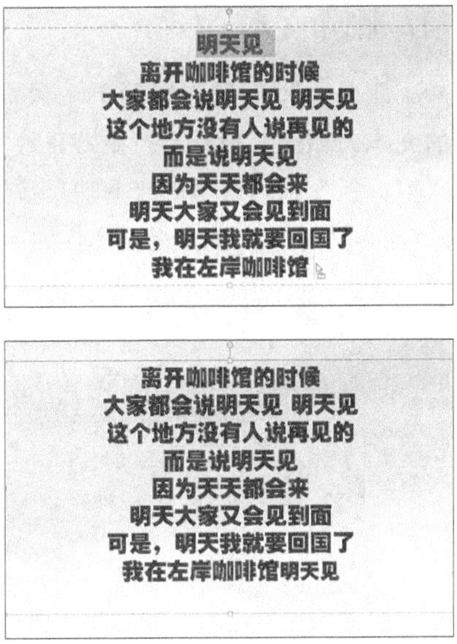

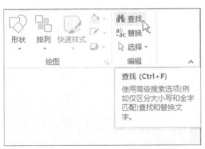

图3-31

3.3.3 查找与替换文本

当需要在比较长的演示文稿里查找某个特定的内容，或要将查找的内容替换为其他内容时，可以使用"查找"和"替换"功能。

1. 查找文本

启动PowerPoint 2013应用程序，切换至"开始"功能区，在"编辑"选项区中单击"查找"按钮，如图3-32所示。弹出"查找"对话框，如图3-33所示，在"查找内容"文本框中输入要查找的内容。单击"查找下一个"按钮，就可依次查找出相应的文字。

图3-32

图3-33

2. 替换文本

在文本中输入大量的文字后，如果出现相同错误的文字很多，可以使用"替换"功能对文字进行批量更改，以提高工作效率。

> **技巧与提示**
>
> 在PowerPoint 2013中，用户可以根据需要替换文本的字体，单击"替换"右侧的下拉按钮，在弹出的列表框中选择"替换字体"选项，弹出"替换字体"对话框，在相应文本框中输入需要替换的字体，依次单击"替换"按钮和"关闭"按钮，即可替换文本字体。

课堂案例	
替换文本	
案例位置	光盘>效果>第3章>课堂案例——替换文本.pptx
视频位置	光盘>视频>第3章>课堂案例——替换文本.mp4
难易指数	★★☆☆☆
学习目标	掌握替换文本的操作方法

本案例最终效果如图3-34所示。

图3-34

STEP 01 在PowerPoint 2013中打开一个素材文件，单击"编辑"选项区中的"替换"按钮，如图3-35所示。

图3-35

STEP 02 弹出"替换"对话框，在"替换"对话框中输入要替换的内容，如图3-36所示。

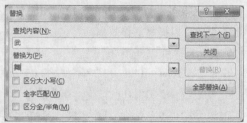

图3-36

STEP 03 单击"查找下一个"按钮即可在文本中进行查找，如图3-37所示。

图3-37

STEP 04 依次单击"替换"和"关闭"按钮，可替换文字，如图3-38所示。

图3-38

3.3.4 删除和撤销文本

在编辑幻灯片文本的过程中，如果发现有不恰当的文本，可以将其删除。

1. 删除文本

删除文本的操作很简单，只需要选中要删除的文本，如图3-39所示。在"开始"功能区，单击"剪贴板"选项区中的"剪切"按钮，如图3-40所示。执行操作后即可删除文本，如图3-41所示。

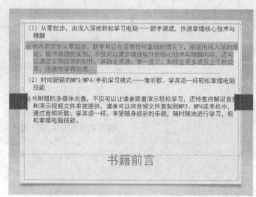

图3-39

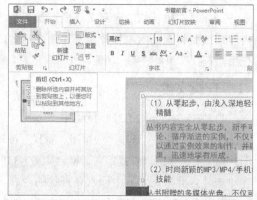

图3-40

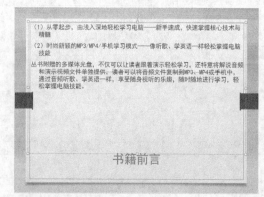

图3-41

2. 撤销文本

· 撤销文本是指在编辑过程中，对文本进行了不必要的操作，这时执行某个命令或按钮即可撤销文本的操作，有以下两种方法。

- 按钮：单击快速访问工具栏中的"撤销键入"按钮。
- 快捷键：按【Ctrl+Z】组合键即可恢复上一步的操作。

3.3.5 自动调整文本

使用"粘贴选项"按钮可以更好地控制并灵活地选择粘贴项目的格式，此按钮及其格式选项显示在粘贴项目之下。在复制和粘贴幻灯片时，如果将其插入到使用不同设计模版的幻灯片之后，则可以选择保留幻灯片的原设计或使用其前面幻灯片的设计。单击"粘贴选项"按钮，该按钮变成一个显示菜单的按钮图标，如图3-42所示。

图3-42

当PowerPoint调整正在键入的文本大小以使其适应当前占位符时，自动调整选项按钮会显示在首次调整的文本附近，让用户控制是否希望调整该文本。单击"粘贴"按钮下面的小三角形按钮将展开一个菜单，显示出处理溢出文本的选项，如图3-43所示。

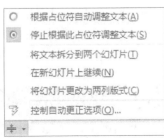

图3-43

3.4 文本段落格式的设置

在编辑幻灯片的过程中，为了使文本排版更加美观，可以设置文本段落对齐方式、段落缩进格式、段落行距和间距等。

3.4.1 设置段落对齐方式

设置段落的对齐方式有两种：一是用"段落"选项区来设置；二是用"段落"对话框对所选中的段落进行设置。

1. 使用"段落"选项区设置对齐方式

使用"段落"选项区设置对齐方式，需要选中段落文本，如图3-44所示，然后在"段落"选项区中进行设置，例如将段落文本居中对齐，如图3-45所示。

图3-44

图3-45

2. 使用"段落"对话框设置文本对齐方式

使用"段落"对话框设置文本对齐方式时，需要选中要编辑的段落文本。

课堂案例	
使用"段落"对话框设置文本对齐方式	
案例位置	光盘>效果>第3章>课堂案例——使用"段落"对话框设置文本对齐方式.pptx
视频位置	光盘>视频>第3章>课堂案例——使用"段落"对话框设置文本对齐方式.mp4
难易指数	★★☆☆☆
学习目标	掌握使用"段落"对话框设置文本对齐方式的制作方法

本案例的最终效果如图3-46所示。

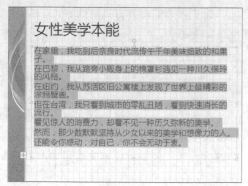

图3-46

STEP 01 在PowerPoint 2013中打开一个素材文件，选中需要编辑的段落文本，如图3-47所示。

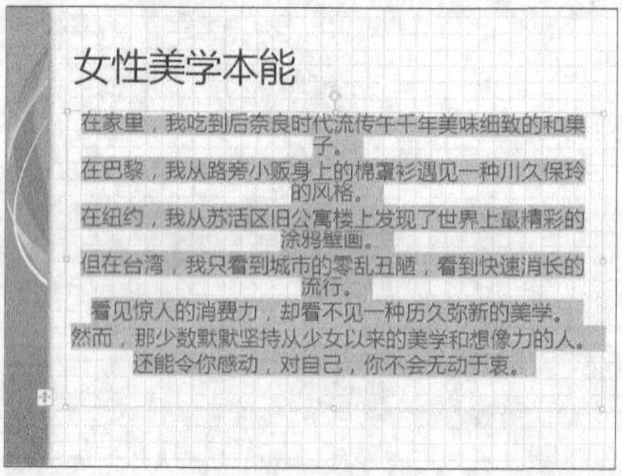

图3-47

STEP 02 单击"段落"选项区右下角的扩展按钮，弹出"段落"对话框，如图3-48所示。

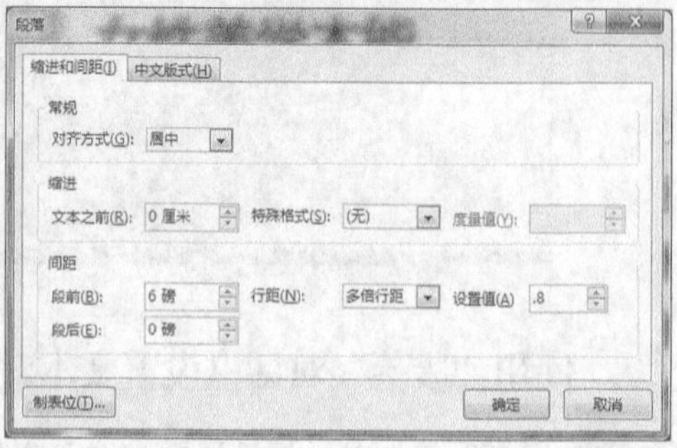

图3-48

STEP 03 设置"段落"对话框中的"对齐方式"选项为"左对齐"，如图3-49所示。

图3-49

STEP 04 单击"确定"按钮即可设置段落对齐方式，如图3-50所示。

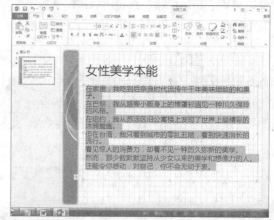

图3-50

技巧与提示

在"对齐方式"下拉列表框中，各对齐方式的含义如下。

• 左对齐：段落靠左边对齐，右边可以参差不齐。

• 居中对齐：段落居中排列。

• 右对齐：段落右边对齐，左边可以参差不齐。

• 两端对齐：段落左右两端都对齐分布，但是段落最后不满一行文字时，右边是不对齐的。

• 分散对齐：段落左右两端都对齐，而且当每个段落的最后一行不满一行时，将自动拉开字符间距使该行均匀分布。

3.4.2 设置段落缩进方式

段落缩进有助于对齐幻灯片中的文本，对于编号和项目符号都有预设的缩进，段落缩进方式包括首行缩进和悬挂缩进两种。

1. 首行缩进和悬挂缩进

设置首行缩进和悬挂缩进，必须先选中段落文本，再单击"段落"选项区右下角的"段落"对话框启动按钮，或单击鼠标右键，选择"段落"选项，如图3-51所示。弹出"段落"对话框，如图3-52所示。在"特殊格式"下拉列表中设置"首行缩进"即可，如图3-53所示。

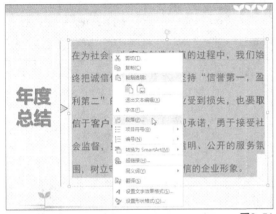

图3-51

图3-52

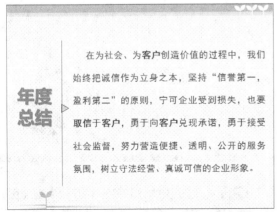

图3-53

2. 使用标尺按钮缩进

拖动标尺上的下三角形按钮可快速调整文本缩进。

课堂案例	
使用标尺按钮缩进	
案例位置	光盘>效果>第3章>课堂案例——使用标尺按钮缩进.pptx
视频位置	光盘>视频>第3章>课堂案例——使用标尺按钮缩进.mp4
难易指数	★★☆☆☆
学习目标	掌握使用标尺按钮缩进的制作方法

本案例的最终效果如图3-54所示。

图3-54

STEP 01 在PowerPoint 2013中打开一个素材文件，如图3-55所示。

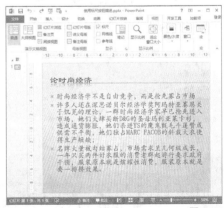

图3-55

STEP 02 选中文本，切换至"视图"功能区，在"显示"选项区中勾选"标尺"复选框，显示标尺，如图3-56所示。

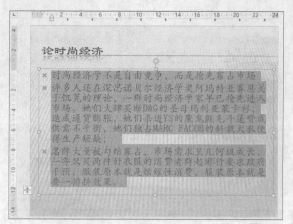

图3-56

STEP 03 拖动标尺上的下三角形按钮,即可将的所选文本段落缩进至标尺上的下三角按钮所对应的位置,效果如图3-57所示。

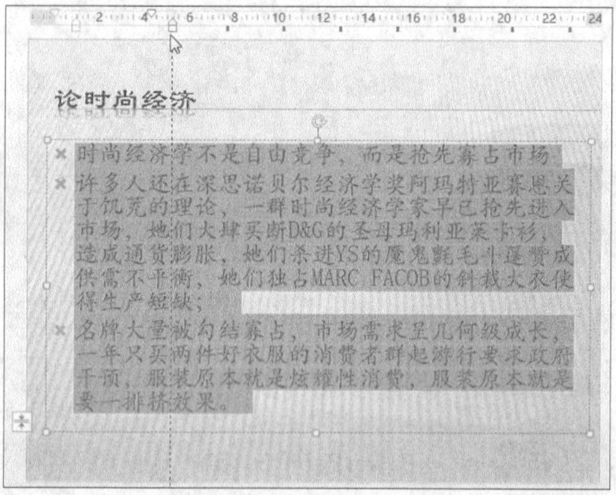

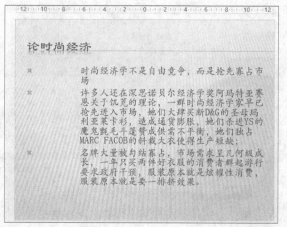

图3-57

STEP 04 释放鼠标左键即可将文本缩进至指定位置,效果如图3-58所示。

图3-58

3.4.3 设置段落行距和间距

在PowerPoint 2013中,用户可以设置行距及段落之间的间距大小。设置行距可以改变PowerPoint默认的行距,能使演示文稿的内容条理更为清晰;设置段落间距可以使文本以用户规划的格式分行。

1. 设置段落行距和间距

课堂案例	
设置段落行距和间距	
案例位置	光盘>效果>第3章>课堂案例——设置段落行距和间距.pptx
视频位置	光盘>视频>第3章>课堂案例——设置段落行距和间距.mp4
难易指数	★★☆☆☆
学习目标	掌握设置段落行距和间距的制作方法

本案例的最终效果如图3-59所示。

图3-59

STEP 01 在PowerPoint 2013中打开一个素材文件,如图3-60所示。

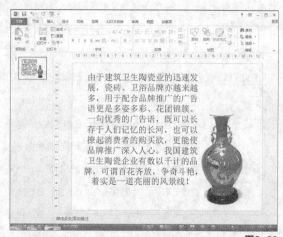

图3-60

STEP 02 选中文本,切换至"开始"功能区,单击"段落"右下角的扩展按钮,如图3-61所示。

图3-61

STEP 03 执行操作后即可弹出"段落"对话框，设置"对齐方式"为"左对齐"、"段前"为"6磅"、"段后"为"6磅"、"多倍行距"的设置值为"1.4"，如图3-62所示。

图3-62

STEP 04 单击"确定"按钮即可调整段落间距，如图3-63所示。

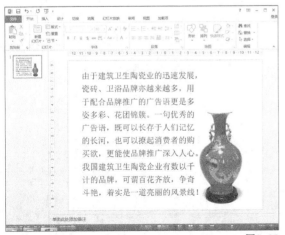

图3-63

技巧与提示

"段落"对话框的"间距"选项区中的各选项含义如下。

- 段前：用于设置当前段落与前一段之间的距离。
- 段后：用于设置当前段落与下一段之间的距离。
- 行距：用于设置段落中行与行之间的距离，默认的行距是"单倍行距"。

2. 设置换行格式

选中段落，如图3-64所示。打开"段落"对话框，单击"中文版式"选项卡，在"常规"选项区中可以设置段落的换行格式，如图3-65所示。单击"确定"按钮即可调整换行格式，如图3-66所示。

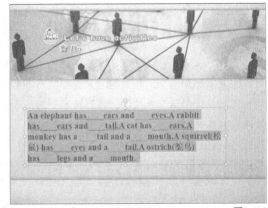

图3-64

图3-65

技巧与提示

"段落"对话框中的"中文版式"选项卡中的各选项含义如下：

- 勾选"按中文习惯控制首尾字符"复选框，可以使段落中的首尾字符近中文习惯显示。
- 勾选"允许西文在单词中间换行"复选框，可以使行尾的单词有可能被分为两部分显示。

• 勾选“允许标点溢出边界”复选框，可以使行尾的标点位置超过文本框边界而不会换到下一行。

Let's have activities
Do
An elephant has____ears and____eyes.A rabbit has__
__ears and____tail.A cat has____ears.A monkey has
a____tail and a____mouth.A squirrel(松鼠) has____e
yes and a____tail.A ostrich(鸵鸟) has____legs and a_
___mouth.

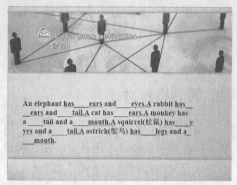

图3–66

3.5 项目符号的添加

在编辑文本时，为了表明文本的结构层次，用户可以为文本添加适当的项目符号来表明文本的顺序，项目符号是以段落为单位的，项目符号一般出现在层次小标题的开头位置，用于突出该层次小标题。

3.5.1 添加常用项目符号

项目符号用于强调一些特别重要的观点或条目，它可以使主题更加美观、突出。项目编号能使主题层次更加分明，更有条理。

课堂案例	
添加常用项目符号	
案例位置	光盘>效果>第3章>课堂案例——添加常用项目符号.pptx
视频位置	光盘>视频>第3章>课堂案例——添加常用项目符号.mp4
难易指数	★★☆☆☆
学习目标	掌握添加常用项目符号的制作方法

本案例的最终效果如图3-67所示。

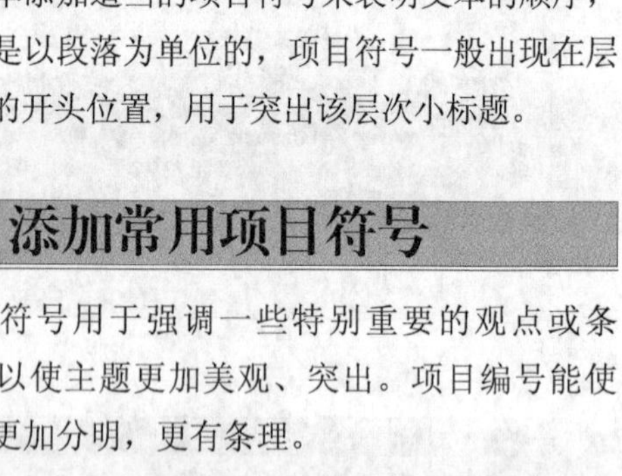

关于纪念墙的另一个建议：
用中国的墨宝在宣纸上手印，现场装裱，挂列在墙上展示。活动后，进行玻璃磨砂的喷绘，做成中国扇的形式（每一个扇片有一个名人手印和介绍），用于长期保存。
理由：
✓ 独具中国特色，又不失时尚
✓ 将品牌和中国文化巧妙结合，使得整个活动更显得有延续性
✓ 而手模的使用场合太多，没有太大特色

图3–67

STEP 01 在PowerPoint 2013中打开一个素材文件，选中文本，如图3-68所示。

关于纪念墙的另一个建议：
用中国的墨宝在宣纸上手印，现场装裱，挂列在墙上展示。活动后，进行玻璃磨砂的喷绘，做成中国扇的形式（每一个扇片有一个名人手印和介绍），用于长期保存。
理由：
独具中国特色，又不失时尚
将品牌和中国文化巧妙结合，使得整个活动更显得有延续性
而手模的使用场合太多，没有太大特色

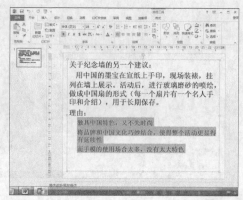

图3–68

STEP 02 单击“项目符号”下拉按钮，在弹出的列表框中选择“项目符号和编号”选项，如图3-69所示。

无
项目符号和编号(N)...

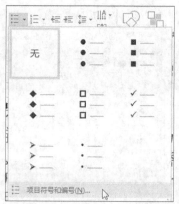

图3–69

STEP 03 弹出“项目符号和编号”对话框，选择“选中标记项目符号”选项，单击“确定”按钮，如图3-70所示。

项目符号和编号
项目符号(B)
编号(N)
无
大小(S): 100
% 字高
颜色(C)
图片(P)...
自定义(U)...
重置(E)
确定
取消

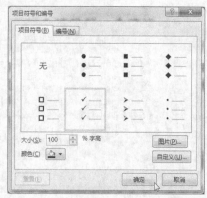

图3–70

STEP 04 执行操作后即可添加项目符号，如图3-71所示。

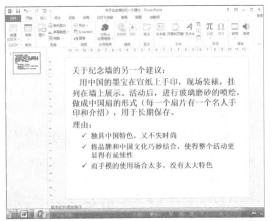

图3-71

3.5.2 添加图片项目符号

在"项目符号和编号"对话框中，可供选择的项目符号类有7种。PowerPoint 2013还允许将图片设置为项目符号，这样项目符号的样式将丰富多彩。

课堂案例	
添加图片项目符号	
案例位置	光盘>效果>第3章>课堂案例——添加图片项目符号.pptx
视频位置	光盘>视频>第3章>课堂案例——添加图片项目符号.mp4
难易指数	★★★☆☆
学习目标	掌握添加图片项目符号的制作方法

本案例的最终效果如图3-72所示。

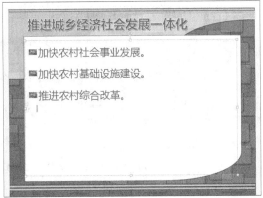

图3-72

STEP 01 在PowerPoint 2013中打开一个素材文件，选择需要设置图片项目符号的文本，如图3-73所示。

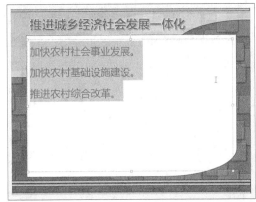

图3-73

STEP 02 在"开始"功能区，单击"段落"选项区中的"项目符号"下拉按钮，如图3-74所示。

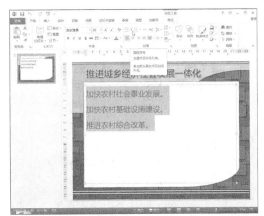

图3-74

STEP 03 在弹出的列表框中选择"项目符号和编号"选项，如图3-75所示。

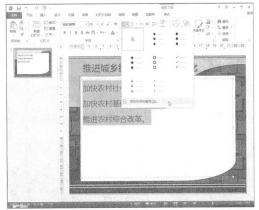

图3-75

STEP 04 在弹出的列表框中单击"图片"按钮，如图3-76所示。

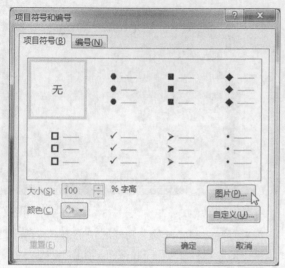

图3-76

STEP 05 弹出"插入图片"窗口，如图3-77所示。

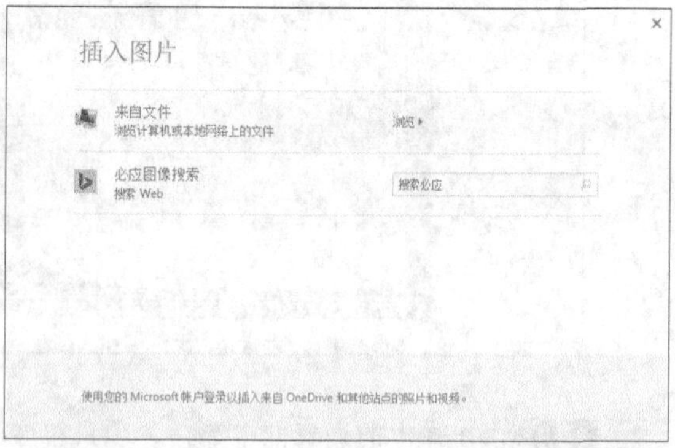

图3-77

STEP 06 在"必应图像搜索"中搜索"花"，选择相应图片，如图3-78所示。

图3-78

STEP 07 单击"插入"按钮即可添加图片项目符号，如图3-79所示。

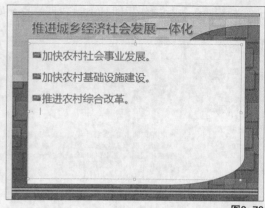

图3-79

技巧与提示

当在PowerPoint中建立项目符号或编号时，如果不想让某一段添加符号或编号，只需要按【Shift＋Enter】组合键即可开始一个没有项目符号或编号的新行。

3.5.3 添加自定义项目符号

在"符号"对话框中包含了Office所有可插入字符，用户可以在符号列表中选择所需要的符号，而在"近期使用过的符号"列表中会列出最近在演示文稿中插入过的字符，以方便用户查找。

课堂案例	
添加自定义项目符号	
案例位置	光盘>效果>第3章>课堂案例——添加自定义项目符号.pptx
视频位置	光盘>视频>第3章>课堂案例——添加自定义项目符号.mp4
难易指数	★★☆☆☆
学习目标	掌握添加自定义项目符号的制作方法

本案例的最终效果如图3-80所示。

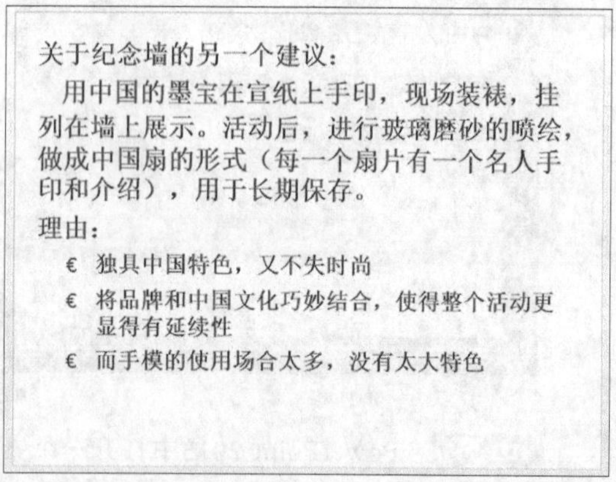

图3-80

STEP 01 在PowerPoint 2013中打开一个素材文件，选中需要进行设置的段落，如图3-81所示。

关于纪念墙的另一个建议：
用中国的墨宝在宣纸上手印，现场装裱，挂列在墙上展示。活动后，进行玻璃磨砂的喷绘，做成中国扇的形式（每一个扇片有一个名人手印和介绍），用于长期保存。
理由：
独具中国特色，又不失时尚
将品牌和中国文化巧妙结合，使得整个活动更显得有延续性
而手模的使用场合太多，没有太大特色

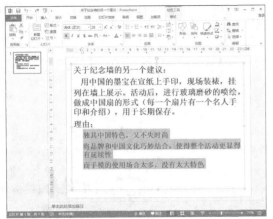

图3-81

STEP 02 打开“项目符号和编号”对话框，单击“自定义”按钮，如图3-82所示。

项目符号和编号
项目符号(B)
编号(N)
无
大小(S): 100 % 字高
颜色(C)
图片(P)...
自定义(U)...
重置(E)
确定
取消

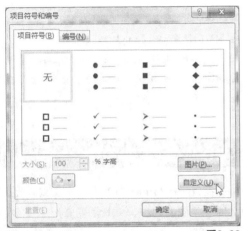

图3-82

STEP 03 打开“符号”对话框，选中需要设置的符号，如图3-83所示。

符号
字体(F): (普通文本)
子集(U): 广义标点
近期使用过的符号(R):
Unicode 名称:
欧元符号
字符代码(C): 20AC
来自(M): Unicode(十六进制)
确定
取消

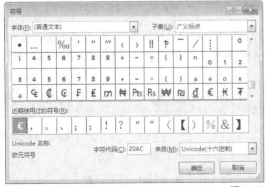

图3-83

STEP 04 单击“确定”按钮即可添加自定义项目符号，如图3-84所示。

关于纪念墙的另一个建议：
用中国的墨宝在宣纸上手印，现场装裱，挂列在墙上展示。活动后，进行玻璃磨砂的喷绘，做成中国扇的形式（每一个扇片有一个名人手印和介绍），用于长期保存。
理由：
€ 独具中国特色，又不失时尚
€ 将品牌和中国文化巧妙结合，使得整个活动更显得有延续性
€ 而手模的使用场合太多，没有太大特色

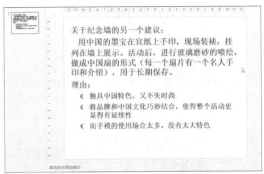

图3-84

技巧与提示

在“图片项目符号”对话框中的“搜索文字”文本框中输入需要搜索的关键词，单击“搜索”按钮，将符合条件的结果显示出来。如果不输入任何内容，则是搜索全部剪辑库。单击“导入”按钮，将打开“将剪辑添加到管理器”对话框，用户可以将指定的图形文件导入Office剪辑库中，并将其设置为项目符号。

3.5.4 添加常用项目编号

在PowerPoint 2013中，可以为不同级别的段落设置编号。在默认情况下，项目编号是由阿拉伯数字“1、2、3……”构成。另外，PowerPoint还允许用户自定义项目编号样式。

课堂案例	
添加常用项目编号	
案例位置	光盘>效果>第3章>课堂案例——添加常用项目编号.pptx
视频位置	光盘>视频>第3章>课堂案例——添加常用项目编号.mp4
难易指数	★★★★★
学习目标	掌握添加常用项目编号的制作方法

本案例的最终效果如图3-85所示。

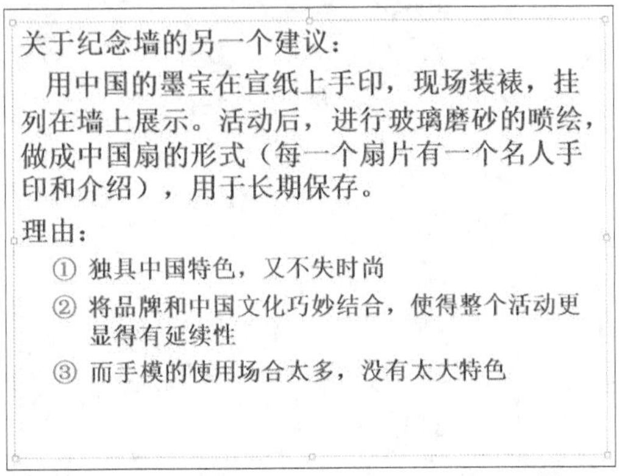

关于纪念墙的另一个建议：
用中国的墨宝在宣纸上手印，现场装裱，挂列在墙上展示。活动后，进行玻璃磨砂的喷绘，做成中国扇的形式（每一个扇片有一个名人手印和介绍），用于长期保存。
理由：
① 独具中国特色，又不失时尚
② 将品牌和中国文化巧妙结合，使得整个活动更显得有延续性
③ 而手模的使用场合太多，没有太大特色

图3-85

STEP 01 在PowerPoint 2013中打开一个素材文

件，选中需要进行设置的段落，如图3-86所示。

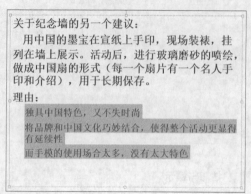

图3-86

STEP 02 打开"项目符号和编号"对话框，单击"编号"选项卡，如图3-87所示。

图3-87

STEP 03 在"项目符号和编号"对话框中设置各选项，如图3-88所示。

图3-88

STEP 04 单击"确定"按钮即可添加项目编号，如图3-89所示。

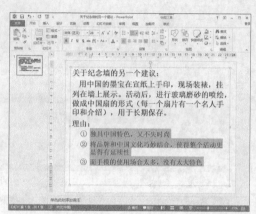

图3-89

技巧与提示

如果要在列表中创建下级项目符号列表，将插入点放在要缩进的行首或按【Tab】键，然后在"段落"选项区中单击"提高列表级别"按钮；如果要使文本向后移动以减小缩进级别，按【Shift＋Tab】组合键，或在"段落"选项区中单击"降低列表级别"按钮。

3.6 本章小结

在PowerPoint 2013 中，本文处理是制作演示文稿最基础的知识。本章主要介绍了文本的基本操作、编辑文本对象和为文本添加项目符号等内容。

3.7 课后习题

本章主要介绍了文本的基本操作、编辑文本对象和为文本添加项目符号等内容。本节将通过填空题、选择题以及上机练习题，对本章的知识点进行回顾。

3.6.1 填空题

（1）_____是一种带有虚线边框的方框，是包含文字和图形等内容的容器。

（2）在PowerPoint 2013 中除了使用_____等输入文本外，还可以从Word、记事本、写字板等文字编辑软件中将文字直接复制到PowerPoint中。

（3）在浮动工具栏中包含了设置字体格式和段

落格式的最常用的_____，包括字体、字号、颜色、格式刷、加粗、倾斜、段落对齐、段落缩进和项目符号等按钮。

3.6.2 选择题

（1）文本格式设置完以后，用户还可以根据自己的需求，对文本进行（ ）、复制、删除、对齐等编辑。

A. 移动　　　　　　B. 单击

C. 文件　　　　　　D. 视图

（2）用户在编辑文本之前，先要选择文本，之后才能进行其他的相关操作。在PowerPoint 2013中，有（ ）种选择方式。

A. 5　　　　　　　B. 6

C. 7　　　　　　　D. 3

（3）复制文本有（ ）种方法，移动文本有4种方法。

A. 3　　　　　　　B. 4

C. 5　　　　　　　D. 6

3.6.3 课后习题——为My Room 演示文稿添加项目符号

索例位置	光盘>效果文件>第3章>课后习题——为My Room演示文稿添加项目符号.pptx
视频位置	光盘>视频文件>第3章>课后习题——为My Room演示文稿添加项目符号.mp4
难易指数	★★☆☆☆
学习目标	掌握为My Room演示文稿添加项目符号的制作方法

本实例介绍为My Room演示文稿添加项目符号的方法，最终效果如图3-90所示。

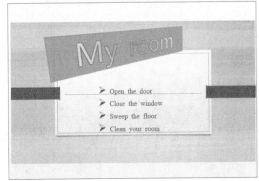

图3-90

步骤分解如图3-91所示。

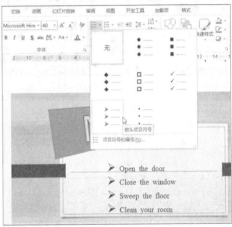

图3-91

第4章

制作精美图片效果

在幻灯片中添加图片，可以更生动形象地阐述主题和表达思想。在插入图片时，应注意图片与幻灯片之间的联系，使图片与主题统一。本章主要介绍插入与编辑外部图片、插入与编辑剪贴画以及插入与编辑艺术字等内容。

课堂学习目标

插入与编辑剪贴画

插入与编辑外部图片

插入与编辑艺术字

插入与编辑形状

4.1 剪贴画的插入与编辑

在PowerPoint 2013中，除了利用绘图工具所绘制的各种形状以外，还可以在幻灯片中插入Office"剪贴画"图库中的剪贴画。

4.1.1 插入剪贴画

PowerPoint 2013附带的剪贴画库内容非常丰富，所有的图片都经过专业设计，它们能够表达不同的主题，并适合于制作各种不同风格的演示文稿。

1. 在非占位符中插入

在Office 2013中附带的所有剪贴画图片，在Office所有组件中都可以使用。

课堂案例	
在非占位符中插入	
案例位置	光盘>效果>第4章>课堂案例——在非占位符中插入.pptx
视频位置	光盘>视频>第4章>课堂案例——在非占位符中插入.mp4
难易指数	★★★☆☆
学习目标	掌握在非占位符中插入的制作方法

本案例的最终效果如图4-1所示。

图4-1

？ 技巧与提示

在剪贴画图库中的图片非常丰富，用户一方面可以多看看，根据设计的幻灯片选择最适合的图片来辅助说明；另一方面可以在互联网上下载最新的剪辑画，以确保有时尚的效果。

STEP 01 在PowerPoint 2013中打开一个素材文件，如图4-2所示。

图4-2

STEP 02 单击"插入"命令，切换至"插入"功能区，在"图像"选项区中单击"联机图片"按钮，如图4-3所示。

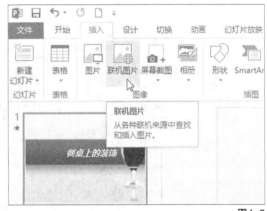

图4-3

STEP 03 执行操作后，弹出"插入图片"窗口，在"必应图像搜索"右侧的搜索文本框中输入关键字"花"，如图4-4所示。

插入图片	×
必应图像搜索 搜索 Web	花
使用您的 Microsoft 账户登录以插入来自 OneDrive 和其他站点的照片和视频。	

图4-4

STEP 04 单击"搜索"按钮，在下方的下拉列表框中将显示搜索出来的相关图片，选择"玫瑰花束"，如图4-5所示。

图4-5

STEP 05 单击"插入"按钮即可将该图片下载并插入至幻灯片中，如图4-6所示。

图4-6

STEP 06 调整图片的大小和位置，效果如图4-7所示。

图4-7

2. 在占位符中插入

PowerPoint 2013的很多版式中都提供了插入剪贴画、形状、图片、表格、图表等对象，利用这些图表可以快速插入相应的对象。

课堂案例	
在占位符中插入	
案例位置	光盘>效果>第4章>课堂案例——在占位符中插入.pptx
视频位置	光盘>视频>第4章>课堂案例——在占位符中插入.mp4
难易指数	★★★☆☆
学习目标	掌握在占位符中插入的制作方法

本案例的最终效果如图4-8所示。

图4-8

STEP 01 在PowerPoint 2013中打开一个素材文件，如图4-9所示。

图4-9

STEP 02 在"幻灯片"选项区中单击"新建幻灯片"下拉按钮，弹出列表框，选择"标题和内容"选项，如图4-10所示。

STEP 03 执行操作后，新建一张"标题和内容"的幻灯片，在"单击此处添加文本"占位符中单击"联机图片"按钮,如图4-11所示。

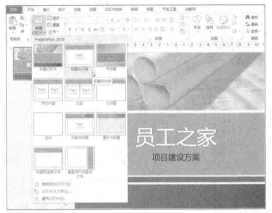

图4-10

图4-11

STEP 04 弹出"插入图片"窗口,在"必应图像搜索"右侧的搜索文本框中输入关键字"员工",单击"搜索"按钮,如图4-12所示。

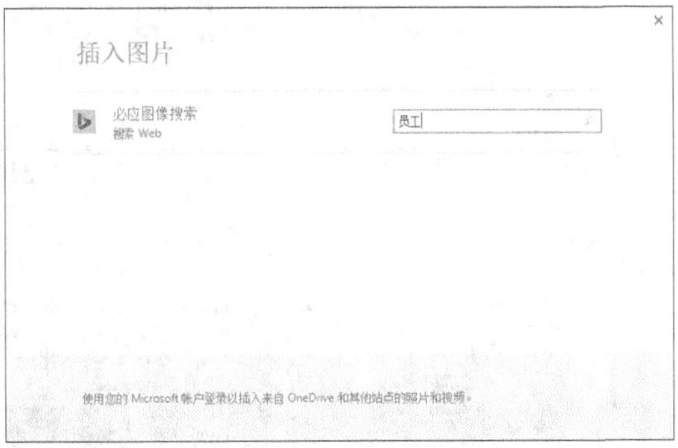

插入图片

必应图像搜索
搜索 Web   员工

使用您的 Microsoft 帐户登录以插入来自 OneDrive 和其他站点的照片和视频。

图4-12

STEP 05 执行操作后,在下方的下拉列表框中将显示搜索出来的相关图片,选择相应选项,如图4-13所示。

STEP 06 单击"插入"按钮即可将该图片下载并插入至幻灯片中,调整图片的大小和位置,效果如图4-14所示。

图4-13

图4-14

技巧与提示

在"剪贴画"任务窗格的"搜索文字"文本框中输入剪贴画的名称后,单击"搜索"按钮即可查找与之对应的剪贴画。

在"剪贴画"任务窗格中的"结果类型"下拉列表框可以将搜索的结果限制为特定媒体文件类型。搜索完成后,将在搜索结果预览列表中列出所有可以插入剪贴画的预览样式,单击其中任意一张剪贴画都会将剪贴画插入到幻灯片中。

4.1.2 编辑剪贴画

在PowerPoint 2013中插入剪贴画以后,用户可以根据需要设置剪贴画的颜色、样式以及效果等。下面将介绍编辑剪贴画的操作方法。

课堂案例	
编辑剪贴画	
案例位置	光盘>效果>第4章>课堂案例——编辑剪贴画.pptx
视频位置	光盘>视频>第4章>课堂案例——编辑剪贴画.mp4
难易指数	★★★★★
学习目标	掌握编辑剪贴画的制作方法

本案例的最终效果如图4-15所示。

图4-15

STEP 01 在PowerPoint 2013中打开一个素材文件，如图4-16所示。

图4-16

STEP 02 在编辑区中选择需要进行编辑的剪贴画，如图4-17所示。

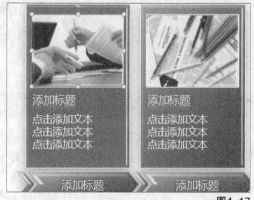

图4-17

STEP 03 单击"图片工具"|"格式"命令，切换至"图片工具"|"格式"功能区，在"调整"选项区中单击"颜色"下拉按钮，如图4-18所示。

STEP 04 弹出列表框，在"颜色饱和度"选项区中选择"饱和度：200％"选项，如图4-19所示。

STEP 05 执行操作后即可设置剪贴画的颜色，效果如图4-20所示。

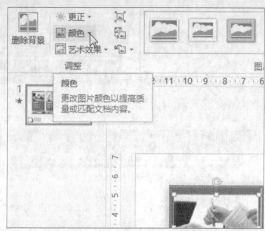

图4-18

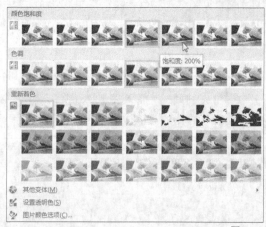

图4-19

图4-20

STEP 06 在"图片样式"选项区中单击"其他"下拉按钮，效果如图4-21所示。

STEP 07 弹出列表框，选择"映像右透视"选项，如图4-22所示。

图4-21

图4-22

STEP 08 在"图片样式"选项区中单击"图片边框"下拉按钮，在"标准色"选项区中选择"浅绿"选项，然后设置图片边框"粗细"为"3磅"，如图4-23所示。

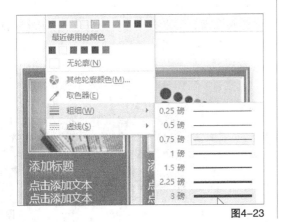

图4-23

STEP 09 执行操作后即可设置剪贴画边框，如图4-24所示。

STEP 10 单击"图片效果"下拉按钮，在弹出的列表框中选择"棱台"|"柔圆"选项，如图4-25所示。

图4-24

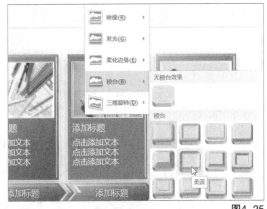

图4-25

STEP 11 执行操作后即可完成剪贴画的编辑，效果如图4-26所示。

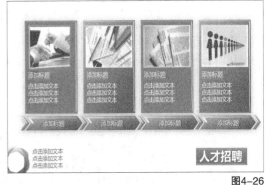

图4-26

4.2 外部图片的插入与编辑

用户除了在演示文稿中插入Office自带的剪贴画

以外，还可以将外部图片插入演示文稿中。

4.2.1 插入图片

课堂案例	
插入图片	
案例位置	光盘>效果>第4章>课堂案例——插入图片.pptx
视频位置	光盘>视频>第4章>课堂案例——插入图片.mp4
难易指数	★★☆☆☆
学习目标	掌握插入图片的制作方法

本案例的最终效果如图4-27所示。

图4-27

STEP 01 在PowerPoint 2013中打开一个素材文件，如图4-28所示。

图4-28

STEP 02 单击"插入"命令，切换至"插入"功能区，在"图像"选项区中单击"图片"按钮，如图4-29所示。

图4-29

STEP 03 弹出"插入图片"对话框，选择需要插入的图片，如图4-30所示。

图4-30

STEP 04 单击"插入"按钮即可在幻灯片中插入图片，调整图片大小与位置，如图4-31所示。

图4-31

4.2.2 设置图片格式

对于插入PowerPoint中的图片可以进行大小、位置、裁剪等编辑处理操作。

1. 设置图片大小

图片的缩放和形状的缩放方法是一样的，有以下几种方法。

• 拖曳：选定图片后，拖曳图片上的控制点即可，如图4-32所示。

图4-32

图4-32（续）

• 选项：选定图片后，切换至"格式"功能区，在"大小"选项区中设置"高度"与"宽度"的数值即可设置图片的大小。

• 按钮：单击"大小"选项区右下角的按钮，弹出"设置图片格式"窗格，如图4-33所示。设置该窗格的"高度"和"宽度"数值，单击"关闭"按钮即可更改图片的大小。如图4-34所示。

图4-33

图4-34

2. 设置图片位置

设置图片的位置，与设置文本位置的方法完全相同，选定图片后，拖曳图片即可改变图片位置，如图4-35所示。

图4-35

3. 裁剪图片

选中需要裁剪的图片，切换至"格式"功能区，在"大小"选项区中单击"裁剪"按钮，此时鼠标光标将变成裁剪框形状。单击鼠标左键，沿裁剪方向拖曳鼠标即可裁剪图片，如图4-36所示。

图4-36

4.2.3 设置图片样式

"图片样式"选项区位于"格式"功能区中，其中包括"图片边框""图片效果"和"图片版式"按钮，如图4-38所示，运用这些按钮可以对图片进行添加边框、设置图片的外观样式、更改图片版式等操作。

1. 添加边框

选中图片后，如图4-37所示。在功能区切换到"格式"功能区，单击"图片样式"选项区中的"图片边框"按钮右侧的三角形按钮，如图4-38所示。在弹出的列表框中选择"黄色"即可添加图片的边框。如图4-39和图4-40所示。

> **技巧与提示**
>
> 在"图片边框"列表框中，除了可以为图片设置颜色与边框线的粗细以外，用户还可以将边框线设置为虚线。

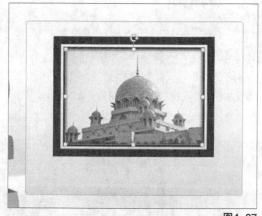

图4-37

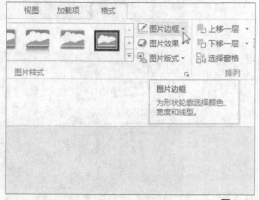

图4-38

图4-39

图4-40

2. 设置图片样式

选中图片后，在功能区切换到"格式"功能区中单击"图片工具"|"格式"命令，切换至"图片工具"|"格式"功能区，在"图片样式"选项区中单击"其他"下拉按钮，如图4-41所示。弹出列表框，选择"简单框架，白色"选项即可设置图片的效果。如图4-42和图4-43所示。

图4-41

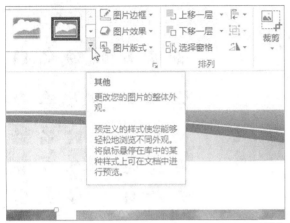

图4-44

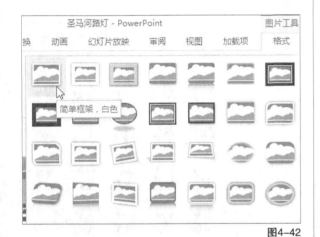

图4-42

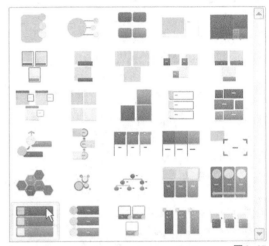

图4-45

图4-41（续）

图4-43

图4-46

3. 设置图片版式

选中图片后，如图4-44所示。在功能区切换到"格式"功能区，单击"图片样式"选项区中的"图片版式"按钮右侧的三角形按钮，在弹出的列表框中选择"垂直图片列表"版式，即可设置图片的版式。如图4-45和图4-46所示。

4.2.4 设置图片效果

在PowerPoint 2013中，除了文字还可以加入具有感染力的图片，以提升演说效果和说服力。另外，图片除了表意还具有审美价值，能美化页面，提升PowerPoint文稿的品质感。下面将介绍设置图片效果的操作方法。

1. "调整"面板

"调整"选项区位于"格式"功能区中，其中包括"更改""颜色""艺术效果"按钮，如图4-47所示。分别单击各按钮即可弹出所对应的列表框，如图4-48所示。运用这些按钮可以对图片进行一些基本调整，如亮度和对比度、颜色饱和度、重新着色、艺术效果等。如果对调整出来的图片效果不满意，单击"重设图片"按钮就可以使图片恢复到原始状态。

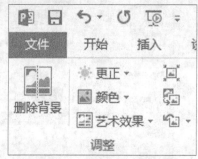

图4-47

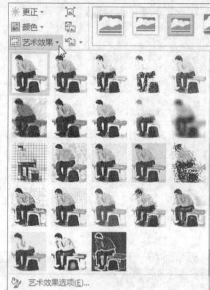

图4-48

2. 调整图片锐化程度

在"调整"选项区中单击"更正"按钮，在弹出的列表框中选择不同的锐化或柔化数值即可锐化或柔化图片，如图4-49所示。

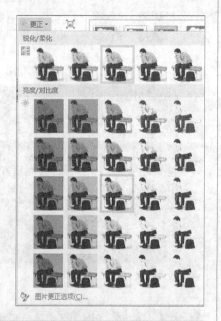

> **技巧与提示**
>
> 设计是把一种计划、规划、设想通过视觉的形式传达出来的活动过程。在PPT（PowerPoint演示文稿）中，设计正逐渐成为PPT制作过程中的核心技能之一，也是PPT质量好坏的基本标准。

图4-49

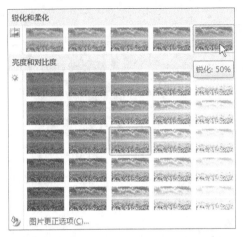

图4-49（续）

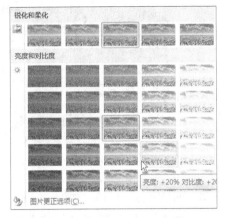

图4-50（续）

4. 制作图片艺术效果

PowerPoint 2013为用户提供了20多种艺术效果，选择不同的选项即可制作出不同的艺术效果。

在"调整"选项区中单击"艺术效果"按钮，在弹出的列表框中选择不同的艺术效果即可制作出不同效果的图片，如图4-51所示。

3. 调整图片亮度

在"调整"选项区中单击"更正"按钮，在弹出的列表框中选择不同的亮度数值即可调节图片的亮度，如图4-50所示。

图4-50

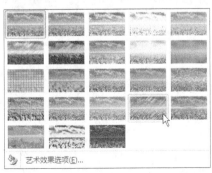

图4-51

图4-51（续）

在PowerPoint 2013中，可以将图片设置成为"铅笔灰度""铅笔素描"和"纹理化"等艺术效果，使图片能够满足多种场合的需求。

5. 设置图片旋转方向

设置图片旋转方向有以下两种方法：

• 选项：选中图片，如图4-52所示。切换至"格式"功能区，在"排列"选项区中单击"旋转"下拉按钮，如图4-53所示。然后在弹出的列表框中选择"向右旋转90°"选项，如图4-54所示。

图4-52

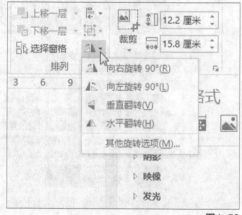

图4-53

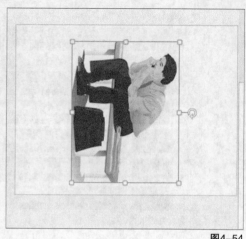

图4-54

或在弹出的列表框中选择"其他旋转选项"选项，如图4-55所示。在弹出的"设置图片格式"窗格中设置"旋转"文本框中的数值为"45度"，如图4-56所示。单击"关闭"按钮即可调整图片方向。如图4-57所示。

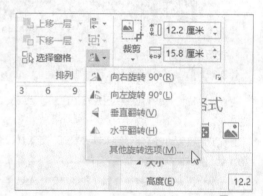

图4-55

设置图片格式

▲ 大小

高度(E)	12.2 厘米
宽度(D)	15.8 厘米
旋转(T)	45°
缩放高度(H)	185%
缩放宽度(W)	168%

☑ 锁定纵横比(A)

☑ 相对于图片原始尺寸(R)

☐ 幻灯片最佳比例(B)

分辨率(O) 640 × 480

图4-56

图4-57

• 按钮：选中图片，将鼠标放在图片上方的绿色旋转控制点上，如图4-58所示。单击鼠标左键并拖曳绿色旋转控制点即可对图片进行旋转，如图4-59所示。

图4-58

图4-59

4.3 艺术字的插入与编辑

艺术字是一种特殊的图形文字，常用来表现幻灯片的标题文字，用户可以对艺术字进行大小调整、旋转和添加三维效果等操作。

4.3.1 插入艺术字

为了使演示文稿的标题或某个文字能够更加突出，用户可以运用艺术字来达到自己想要的效果。下面将介绍插入艺术字的操作方法。

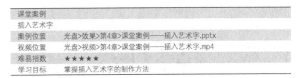

课堂案例	
插入艺术字	
案例位置	光盘>效果>第4章>课堂案例——插入艺术字.pptx
视频位置	光盘>视频>第4章>课堂案例——插入艺术字.mp4
难易指数	★★★★★
学习目标	掌握插入艺术字的制作方法

本案例的最终效果如图4-60所示。

图4-60

STEP 01 在PowerPoint 2013中切换至"插入"功能区，在"文本"选项区中单击"艺术字"按钮，如图4-61所示。

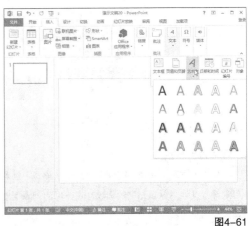

图4-61

79

STEP 02 在弹出的列表框中选择一种艺术字样式并输入文字，如图4-62所示。

图4-62

4.3.2 设置艺术字形状

选中插入的艺术字，在功能区切换至"格式"功能区，在"形状样式"选项区中可以进行艺术字形状样式、轮廓样式、填充颜色和三维效果等设置。利用系统提供的图形设置工具，可以使配有图形的幻灯片更容易让观众理解。

1. 设置艺术字形状样式

幻灯片绘制的艺术字轮廓是默认的颜色，用户可以根据演示文稿和整体风格改变轮廓样式。

课堂案例	
设置艺术字形状样式	
案例位置	光盘>效果>第4章>课堂案例——设置艺术字形状样式.ppt
视频位置	光盘>视频>第4章>课堂案例——设置艺术字形状样式.mp4
难易指数	★★★☆☆
学习目标	掌握设置艺术字形状样式的制作方法

本案例的最终效果如图4-63所示。

图4-63

STEP 01 在PowerPoint 2013中打开一个素材文件，如图4-64所示。

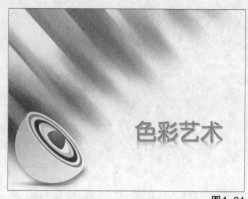

图4-64

STEP 02 在编辑区中选择需要设置形状样式的艺术字，如图4-65所示。

图4-65

STEP 03 单击"绘图工具"|"格式"命令，切换至"绘图工具"|"格式"功能区，在"形状样式"选项区中单击"其他"下拉按钮，如图4-66所示。

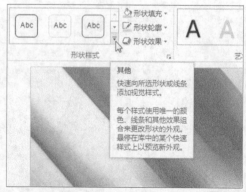

图4-66

STEP 04 弹出列表框，选择"强烈效果-靛蓝，强调颜色6"选项，如图4-67所示。

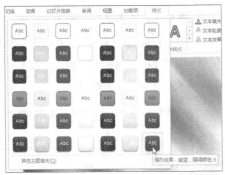

图4-67

STEP 05 执行操作后即可设置艺术字形状样式，如图4-68所示。

图4-68

2. 设置艺术字形状填充

为艺术字添加填充颜色，是指在一个封闭的对象中加入填充效果，这种效果可以是单色、过渡色、纹理，甚至可以是图片。

技巧与提示

可以尝试操作为艺术字添加形状填充图片。

课堂案例	
设置艺术字形状填充	
案例位置	光盘>效果>第4章>课堂案例——设置艺术字形状填充.pptx
视频位置	光盘>视频>第4章>课堂案例——设置艺术字形状填充.mp4
难易指数	★★★☆☆
学习目标	掌握设置艺术字形状填充的制作方法

本案例的最终效果如图4-69所示。

图4-69

STEP 01 在PowerPoint 2013中打开一个素材文件，如图4-70所示。

图4-70

STEP 02 在编辑区中选择需要设置形状填充的艺术字，如图4-71所示。

图4-71

STEP 03 单击"绘图工具"|"格式"命令，切换至"绘图工具"|"格式"功能区，单击"形状样式"选项区中的"形状填充"下拉按钮，如图4-72所示。

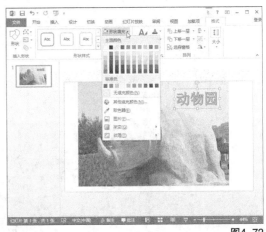

图4-72

STEP 04 弹出列表框，选择"取色器"选项，如图4-73所示。

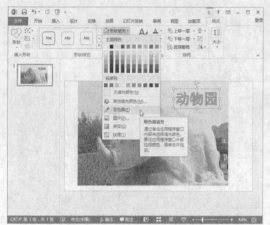

图4-73

STEP 05 此时鼠标光标呈吸管形状，在编辑区中的相应颜色位置单击鼠标左键以拾取颜色，如图4-74所示。

图4-74

STEP 06 执行操作后即可设置艺术字形状填充，效果如图4-75所示。

图4-75

3. 设置艺术字形状效果

在PowerPoint 2013中，为艺术字设置形状填充和形状轮廓以后，接下来可以为艺术字设置形状效果，使添加的艺术字更加美观。

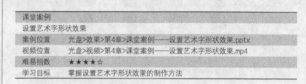

课堂案例	
设置艺术字形状效果	
案例位置	光盘>效果>第4章>课堂案例——设置艺术字形状效果.pptx
视频位置	光盘>视频>第4章>课堂案例——设置艺术字形状效果.mp4
难易指数	★★★★☆
学习目标	掌握设置艺术字形状效果的制作方法

本案例的最终效果如图4-76所示。

图4-76

STEP 01 在PowerPoint 2013中打开一个素材文件，如图4-77所示。

STEP 02 在编辑区中选择需要设置形状效果的艺术字，如图4-78所示。

图4-77

图4-78

STEP 03 单击"绘图工具"|"格式"命令，切换至"绘图工具|格式"功能区，在"形状样式"选项区中单击"形状效果"下拉按钮，如图4-79所示。

图4-79

STEP 04 弹出列表框，选择"预设"|"预设12"选项，如图4-80所示。

STEP 05 执行操作后即可设置艺术字形状预设效果，如图4-81所示。

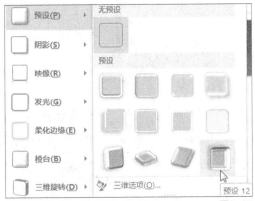

图4-80

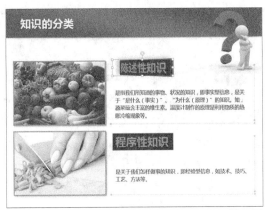

图4-81

STEP 06 单击"形状效果"下拉按钮，在弹出的列表框中选择"棱台"|"松散嵌入"选项，如图4-82所示。

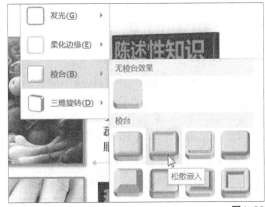

图4-82

STEP 07 执行操作后即可设置艺术字效果，如图4-83所示。

STEP 08 用同样的方法设置其他艺术字形状效果，如图4-84所示。

图4-83

图4-84

4.3.3 更改艺术字样式

用户在插入艺术字后，如果对艺术字的效果不满意，还可以对其进行相应的编辑操作。

1. 设置艺术字渐变颜色

"设置文本效果格式"对话框中的各种选项可以根据用户的喜好进行设置。

课堂案例	
设置艺术字渐变颜色	
案例位置	光盘>效果>第4章>课堂案例——设置艺术字渐变颜色.pptx
视频位置	光盘>视频>第4章>课堂案例——设置艺术字渐变颜色.mp4
难易指数	★★☆☆☆
学习目标	掌握设置艺术字渐变颜色的制作方法

本案例的最终效果如图4-85所示。

图4-85

STEP 01 在PowerPoint 2013中打开一个素材文件，选中艺术字，如图4-86所示。

图4-86

STEP 02 在"格式"功能区中单击"文本填充"按钮，在弹出的列表框中选择"渐变"|"其他渐变"选项，如图4-87所示。

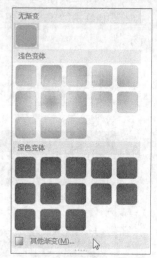

图4-87

STEP 03 弹出"设置文本效果格式"对话框，设置"填充"为"渐变填充"，"颜色"为"紫色"，如图4-88所示。

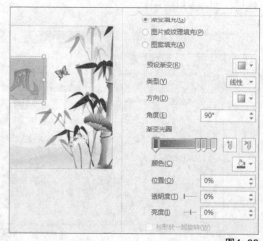

图4-88

STEP 04 单击"关闭"按钮即可设置艺术字的渐变颜色，如图4-89所示。

图4-89

2. 设置艺术字投影效果

为了使艺术字的样式更加丰富，用户还可以对艺术字设置投影效果。

打开上个案例的素材，如图4-90所示。在"艺术字样式"选项区中单击"形状轮廓"按钮，如图9-91所示。在弹出的列表框中单击"标准颜色"选项区中的"深蓝"，如图4-92所示。在"粗细"下拉列表中设置轮廓粗细为"3磅"，如图4-93所示。

图4-90

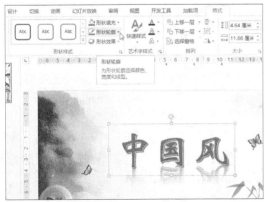
图4-91

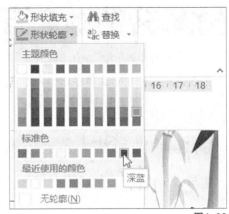
图4-92

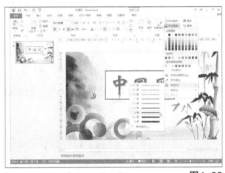
图4-93

设置"文本效果"为"紧密映像，接触"，如图4-94所示。执行操作后即可设置艺术字的投影效果，如图4-95所示。

图4-94

图4-95

4.4 形状的插入与编辑

在幻灯片中添加适当的图形对象，可以使幻灯片的表现形式更加丰富多彩，提升幻灯片的视觉效果，也可以使幻灯片的主题更加突出、直观。

4.4.1 插入形状

利用绘图工具可以绘制各种线条、几何图形、链接符、星形及箭头等图形。

打开PowerPoint 2013，切换至"插入"功能区，在"插图"选项区中单击"形状"下拉按钮，如图4-96所示。在弹出的列表框中选择"笑脸"的形状样式，如图4-97所示。将鼠标拖曳至幻灯片中，此时鼠标光标变为"＋"形状，在需要插入形状的位置单击鼠标左键并拖曳，绘制形状，如图4-98所示。

图4-96

图4-97

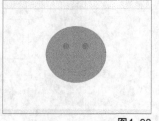

图4-98

4.4.2 设置形状样式

选中插入的形状，在功能区切换至"格式"功能区，在"形状样式"选项区中可以对形状的样式进行设置。

1. 设置形状轮廓样式

不仅艺术字能添加轮廓样式，形状图形也同样可以添加相应的样式。

课堂案例	
设置形状轮廓样式	
案例位置	光盘>效果>第4章>课堂案例——设置形状轮廓样式.pptx
视频位置	光盘>视频>第4章>课堂案例——设置形状轮廓样式.mp4
难易指数	★☆☆☆☆
学习目标	掌握设置形状轮廓样式的制作方法

本案例的最终效果如图4-99所示。

图4-99

STEP 01 在PowerPoint 2013中打开一个素材文件，选中形状，切换至"绘图工具|格式"功能区，在"形状样式"选项区中单击"其他"下拉按钮，在弹出的列表框中选择"浅色1轮廓"的轮廓效果，如图4-100所示。

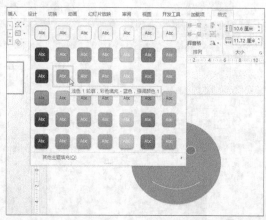

图4-100

STEP 02 执行操作后即可设置形状的轮廓样式，如图4-101所示。

图4-101

2. 设置三维效果

为绘制的形状添加阴影或三维效果，可以使幻灯片更加美观。

课堂案例	
设置三维效果	
案例位置	光盘>效果>第4章>课堂案例——设置三维效果.pptx
视频位置	光盘>视频>第4章>课堂案例——设置三维效果.mp4
难易指数	★★☆☆☆
学习目标	掌握设置三维效果的制作方法

本案例的最终效果如图4-102所示。

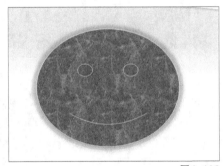

图4-102

STEP 01 打开演示文稿后，选中绘制的形状，切换至"绘图工具"|"格式"功能区，在"形状样式"选项区中单击"形状填充"下拉按钮，在弹出的列表框中选择"纹理"选项，然后选择"绿色大理石"，如图4-103所示。

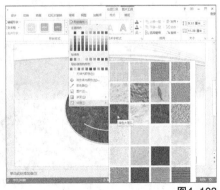

图4-103

STEP 02 在"形状样式"选项区中单击"形状轮廓"按钮，在弹出的列表框中设置"粗细"为"0.25磅"，如图4-104所示。

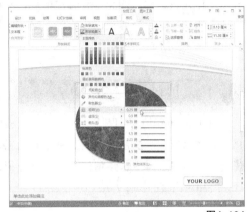

图4-104

STEP 03 在"形状样式"选项区中单击"形状效果"按钮，在弹出的列表框中选择"发光"|"灰色"的形状效果，如图4-105所示。

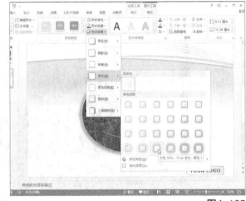

图4-105

STEP 04 设置完成后即可设置形状的艺术效果，如图4-106所示。

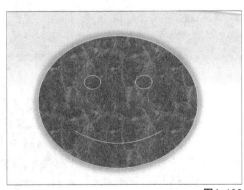

图4-106

4.5 PPT图片设计技巧

将合适的图片插入PPT以后，还需要进行设计，把图片作为页面元素的一部分进行编排，对图片进行必要的裁切、色彩修正、修饰等，这样才能充分发挥图片的作用。

4.5.1 让图片变得明亮

PPT中的图片应当保持一种明亮、积极的画面感，而昏暗、灰沉的图片会大大降低画面感，会使观众对演示内容产生厌烦情绪。下面将介绍调整图片亮度和对比度的操作方法。

课堂案例	
让图片变得明亮	
案例位置	光盘>效果>第4章>课堂案例——让图片变得明亮.pptx
视频位置	光盘>视频>第4章>课堂案例——让图片变得明亮.mp4
难易指数	★★★☆☆
学习目标	掌握让图片变得明亮的制作方法

本案例的最终效果如图4-107所示。

图4-107

STEP 01 在PowerPoint 2013中打开一个素材文件，如图4-108所示。

图4-108

STEP 02 在编辑区中选择需要调整亮度和对比度的图片，如图4-109所示。

图4-109

STEP 03 单击"图片工具"|"格式"命令，切换至"图片工具"|"格式"功能区，在"调整"选项区中单击"更正"下拉按钮，如图4-110所示。

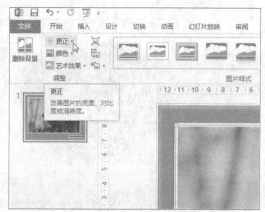

图4-110

STEP 04 弹出列表框，在"亮度和对比度"选项区中选择"亮度40%，对比度40%"选项，如图4-111所示。

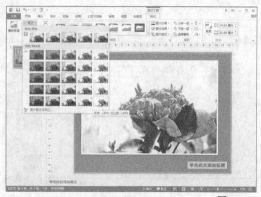

图4-111

STEP 05 执行操作后即可调整图片的亮度和对比度，如图4-112所示。

图4-112

技巧与提示

在PowerPoint 2013中可以直接进行一些比较专业的图片处理，这使得在PowerPoint中应用图片更加方便。即使对一些原始图片效果很不满意，直接使用PowerPoint软件也能进行处理，而不需要再借助于专业的图片处理软件。

4.5.2 改变图片形状

在PowerPoint 2013中可以根据需要对原始图片进行裁剪，只需要保留图片中需要保留的部分，裁减掉多出的部分，就能够快速实现图片的图形化修改，改变图片形状，对画面整体美感进行深化。下面将介绍改变图片形状的操作方法。

课堂案例	
改变图片形状	
案例位置	光盘>效果>第4章>课堂案例——改变图片形状.pptx
视频位置	光盘>视频>第4章>课堂案例——改变图片形状.mp4
难易指数	★★★☆☆
学习目标	掌握改变图片形状的制作方法

本案例的最终效果如图4-113所示。

图4-113

STEP 01 在PowerPoint 2013中打开一个素材文件，如图4-114所示。

图4-114

STEP 02 在编辑区中选择1张图片，如图4-115所示。

图4-115

STEP 03 单击"图片工具"|"格式"命令，切换至"图片工具"|"格式"功能区，单击"大小"选项区中的"裁剪"下拉按钮，如图4-116所示。

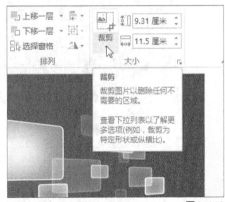

图4-116

STEP 04 弹出列表框，选择"裁剪为形状"|"椭圆"选项，如图4-117所示。

图4-117

STEP 05 执行操作后即可改变图片形状，如图4-118所示。

图4-118

技巧与提示

在"裁剪形状为"弹出的选项框中，主要有"矩形""基本形状""箭头总汇""公式形状""流程图""星与旗帜""标注""动作按钮"8种类型。

STEP 06 用同样的方法修改其他图片的形状，效果如图4-119所示。

图4-119

4.5.3 添加图片立体效果

PowerPoint 2013提供了丰富的图片立体化效果，包括三维预设、阴影、映像、发光、柔化边缘、棱台、三维旋转等，而其中的预设、边缘、棱台、旋转效果比文字效果要明显许多，其余的基本相似。下面将介绍为图片添加立体效果的操作方法。

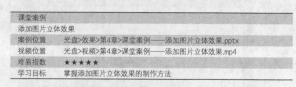

课堂案例	
添加图片立体效果	
案例位置	光盘>效果>第4章>课堂案例——添加图片立体效果.pptx
视频位置	光盘>视频>第4章>课堂案例——添加图片立体效果.mp4
难易指数	★★★★★
学习目标	掌握添加图片立体效果的制作方法

本案例的最终效果如图4-120所示。

图4-120

STEP 01 在PowerPoint 2013中打开一个素材文件，如图4-121所示。

STEP 02 在编辑区中选择需要添加立体效果的图片，如图4-122所示。

图4-121

图4-122

STEP 03 单击"图片工具"|"格式"命令,切换至"图片工具"|"格式"功能区,单击"图片样式"选项区中的"图片效果"下拉按钮,如图4-123所示。

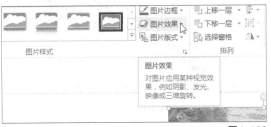

图4-123

技巧与提示

在"预设"列表框中提供了12种风格迥异的预设效果,前6种在边框、阴影、棱台效果方面有所差异。

STEP 04 在弹出的列表框中选择"预设"|"预设1"选项,如图4-124所示。

STEP 05 执行操作后即可为幻灯片中的图片添加"预设1"效果,如图4-125所示。

图4-124

图4-125

STEP 06 单击"图片样式"选项区中的"图

片效果"下拉按钮,在弹出的列表框中选择"发光"|"橙色,18 pt发光,着色2"选项,如图4-126所示。

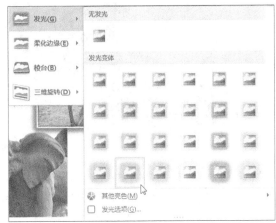

图4-126

STEP 07 执行操作后即可设置图片发光效果,如图4-127所示。

STEP 08 单击"图片样式"选项区中的"图片效果"下拉按钮,在弹出的列表框中选择"棱台"|"松散嵌入"选项,如图4-128所示。

图4-127

图4-128

91

STEP 09 执行操作后即可设置图片"棱台"效果，如图4-129所示。

图4-129

STEP 10 单击"图片样式"选项区中的"图片效果"下拉按钮，在弹出的列表框中选择"三维旋转"|"极右极大透视"选项，如图4-130所示。

STEP 11 执行操作后即可设置图片透视效果，如图4-131所示。

图4-130

图4-131

STEP 12 用同样的方法为其他图片添加同样的立体效果，如图4-132所示。

图4-132

技巧与提示

在立体效果中，旋转、棱台效果都会导致图片模糊，降低图片的可视效果。如果图片内容比较重要时，应尽量减少添加这些效果。

4.5.4 压缩图片

运用图片提升PPT美观性的同时也会让PPT的文件变得庞大，打开与编辑图片都需要漫长的等待时间，适时对图片进行压缩很有必要。下面将介绍压缩图片的操作方法。

课堂案例	
压缩图片	
案例位置	光盘>效果>第4章>课堂案例——压缩图片.pptx
视频位置	光盘>视频>第4章>课堂案例——压缩图片.mp4
难易指数	★★★☆☆
学习目标	掌握压缩图片的制作方法

本案例的最终效果如图4-133所示。

图4-133

STEP 01 在PowerPoint 2013中打开一个素材文件，如图4-134所示。

图4-134

STEP 02 在编辑区中选择背景图片，如图4-135所示。

图4-135

STEP 03 单击"图片工具"|"格式"命令，切换至"图片工具"|"格式"功能区，单击"调整"选项区中的"压缩图片"按钮，如图4-136所示。

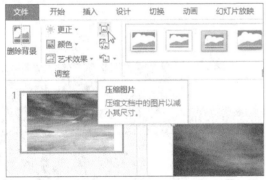

图4-136

STEP 04 弹出"压缩图片"对话框，在"压缩选项"选项区中勾选"仅应用于此图"和"删除图片的剪裁区域"复选框，在"目标输出"选项区中选中"屏幕（150 ppi）：适用于网页和投影仪"单选按钮，如图4-137所示。

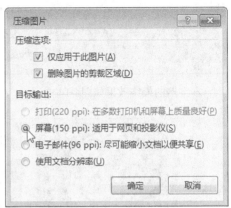

图4-137

STEP 05 单击"确定"按钮即可完成图片的压缩，如图4-138和图4-139所示。

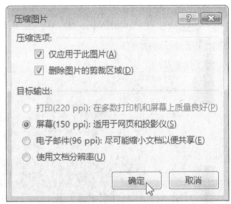

图4-138

图4-139

4.5.5 替换图片

在PPT中，对于已插入的图片，如果用户觉得不够漂亮、不够恰当，又恰好看到一张更好、更适合的图片，用户可以将其快速替换。下面将介绍替换图片的操作方法。

课堂案例	
替换图片	
案例位置	光盘>效果>第4章>课堂案例——替换图片.pptx
视频位置	光盘>视频>第4章>课堂案例——替换图片.mp4
难易指数	★★★☆☆
学习目标	掌握替换图片的制作方法

本案例的最终效果如图4-140所示。

图4-140

STEP 01 在PowerPoint 2013中打开一个素材文件，如图4-141所示。

图4-141

STEP 02 在编辑区中选择相应图片，单击鼠标右键，在弹出的快捷菜单中选择"更改图片"选项，如图4-142所示。

图4-142

STEP 03 弹出"插入图片"窗口，单击"浏览"按钮，如图4-143所示。

图4-143

STEP 04 在计算机中的相应位置选择所需要的图片，如图4-144所示。

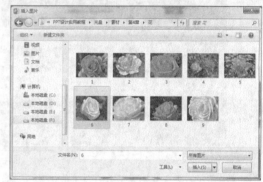

图4-144

STEP 05 单击"插入"按钮，就可快速替换图片，适当调整图片大小，效果如图4-145所示。

图4-145

4.5.6 裁剪图片

需要添加到PowerPoint 2013文稿中的图片，可能有大有小，图片统一性是PowerPoint文稿是否美观、专业的重要标准之一。对大小不同的图片进行裁切，能让页面更加整齐、统一。因此，在制作PPT文档时，必须根据页面的实际需要对搜集的图片进行裁切。

课堂案例	
裁剪图片	
案例位置	光盘>效果>第4章>课堂案例——裁剪图片.pptx
视频位置	光盘>视频>第4章>课堂案例——裁剪图片.mp4
难易指数	★★★☆☆
学习目标	掌握裁剪图片的制作方法

本案例的最终效果如图4-146所示。

图4-146

STEP 01 在PowerPoint 2013中打开一个素材文件，如图4-147所示。

图4-147

STEP 02 在编辑区中选择相应的图片，单击"图片工具"|"格式"命令，切换至"图片工具"|"格式"功能区，在"大小"选项区中单击"裁剪"下拉按钮，如图4-148所示。

图4-148

STEP 03 弹出列表框，选择"纵横比"|"横向"|"5:4"选项，如图4-149所示。

图4-149

STEP 04 执行操作后，系统将自动按指定比例来裁剪图片，如图4-150所示。

图4-150

STEP 05 调整好需要裁剪的图片位置，单击幻灯片中的空白位置，图中暗色区域将被裁剪掉，如图4-151所示。

图4-151

4.5.7 纯色美化图形

纯色给人的感觉是简洁、质朴、严谨。在欧美风格的PowerPoint演示文稿中,大面积的纯色填充应用较多。从专业上讲,纯色填充比较简单;但从美观上来讲,需要将图形填充得美观则会是一种较难的事情,下面将介绍运用纯色美化图形的操作方法。

课堂案例	
纯色美化图形	
案例位置	光盘>效果>第4章>课堂案例——纯色美化图形.pptx
视频位置	光盘>视频>第4章>课堂案例——纯色美化图形.mp4
难易指数	★★★☆☆
学习目标	掌握纯色美化图形的制作方法

本案例的最终效果如图4-152所示。

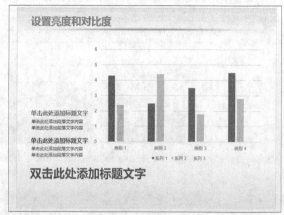

图4-152

STEP 01 在PowerPoint 2013中打开一个素材文件,如图4-153所示。

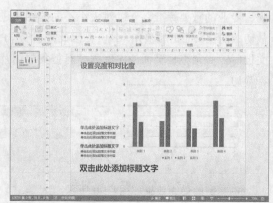

图4-153

STEP 02 在编辑区中,按【Ctrl】键依次选择需要填充色彩的图形,如图4-154所示。

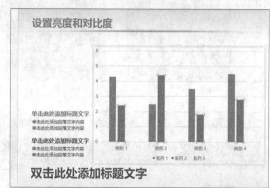

图4-154

STEP 03 单击"绘图工具"|"格式"命令,切换至"绘图工具"|"格式"功能区,单击"形状样式"选项区中的"形状填充"下拉按钮,如图4-155所示。

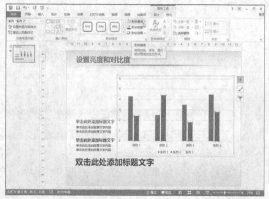

图4-155

STEP 04 弹出列表框,在"标准色"选项区中选择"浅绿"选项,如图4-156所示。

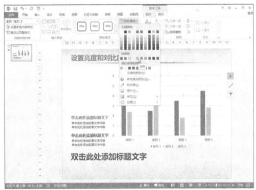

图4-156

STEP 05 执行操作后即可填充颜色，如图4-157
所示。

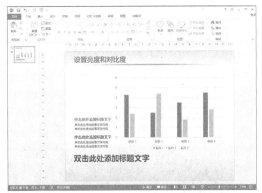

图4-157

技巧与提示

PowerPoint 2013提供了简单的裁切功能，可以直接把多余的
部分裁剪掉，但要注意不要把重要内容裁切掉，要区分哪些是
必须保留的，哪些是需要果断去除掉的。在裁切时，可以使用
"Ctrl键＋鼠标滚轴"的方法把画面放大到最大，再进行剪裁。

STEP 06 用同样的方法填充其他图形，效果如
图4-158所示。

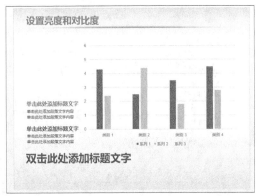

图4-158

4.5.8 渐变色美化图形

为PowerPoint 2013演示文稿中的图形填充渐
变色，有利于增加画面中的生动性、立体感。渐变
有两种：一是异色渐变，即图形本身有两种以上不
同颜色的变化，如七色彩虹；二是同色渐变，即图
形本身仅有一种颜色，但这种颜色由浅入深或由深
到浅发生渐变，类似光线在不同角度照射产生的效
果，下面将介绍运用渐变填充图形的操作方法。

课堂案例	
渐变色美化图形	
案例位置	光盘>效果>第4章>课堂案例——渐变色美化图形.pptx
视频位置	光盘>视频>第4章>课堂案例——渐变色美化图形.mp4
难易指数	★★★☆☆
学习目标	掌握渐变色美化图形的制作方法

本案例的最终效果如图4-159所示。

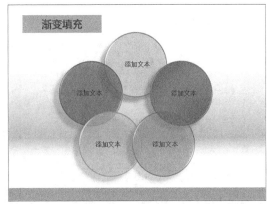

图4-159

STEP 01 在PowerPoint 2013中打开一个素材文
件，如图4-160所示。

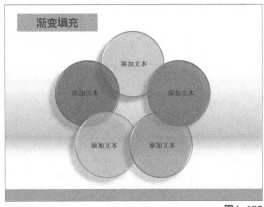

图4-160

STEP 02 在编辑区中选择需要填充渐变的图
形，如图4-161所示。

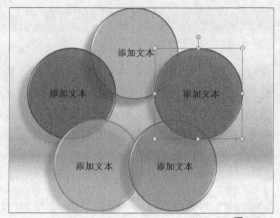

图4-161

STEP 03 在图形上单击鼠标右键，在弹出的快捷菜单中选择"设置图片格式"选项，如图4-162所示。

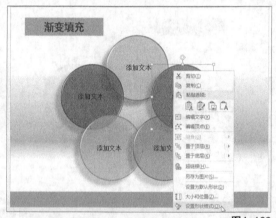

图4-162

STEP 04 弹出"设置图片格式"窗格，单击"填充"按钮，在展开的"填充"选项区中选中"渐变填充"单选按钮，如图4-163所示。

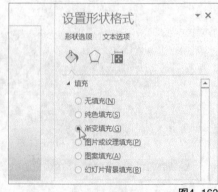

图4-163

STEP 05 单击"类型"下拉按钮，在弹出的列表框中选择"射线"选项，如图4-164所示。

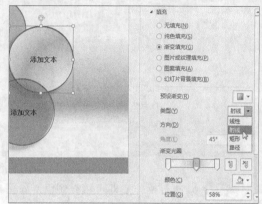

图4-164

STEP 06 在"渐变光圈"选项区中选择"停止点1"色标，并单击颜色按钮，在弹出的颜色面板中设置"标准色"为深红，如图4-165所示。

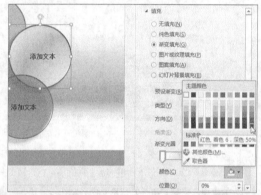

图4-165

STEP 07 选择"停止点2"色标，并单击颜色按钮，在弹出的颜色功能区中设置"标准色"为"绿色"，如图4-166所示。

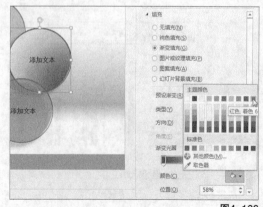

图4-166

STEP 08 选择"停止点3"色标，并单击颜色按钮，在弹出的颜色面板中设置"标准色"为深红，如图4-167所示。

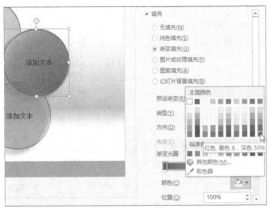

图4-167

STEP 09 单击"关闭"按钮即可运用渐变色填充图形，效果如图4-168所示。

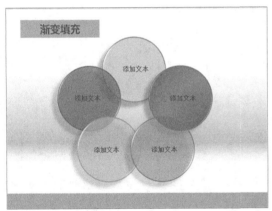

图4-168

4.6 本章小结

在幻灯片中添加图片，可以更生动形象地阐述主题和表达思想，在插入图片时应注意图片与幻灯片之间的联系，使图片与主题统一。本章主要介绍了制作剪贴画课件、制作图片课件、制作艺术字课件的操作方法。

4.7 课后习题

本章主要介绍了应用图片制作幻灯片的内容。

本节将通过填空题、选择题以及上机练习题，对本章的知识点进行回顾。

4.7.1 填空题

（1）在幻灯片中插入剪贴画的方法有：占位符中插入和_____。

（2）在"剪贴画"窗格中，用户可以将软件自带的剪贴画通过_____选项，将其收藏。

（3）在PowerPoint 2013中，如果软件自带的图片不能满足用户制作课件的需求，则可以将_____插入演示文稿。

4.7.2 选择题

（1）在PowerPoint 2013中的"图片版式"列表框中包括（ ）种版式。

A. 10　　　　　　　　B. 30

C. 40　　　　　　　　D. 50

（2）在PowerPoint 2013中的"艺术效果"列表框中，为用户提供了（ ）种艺术效果。

A. 10　　　　　　　　B. 15

C. 20　　　　　　　　D. 25

（3）在PowerPoint 2013中，为了能够快速将多个图文对象之间的复杂关系简单化，也为了能够使单个的图像联系起来，用户可以选择在多个形状之间添加（ ）。

A. 公式　　　　　　　B. 加号

C. 减号　　　　　　　D. 等于号

4.7.3 课后习题——为"彩陶艺术"演示文稿设置艺术字

案例位置	光盘>效果>第4章>课后习题——为"彩陶艺术"演示文稿设置艺术字.pptx
视频位置	光盘>视频>第4章>课后习题——为"彩陶艺术"演示文稿设置艺术字.mp4
难易指数	★★★★★
学习目标	掌握为"彩陶艺术"演示文稿设置艺术字的制作方法

本实例介绍了如何为"彩陶艺术"演示文稿设置艺术字，最终效果如图4-169所示。

中国古代的陶器，以彩陶最为著名。这些彩陶或是以造型优美见长，或是以纹饰丰富引人喜爱，或者是造型和纹饰都很优美。

彩陶艺术

图4-169

步骤分解如图4-170所示。

图4-170

第5章

绘制与编辑图形对象

为了使制作的幻灯片元素更加丰富，讲解更加形象，可以在制作幻灯片的过程中应用部分图形或SmartArt对象。本章主要介绍绘制自选图形、编辑自选图形、插入与编辑SmartArt图形、管理SmartArt图形以及创建和编辑相册等内容。

课堂学习目标

编辑自选图形

插入与编辑SmartArt 图形

创建和编辑相册

编辑SmartArt 文本框

5.1 自选图形的编辑

为了得到更好的视觉效果，还可以调整形状的格式，如调整形状的分布、为形状设置样式、将多个图形组合与拆分等。

5.1.1 对齐和分布

用户在幻灯片中绘制多个图形时，可能出现多个形状排列不整齐的情况，从而影响画面的整体效果，这就需要调整形状的分布。

课堂案例	
对齐和分布	
案例位置	光盘>效果>第5章>课堂案例——对齐和分布.pptx
视频位置	光盘>视频>第5章>课堂案例——对齐和分布.mp4
难易指数	★★☆☆☆
学习目标	掌握对齐和分布的制作方法

本案例的最终效果如图5-1所示。

图5-1

STEP 01 在PowerPoint 2013中打开一个素材文件，如图5-2所示。

STEP 02 选中4张图片，切换至"绘图工具"|"格式"功能区，在"排列"选项区中单击"对齐"下拉按钮，在弹出的列表框中选择"顶端对齐"选项，如图5-3所示。

技巧与提示

如果在幻灯片中需要选择多个图形，还可以用鼠标进行框选：将鼠标放置在幻灯片的空白处，然后单击鼠标左键并拖曳，在拖曳的过程中完全框选的形状即被选中。

图5-2

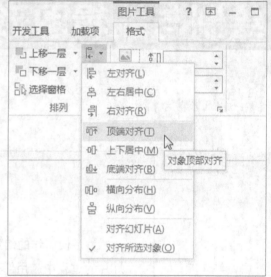

图5-3

STEP 03 执行操作后即可顶端对齐图片，效果如图5-4所示。

图5-4

STEP 04 单击"对齐"下拉按钮，在弹出的列表框中选择"横向分布"选项即可横排平均分布图形，效果如图5-5所示。

图5-5

5.1.2 旋转和翻转

旋转：在PowerPoint 2013中，用户还可以根据需要对图形进行任意角度的自由旋转操作。

旋转图形对象的方法很简单，只需要在幻灯片中选择要进行旋转的图形，然后根据需要进行下列操作之一。

• 向左旋转90°：切换至"格式"功能区，在"排列"选项区中单击"旋转"下拉按钮，在弹出的列表中选择"向左旋转90°"选项即可。如图5-6所示。

图5-6

• 向右旋转90°：切换至"格式"功能区，在"排列"选项区中单击"旋转"下拉按钮，在弹出的列表中选择"向右旋转90°"选项即可。如图5-7所示。

技巧与提示

单击"旋转"下拉按钮，在弹出的列表框中选择"其他旋转选项"选项，在弹出的相应对话框中也可以旋转图形。

图5-7

• 自由旋转：将鼠标光标放置到图形上方的旋转控制点上，当鼠标光标呈 状时，拖曳鼠标即可进行旋转。如图5-8所示。

图5-8

翻转：在PowerPoint 2013中，用户还可以根据需要对图形进行翻转操作，翻转图形不会改变图形的整体形状。翻转图形对象的方法很简单，选择在幻灯片中选择要进行翻转的图形，然后根据需要进行下列操作之一。

• 垂直翻转：切换至"格式"功能区，在"排列"选项区中单击"旋转"下拉按钮，在弹出的列表中选择"垂直翻转"选项即可。如图5-9所示。

• 水平翻转：切换至"格式"功能区，在"排列"选项区中单击"旋转"下拉按钮，在弹出的列表中选择"水平翻转"选项即可，如图5-10所示。

图5-9

图5-10

5.1.3 层叠图形

调整图片叠放次序的方法有以下两种。

• 命令：选择图片，单击鼠标右键，在弹出的快捷菜单中选择"置于顶层"选项，所选择的图片将会置于最顶层，如图5-11所示。

• 选项：选择图片，切换至"格式"功能区，在"排列"选项区中单击"选择窗格"按钮，弹出"选择"窗格，单击下方的▲和▼按钮来调整图片顺序，如图5-12所示。

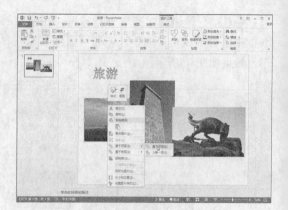

图5-11

图5-12

5.1.4 组合与取消

在PowerPoint 2013中，用户还可以根据需要对图形进行组合与取消。

在演示文稿中选中图片，单击鼠标右键，在弹出的快捷菜单中选择"组合"选项，如图5-13所示。所选中的图片即可被组合，如图5-14所示。如果要取消组合，单击鼠标右键，在弹出的快捷菜单中选择"取消组合"选项即可，如图5-15所示。

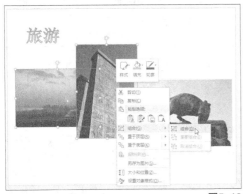

图5-13

图5-14

图5-15

5.2 SmartArt图形的插入与编辑

SmartArt图形是信息和观点的视觉表示形式。创建SmrartArt图形可以非常直观地说明层级关系、附属关系、并列关系以及循环关系等各种常见的关系，而且制作出来的图形漂亮精美，具有很强的立体感和画面感。

5.2.1 插入列表图形

在PowerPoint 2013中，插入列表图形课件可以将分组信息或相关信息显示出来。

原演示文稿如图5-16所示，切换至"插入"功能区，在"插图"选项区中单击SmartArt按钮，如图5-17所示。

图5-16

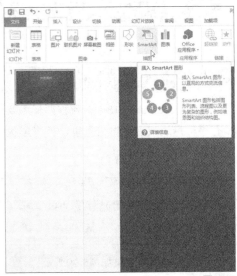

图5-17

将SmartArt图形保存为图片格式，只需要选中SmartArt图形并单击鼠标右键，在弹出的快捷菜单中选择"另存为图片"选项，在弹出的"另存为"对话框中选择要保存的图片格式，再单击"保存"按钮即可。

弹出"选择SmartArt图形"对话框，切换至"列表"选项卡，在中间的下拉列表框中选择"垂直框列表"选项，如图5-18所示。单击"确定"按钮即可插入列表图形，再调整图形大小，如图5-19所示。

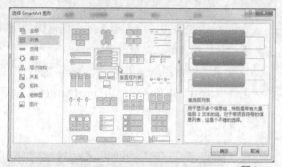

图5-18

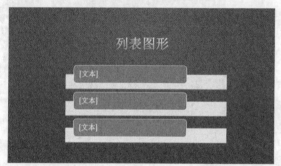

图5-19

5.2.2 插入流程图形

在PowerPoint 2013中，流程图形主要用于显示非有序信息块或者分组信息块，可将形状的水平和垂直显示空间最大化。

课堂案例	
插入流程图形	
案例位置	光盘>效果>第5章>课堂案例——插入流程图形.pptx
视频位置	光盘>视频>第5章>课堂案例——插入流程图形.mp4
难易指数	★★☆☆☆
学习目标	掌握插入流程图形的制作方法

本案例的最终效果如图5-20所示。

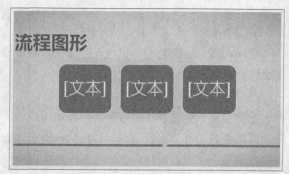

图5-20

STEP 01 在PowerPoint 2013中打开一个素材文件，如图5-21所示。

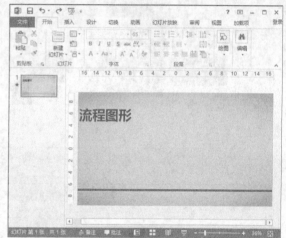

图5-21

STEP 02 切换至"插入"功能区，在"插图"选项区中单击"SmartArt"按钮，弹出"选择SmartArt图形"对话框，切换至"流程"选项卡，在中间的列表框中选择"连续块状流程"选项，如图5-22所示。

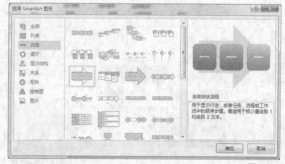

图5-22

STEP 03 单击"确定"按钮，如图5-23所示。

图5-23

图5-25

STEP 04 执行操作后即可插入流程图形，效果如图5-24所示。

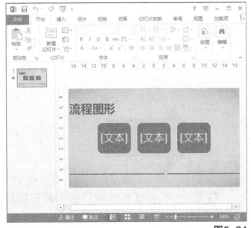

图5-24

图5-26

在中间的列表框中选择"基本矩阵"选项，如图5-27所示。单击"确定"按钮即可插入矩阵图形，再将其调整至合适位置，如图5-28所示。

5.2.3 插入矩阵图形

循环矩阵图形主要用于显示循环行进中与中心观点的关系。级别1是指文本前四行的每一行均与某一个楔形或饼形相对应，并且每行的级别2文本，将显示在楔形或饼形旁边的矩形中，未使用的文本不会显示，但是如果切换布局，这些文本仍将可用。

打开演示文稿，如图5-25所示。调出"选择SmartArt图形"对话框，切换至"矩阵"选项，如图5-26所示。

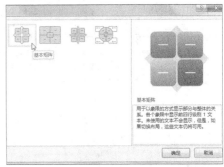

图5-27

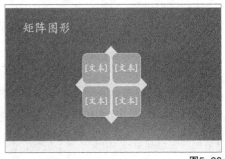

图5-28

5.2.4 插入循环图形

循环图形常用于以循环流程表示阶段、任务或事件的连续序列，另外基本射线循环图形则用于显示循环中与中心观点的关系。在制作演示文稿过程中，用户可以根据演示文稿主题的需要，适当插入循环图形。

课堂案例	
插入循环图形	
案例位置	光盘>效果>第5章>课堂案例——插入循环图形.pptx
视频位置	光盘>视频>第5章>课堂案例——插入循环图形.mp4
难易指数	★★☆☆☆
学习目标	掌握插入循环图形的制作方法

本案例的最终效果如图5-29所示。

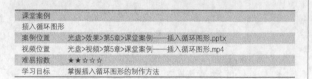

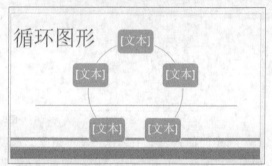

图5-29

STEP 01 在PowerPoint 2013中打开一个素材文件，如图5-30所示。

图5-30

STEP 02 切换至"插入"功能区，在"插图"选项区中单击"SmartArt"按钮，如图5-31所示。

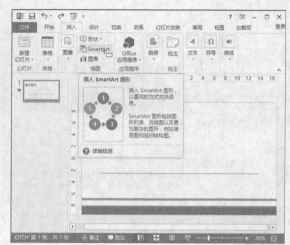

图5-31

STEP 03 弹出"选择SmartArt图形"对话框，切换至"循环"选项，在中间的列表框中选择"不定向循环"选项，如图5-32所示。

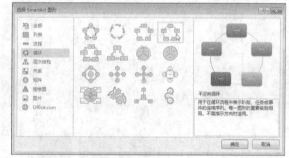

图5-32

STEP 04 单击"确定"按钮，如图5-33所示。

STEP 05 执行操作后即可插入循环图形，效果如图5-34所示。

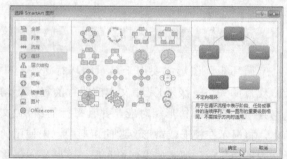

图5-33

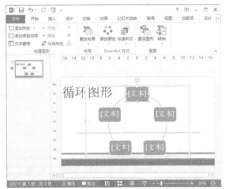

图5-34

5.2.5 插入关系图形

SmartArt图形中的循环关系的图形主要用于显示与中心观点的关系，级别2文本以非连续方式添加且限于五项，并且只能有一个级别1项目。

课堂案例	
插入关系图形	
案例位置	光盘>效果>第5章>课堂案例——插入关系图形.pptx
视频位置	光盘>视频>第5章>课堂案例——插入关系图形.mp4
难易指数	★★☆☆☆
学习目标	掌握插入关系图形的制作方法

本案例的最终效果如图5-35所示。

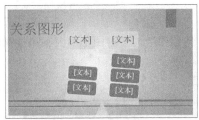

图5-35

STEP 01 在PowerPoint 2013中打开一个素材文件，如图5-36所示。

图5-36

STEP 02 切换至"插入"功能区，在"插图"选项区中单击"SmartArt"按钮，如图5-37所示。

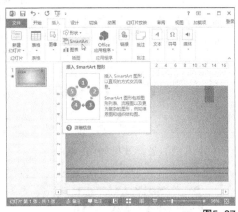

图5-37

STEP 03 弹出"选择SmartArt图形"对话框，切换至"关系"选项，在中间的列表框中选择"平衡"选项，如图5-38所示。

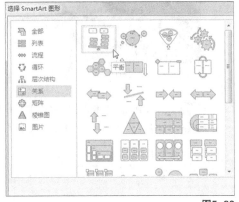

图5-38

STEP 04 单击"确定"按钮即可插入平衡关系图形，调整图形的大小和位置，效果如图5-39所示。

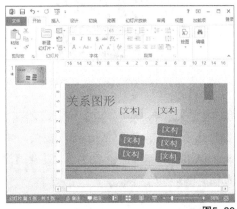

图5-39

5.2.6 插入层次结构图形

在PowerPoint 2013中，水平层次结构的图形主要用于水平显示层次关系递进，最适用于决策树。下面将介绍插入层次结构类型的操作方法。

课堂案例	
插入层次结构图形	
案例位置	光盘>效果>第5章>课堂案例——插入层次结构图形.pptx
视频位置	光盘>视频>第5章>课堂案例——插入层次结构图形.mp4
难易指数	★★☆☆☆
学习目标	掌握插入层次结构图形的制作方法

本案例的最终效果如图5-40所示。

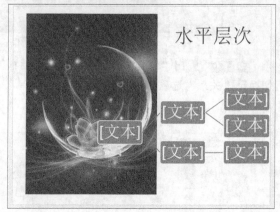

图5-40

STEP 01　在PowerPoint 2013中打开一个素材文件，如图5-41所示。

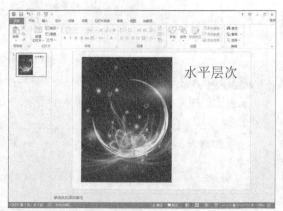

图5-41

STEP 02　切换至"插入"功能区，在"插图"选项区中单击"SmartArt"按钮，弹出"选择SmartArt图形"对话框，切换至"层次结构"选项，如图5-42所示。

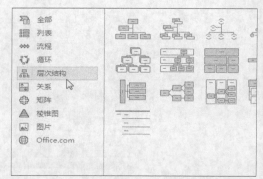

图5-42

STEP 03　在中间的列表框中选择"水平层次结构"选项，如图5-43所示。

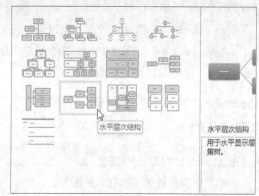

图5-43

STEP 04　单击"确定"按钮即可制作水平层次结构图形，调整图形的大小和位置，效果如图5-44所示。

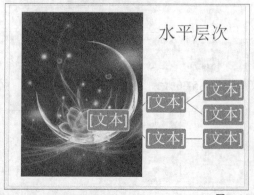

图5-44

5.2.7 插入棱锥图图形

棱锥图图形常用于显示比例关系、互联关系和层次关系。

课堂案例	
插入棱锥图图形	
案例位置	光盘>效果>第5章>课堂案例——插入棱锥图图形.pptx
视频位置	光盘>视频>第5章>课堂案例——插入棱锥图图形.mp4
难易指数	★★☆☆☆
学习目标	掌握插入棱锥图图形的制作方法

本案例的最终效果如图5-45所示。

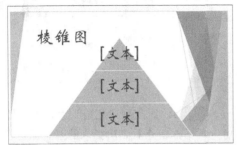

图5-45

STEP 01 在PowerPoint 2013中打开一个素材文件，单击"插入"命令，切换至"插入"功能区，在"插图"选项区中单击"SmartArt"按钮，如图5-46所示。

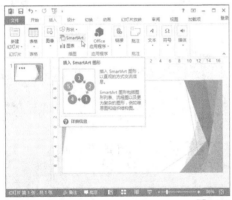

图5-46

STEP 02 弹出"选择SmartArt图形"对话框，切换至"棱锥图"选项，在中间的列表框中选择"基本棱锥图"选项，如图5-47所示。

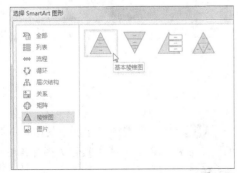

图5-47

STEP 03 单击"确定"按钮，如图5-48所示。

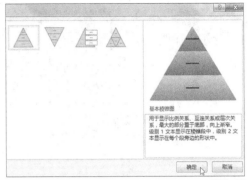

图5-48

STEP 04 执行操作后即可插入棱锥图图形，效果如图5-49所示。

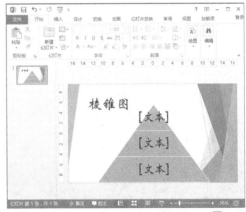

图5-49

5.3 相册的创建和编辑

随着科技的创新，数码相机得到迅猛发展，电子相册也越来越大众化，运用PowerPoint也能够制作出漂亮的电子相册。在不同领域的应用中，电子相册可以用于介绍公司的产品目录，或者分享图像数据及研究成果。

5.3.1 创建相册

创建相册的具体操作步骤如下。

课堂案例	
创建相册	
案例位置	光盘>效果>第5章>课堂案例——创建相册.pptx
视频位置	光盘>视频>第5章>课堂案例——创建相册.mp4
难易指数	★★★★★
学习目标	掌握创建相册的制作方法

本案例的最终效果如图5-50所示。

图5-50

STEP 01 在PowerPoint 2013中切换至"插入"功能区,单击"图像"选项区中的"相册"下拉按钮,在弹出的列表框中选择"新建相册"选项,如图5-51所示。

图5-51

STEP 02 弹出"相册"对话框,如图5-52所示。

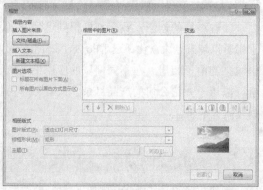

图5-52

STEP 03 单击"文件/磁盘"按钮,弹出"插入新图片"对话框,在图片列表中选择需要的图片,如图5-53所示,单击"插入"按钮。

图5-53

STEP 04 返回到"相册"对话框,即可在"相册"对话框中查看到所插入的素材图片,如图5-54所示。

图5-54

STEP 05 用同样的方法插入图片,如图5-55所示。

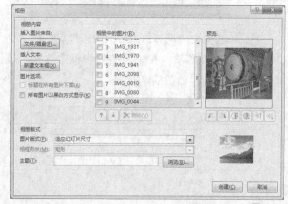

图5-55

STEP 06 分别选中"相册中的图片"列表框中的图片名称,单击↑或↓按钮为图片调整顺序,如图5-56所示。

图5-56

STEP 07 在"相册中的图片"列表框中选中第8张图片，如图5-57所示。

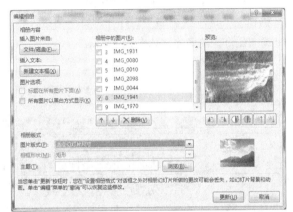

图5-57

STEP 08 单击预览区下方的按钮，旋转图片，如图5-58所示。

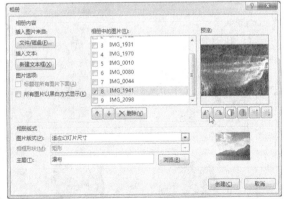

图5-58

STEP 09 单击预览区下方的或按钮即可调整图片的对比度，如图5-59所示。

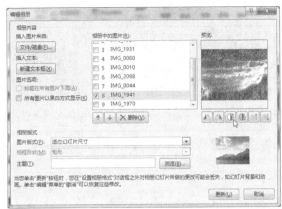

图5-59

STEP 10 单击预览区下方的或按钮即可调整图片的亮度，如图5-60所示。

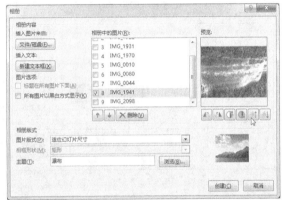

图5-60

STEP 11 单击"相册"对话框中"相册版式"下拉按钮，在弹出的列表框中选择"1张图片（带标题）"选项，如图5-61所示。

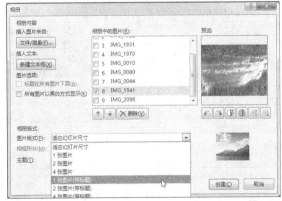

图5-61

STEP 12 设置完成后单击"浏览"按钮，如图5-62所示。

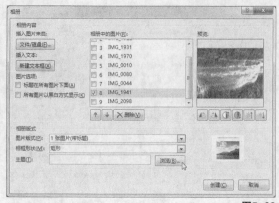

图5-62

图5-65

STEP 13 弹出"选择主题"对话框,选择所需的主题,如图5-63所示。

STEP 16 进入第1张幻灯片,输入相册名称及主题文字,如图5-66所示。

STEP 17 切换至"视图"功能区,单击"演示文稿视图"选项区中的"幻灯片浏览"按钮,相应地调整幻灯片的顺序,如图5-67所示。

图5-63

STEP 14 单击"选择"按钮,返回"相册"对话框,单击"创建"按钮,如图5-64所示,即可创建电子相册。

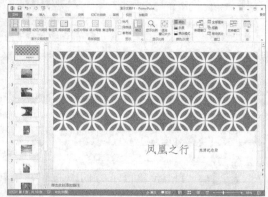

图5-66

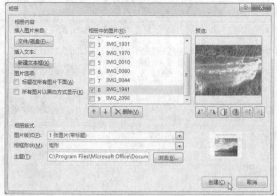

图5-64

STEP 15 此时演示文稿将显示相册封面和插入的图片,如图5-65所示。

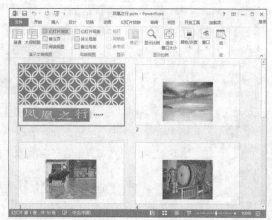

图5-67

STEP 18 设置完成后,进入第2张幻灯片,适当调整图片的大小及位置,如图5-68所示。

图5-68

STEP 19 在幻灯片中绘制横排文本框，输入相应文本内容，如图5-69所示。

STEP 20 用同样的方法选择其他幻灯片，调整图片大小并添加标题文字，如图5-70所示。

图5-69

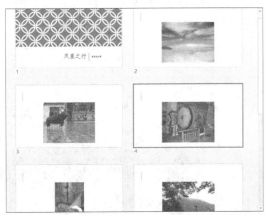

图5-70

STEP 21 进入第1张幻灯片，选中文字，切换至"绘图工具"|"格式"功能区，如图5-71所示。

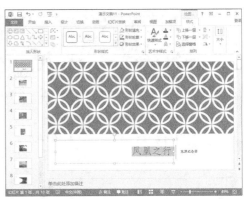

图5-71

STEP 22 在"形状样式"选项区中的设置样式为"中等效果-蓝色，强调颜色2"，如图5-72所示。

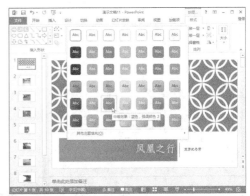

图5-72

STEP 23 单击"艺术字样式"选项区中的"文字效果"按钮，设置"转换"为"正V形"，如图5-73所示。

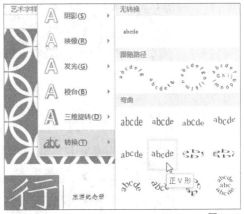

图5-73

STEP 24 设置完成后即可查看设置的艺术字效果，如图5-74所示，单击"文件"|"另存为"命令，保存创建的相册。

图5-74

5.3.2 编辑相册

　　用户如果对创建的相册效果不满意,可以对相册进行编辑,比如重新修改相册的顺序、图片的版式、相框的形状、演示文稿设计模版等相关属性,具体操作步骤如下。

课堂案例	
编辑相册	
案例位置	光盘>效果>第5章>课堂案例——编辑相册.pptx
视频位置	光盘>视频>第5章>课堂案例——编辑相册.mp4
难易指数	★★★☆☆
学习目标	掌握编辑相册的制作方法

　　本案例的最终效果如图5-75所示。

图5-75

图5-75(续)

STEP 01 在PowerPoint 2013中打开一个素材文件,切换至"插入"功能区,如图5-76所示。

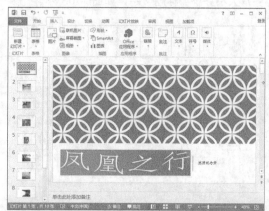

图5-76

STEP 02 单击"图像"选项区中的"相册"下拉按钮,在列表框中选择"编辑相册"选项,如图5-77所示。

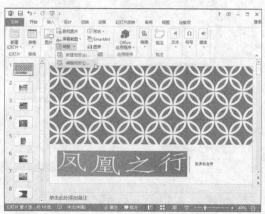

图5-77

STEP 03 弹出"编辑相册"对话框，如图5-78所示。

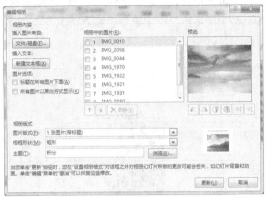

图5-78

STEP 04 设置"相册版式"为"4张图片"，如图5-79所示。

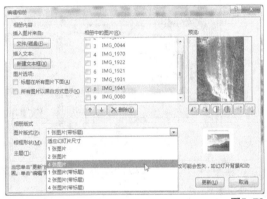

图5-79

STEP 05 设置"相框形状"为"简单框架，白色"，如图5-80所示。

图5-80

STEP 06 单击"更新"按钮即可完成相册编辑，如图5-81所示。

图5-81

5.4 SmartArt文本框的编辑

在幻灯片中插入SmartArt图形后，用户可以在图形的文本框中输入相应内容，在PowerPoint 2013中加强了组织结构图的文本处理功能，使用此功能可以更方便地编辑文本内容。

5.4.1 在文本窗格中输入文本

插入SmartArt图形后，在图形上会出现相应的文本框，用户可以直接在文本框中输入文本内容，还可以通过文本窗格输入文本。

课堂案例	
在文本窗格中输入文本	
案例位置	光盘>效果>第5章>课堂案例——在文本窗格中输入文本.pptx
视频位置	光盘>视频>第5章>课堂案例——在文本窗格中输入文本.mp4
难易指数	★★★☆☆
学习目标	掌握在文本窗格中输入文本的制作方法

本案例的最终效果如图5-82所示。

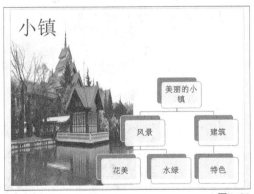

图5-82

STEP 01 在PowerPoint 2013中打开一个素材文

件，如图5-83所示。

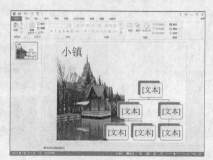

图5-83

了解了"文本"窗格的使用原理后，就可以在"文本"窗格添加文字了。在"文本"窗格中添加和编辑内容时SmartArt图形会自动跟随输入的文字而更新。有些类型的SmartArt图形包含的形状个数是固定的，因此在SmartArt图形中只显示"文本"窗格中的部分文字，未显示的文字、图片或其他内容在"文本"窗格中用一个红色的X来标识。

STEP 02 在编辑区中选择SmartArt图形，如图5-84所示。

图5-84

STEP 03 单击"SmartArt工具"|"设计"命令，切换至"SmartArt工具"|"设计"功能区，在"创建图形"选项区中单击"文本窗格"按钮，如图5-85所示。

图5-85

STEP 04 弹出"在此处键入文字"窗口，在下方文本框中输入文本"美丽的小镇"，如图5-86所示。

STEP 05 执行上述操作后，在插入的相对应SmartArt图形占位符中将显示输入的文本，如图5-87所示。

图5-86

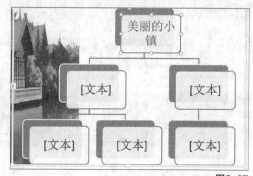

图5-87

STEP 06 用同样的方法输入其他文本，效果如图5-88所示。

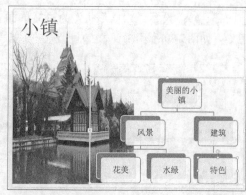

图5-88

"文本"窗格的工作方式类似于大纲或者是项目符号列表，该窗格将信息直接映射到SmartArt图形中。每个SmartArt图形定义了它自己在"文本"窗格中的项目符号与SmartArt图形中的一组形状之间的映射，如图5-89所示。

按【Enter】键可以在"文本"窗格中新建一行带有项目符号的文本。在"文本"窗格中按【Tab】键可以对项目符号进行"降级"操作，按【Shift＋Tab】组合键可以对项目符号进行"升级"操作。

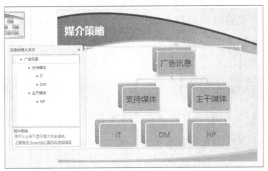

图5-89

5.4.2 隐藏文本窗格

在文本窗格中完成了对SmartArt图形的编辑之后，"文本"窗格在幻灯片中就显得有些多余了，下面将介绍隐藏文本窗格的方法。

课堂案例	
隐藏文本窗格	
案例位置	光盘>效果>第5章>课堂案例——隐藏文本窗格.pptx
视频位置	光盘>视频>第5章>课堂案例——隐藏文本窗格.mp4
难易指数	★★★☆☆
学习目标	掌握隐藏文本窗格的制作方法

本案例的最终效果如图5-90所示。

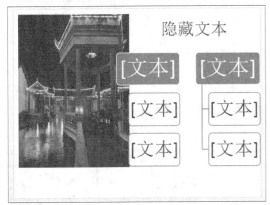

图5-90

STEP 01 在PowerPoint 2013中打开一个素材文件，如图5-91所示。

STEP 02 在编辑区中选择SmartArt图形，在"文本"窗格中对应的SmartArt图形上单击鼠标右键，在弹出的快捷菜单中选择"隐藏文本窗格"选项，如图5-92所示。

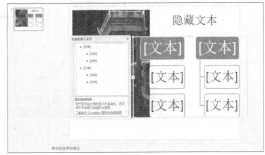

图5-91

图5-92

STEP 03 执行操作后即可隐藏文本窗格，如图5-93所示。

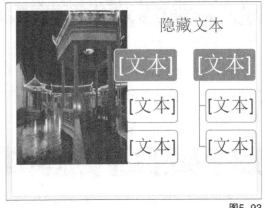

图5-93

技巧与提示

除了上述所说的方法外，用户还可以直接单击"文本"窗格右上角的"关闭"按钮即可将文本窗格隐藏，如图5-94所示；在需要重新显示"文本"窗格的时候，可以在"创建图形"选项区中单击"文本窗格"按钮，如图5-95所示。

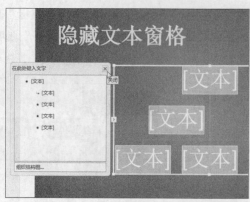

图5-94

图5-95

5.5 本章小结

本章主要介绍了绘制自选图形、调整自选图形、插入与编辑SmartArt图形等内容。应用部分图形或SmartArt对象可以使制作的幻灯片元素更加丰富，讲解更加形象。

5.6 课后习题

本章主要介绍编辑图形与制作相册的内容。本节将通过填空题、选择题以及上机练习题，对本章的知识点进行回顾。

5.6.1 填空题

（1）创建SmrartArt图形可以非常直观地说明层级关系、_____、并列关系以及循环关系等各种常见的关系，而且制作出来的图形漂亮精美，具有很强的立体感和画面感。

（2）在PowerPoint 2013中，_____主要用于水平显示层次关系递进，最适用于决策树。

（3）随着科技的创新，数码相机得到发展，电子相册也越来越大众化，运用PowerPoint也能够制作出漂亮的_____。

5.6.2 选择题

（1）循环矩阵图形主要用于显示循环行进中与（　）的关系。

A．主要观点　　　　B．中心观点

C．右侧观点　　　　D．左侧观点

（2）调整图片叠放次序的方法有（　）种。

A．2　　　　　　　B．6

C．5　　　　　　　D．3

（3）（　）中的循环关系图形主要用于显示与中心观点的关系。

A．星号图形　　　　B．插入图形

C．圆形　　　　　　D．SmartArt图形

5.6.3 课后习题——为"大象"演示文稿插入循环图形

案例位置	光盘>效果>第5章>课后习题——为"大象"演示文稿插入循环图形.pptx
视频位置	光盘>视频>第5章>课后习题——为"大象"演示文稿插入循环图形.mp4
难易指数	★★★★★
学习目标	掌握为"大象"演示文稿插入循环图形的制作方法

本实例介绍为"大象"演示文稿插入循环图形的方法，最终效果如图5-96所示。

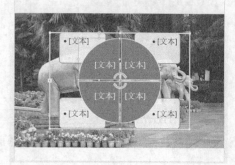

图5-96

步骤分解如图5-97所示。

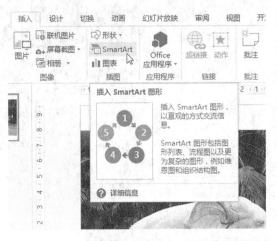

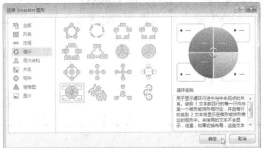

图5-97

第6章

表格对象特效设计

在使用PowerPoint制作演示文稿时，通常需要使用表格。表格采用行列化形式，查看起来更方便。本章主要介绍创建课件中的表格、导入外部表格至课件中、设置课件表格效果以及设置课件表格文本样式等内容。

课堂学习目标

创建表格

设置表格效果

编辑表格

设置表格样式

导入外部表格

6.1 表格的创建

表格是由行列交错的单元格组成的,在每一个单元格中,用户可以输入文字或数据,并对表格进行编辑。在PowerPoint中支持多种插入表格的方式,可以在幻灯片中直接插入,也可以利用占位符插入。

6.1.1 自动插入表格

创建表格的方法非常简单,在插入表格的过程中可以创建简单的表格或者是非常复杂的表格。利用自动插入表格的功能可以方便用户完成表格的合建,提高在幻灯片中添加表格的效率。

课堂案例	
自动插入表格	
案例位置	光盘>效果>第6章>课堂案例——自动插入表格.pptx
视频位置	光盘>视频>第6章>课堂案例——自动插入表格.mp4
难易指数	★★☆☆☆
学习目标	掌握自动插入表格的制作方法

本案例的最终效果如图6-1所示。

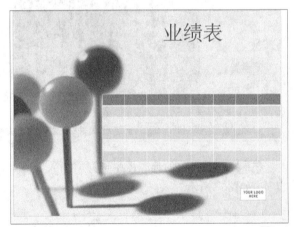

图6-1

STEP 01 在PowerPoint 2013中打开一个素材文件,如图6-2所示。

STEP 02 单击"插入"命令,切换至"插入"功能区,在"表格"选项区中单击"表格"下拉按钮,如图6-3所示。

图6-2

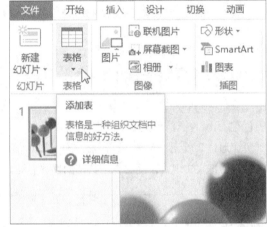

图6-3

STEP 03 在弹出的网格区域中拖曳鼠标,选择需要创建表格的行、列数据,如图6-4所示。

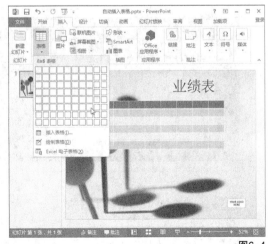

图6-4

STEP 04 单击鼠标左键即可插入表格，调整表格大小和位置，效果如图6-5所示。

钮，如图6-8所示。

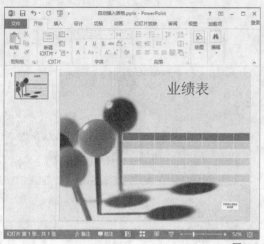

图6-5

6.1.2 运用选项插入表格

在PowerPoint 2013中，如果要在PowerPoint文稿中创建行数大于8或者列数大于10的表格时，则用"快速通道"就无法实现，此时就只有通过"插入表格"对话框来实现，下面将介绍具体的操作方法。

课堂案例	
运用选项插入表格	
案例位置	光盘>效果>第6章>课堂案例——运用选项插入表格.pptx
视频位置	光盘>视频>第6章>课堂案例——运用选项插入表格.mp4
难易指数	★★★☆☆
学习目标	掌握运用选项插入表格的制作方法

本案例的最终效果如图6-6所示。

图6-6

STEP 01 在PowerPoint 2013中打开一个素材文件，如图6-7所示。

STEP 02 单击"插入"命令，切换至"插入"功能区，在"表格"选项区中单击"表格"下拉按

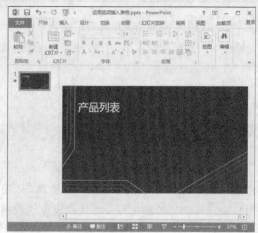

图6-7

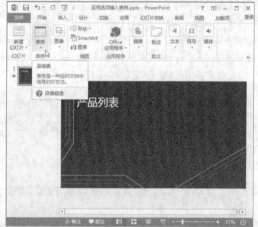

图6-8

STEP 03 在弹出的列表框中选择"插入表格"选项，如图6-9所示。

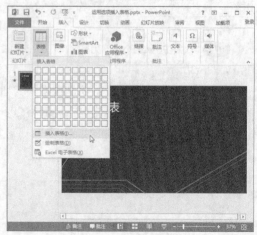

图6-9

124

STEP 04 弹出"插入表格"对话框，设置"列数"为"10"、"行数"为"8"，单击"确定"按钮，如图6-10所示。

图6-10

STEP 05 执行操作后即可插入表格，调整表格大小和位置，效果如图6-11所示。

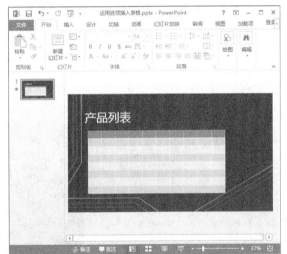

图6-11

6.1.3 绘制表格

在PowerPoint中创建表格时，用户可以根据所包含的行与列来选择不同的创建方法，当需要插入不规则的表格时，则可以直接利用鼠标在幻灯片中进行绘制，下面将介绍利用鼠标在幻灯片中进行绘制的操作方法。

图6-12所示为原演示文稿，单击"插入"命令，切换至"插入"功能区，在"表格"选项区中单击"表格"下拉按钮，如图6-13所示。在弹出的列表框中选择"绘制表格"选项，如图6-14所示。

执行操作后，鼠标光标变成"✐"形状，此时在幻灯片中单击鼠标左键并拖曳，在合适的位置释放鼠标左键即可绘制出相应的表格，如图6-15所示。

图6-12

图6-13

图6-14

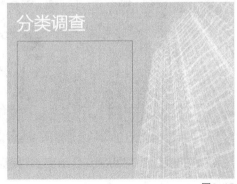

图6-15

125

6.1.4 用占位符插入表格

PowerPoint 2013版式中的占位符包含插入表格、图表、剪贴画、图片、SmartArt图形和影片等按钮，用户可以直接运用这些按钮快速创建相应内容。

课堂案例	
案例位置	用占位符插入表格
案例位置	光盘>效果>第6章>课堂案例——用占位符插入表格.pptx
视频位置	光盘>视频>第6章>课堂案例——用占位符插入表格.mp4
难易指数	★★★★☆
学习目标	掌握用占位符插入表格的制作方法

本案例的最终效果如图6-16所示。

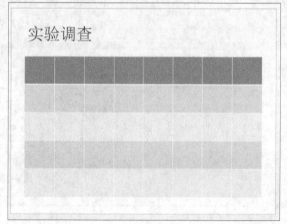

图6-16

STEP 01 在PowerPoint 2013中打开一个素材文件，如图6-17所示。

STEP 02 在"开始"功能区，单击"幻灯片"选项区中的"新建幻灯片"下拉按钮，如图6-18所示。

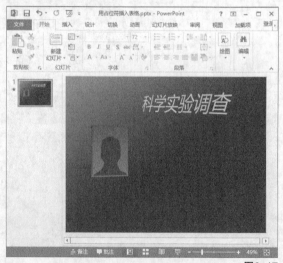

图6-17

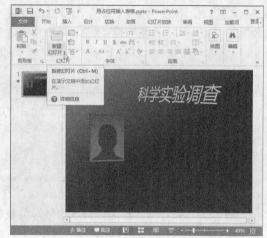

图6-18

STEP 03 弹出列表框，选择"标题和内容"选项，如图6-19所示。

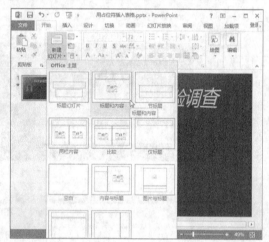

图6-19

STEP 04 执行操作后即可新建一张标题和内容的幻灯片，如图6-20所示。

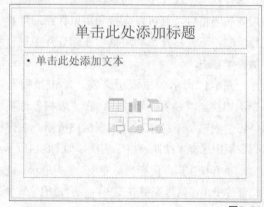

图6-20

STEP 05 选中"单击此处添加标题"文本，在其中输入相应文本，并设置左对齐，在下方的占位符中单击"插入表格"按钮，如图6-21所示。

图6-21

STEP 06 弹出"插入表格"对话框，设置"列数"为"8"、"行数"为"5"，效果如图6-22所示。

图6-22

STEP 07 单击"确定"按钮即可在编辑区中插入表格，如图6-23所示。

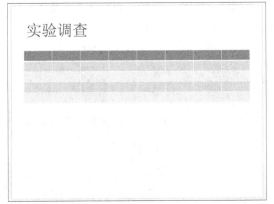

图6-23

STEP 08 选中插入的表格，调整其大小和位置，效果如图6-24所示。

图6-24

6.1.5 在表格中输入文本

在PowerPoint 2013中，用户在幻灯片中建立了表格的基本结构以后，则可以进行文本的输入。下面主要介绍在表格中输入文本的操作方法。

图6-25所示为原演示文稿。将鼠标光标放在单元格内，单击鼠标左键，在单元格中显示插入点，输入文本"大雪"，如图6-26所示。输入其他文本，效果如图6-27所示。

技巧与提示

用户在向单元格输入数据时，可以按【Enter】键结束一个段落并开始一个新段落，如未按【Enter】键，当输入的数据将要超出单元格时，输入的数据会在当前单元格的宽度范围内自动换行，即下一个汉字或英文单词自动移到该单元格的下一行。

图6-25

图6-26

图6-27

技巧与提示

如果输入的数据太长，在单元格中排列不下则尾部字符被隐藏。对于过大的数值，将以指数形式显示；对于过多的小数位，将依据当时的列宽进行舍入，可拖动列标题右边线来扩充列宽以便查阅该数据。

6.2 表格效果的设置

插入到幻灯片中的表格，不仅可以像文本框和占位符一样被选中、移动、调整大小，还可以为其添加底纹、边框样式、边框颜色以及表格特效等。

6.2.1 设置主题样式

在"设计"功能区的"表格样式"选项区中提供了多种表格的样式图案，利用这些样式能够快速更改表格的主题样式。

课堂案例	
设置主题样式	
案例位置	光盘>效果>第6章>课堂案例——设置主题样式.pptx
视频位置	光盘>视频>第6章>课堂案例——设置主题样式.mp4
难易指数	★★☆☆☆
学习目标	掌握设置主题样式的制作方法

本案例的最终效果如图6-28所示。

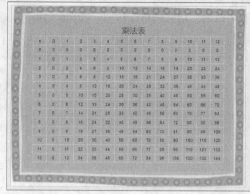

图6-28

STEP 01 在PowerPoint 2013中打开一个素材文件，如图6-29所示。

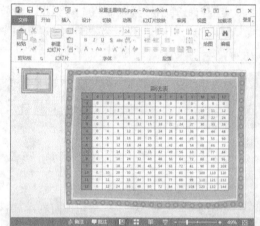

图6-29

STEP 02 选中表格，切换至"表格工具"|"设计"功能区，如图6-30所示。

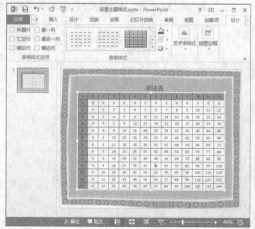

图6-30

STEP 03 设置"表格样式"下拉列表中的各选项,选择"浅色样式3,强调1"样式,如图6-31所示。

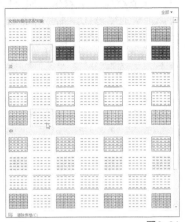

图6-31

STEP 04 执行操作后即可设置主题样式,如图6-32所示。

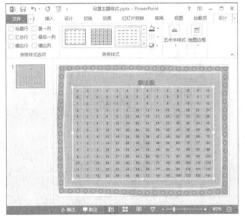

图6-32

6.2.2 设置表格底纹

表格的应用非常广泛,用户可以根据演示文稿为表格搭配相应的底纹,其中底纹有纯色、渐变、图片和纹理填充等样式,图片填充可支持多种图片格式。

图6-33所示为原演示文稿。选中表格,切换至"设计"功能区,单击"表格样式"选项区中的"底纹"下三角按钮,如图6-34所示。在弹出的列表框中选择"标准色"选项区中的"浅绿"选项,如图6-35所示。执行操作后即可设置表格的底纹,如图6-36所示。

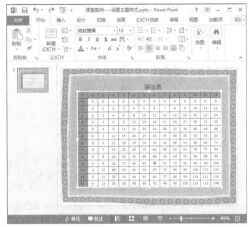

图6-33

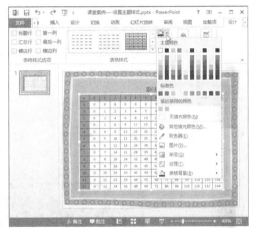

图6-34

技巧与提示

如果用户对主题样式中的底纹不满意,可以根据表格的主题样式来设置表格的底纹效果,底纹类型各式各样,用户可灵活运用。

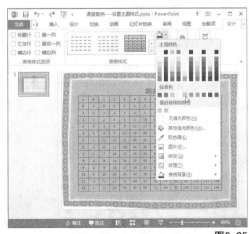

图6-35

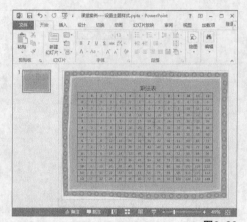

图6-36

除了为表格设置颜色底纹以外，还可以为表格添加图片底纹、渐变底纹和纹理填充。

添加图片底纹的操作：图6-37所示为原演示文稿，选中表格；切换至"设计"功能区，单击"表格样式"选项区中的"底纹"按钮，单击"渐变"选项，如图6-38所示。

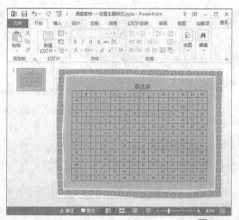

图6-37

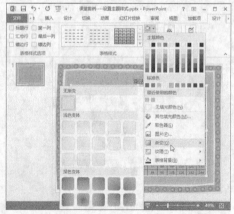

图6-38

在"渐变"子菜单中选择"线性对角-从左上到右下"的渐变样式，如图6-39所示。设置完成后即可为表格添加渐变效果，如图6-40所示，用户还可以根据需要为表格添加纹理或图片底纹。

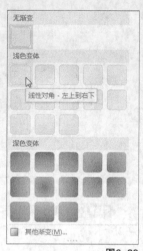

图6-39

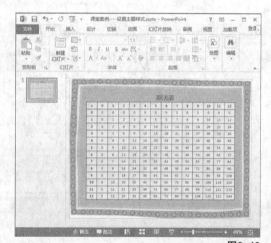

图6-40

技巧与提示

在PowerPoint中，主题颜色与标准色是有一定区别的，其中主题颜色与当前PowerPoint的主题样式有关。当主题样式变化时，所显示的主题颜色也会发生相应变化，而标准色则不会随着主题样式的变化而变化。

6.2.3 设置表格边框颜色

在表格中可以设置表格的边框颜色，它能够单独使表格的一边或多边加上边框线，以及更改边框的颜色、大小和边框的样式。

课堂案例	
设置表格边框颜色	
案例位置	光盘>效果>第6章>课堂案例——设置表格边框颜色.pptx
视频位置	光盘>视频>第6章>课堂案例——设置表格边框颜色.mp4
难易指数	★★☆☆☆
学习目标	掌握设置表格边框颜色的制作方法

本案例的最终效果如图6-41所示。

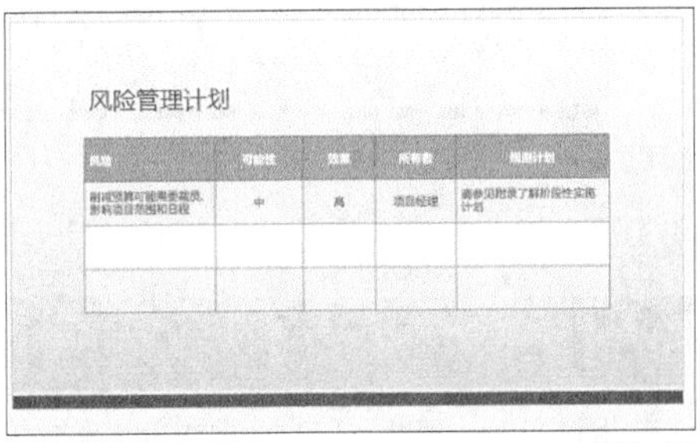

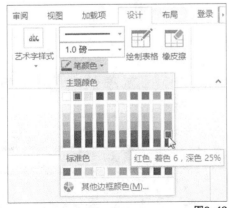

图6-41

STEP 01 在PowerPoint 2013中打开一个素材文件，如图6-42所示。

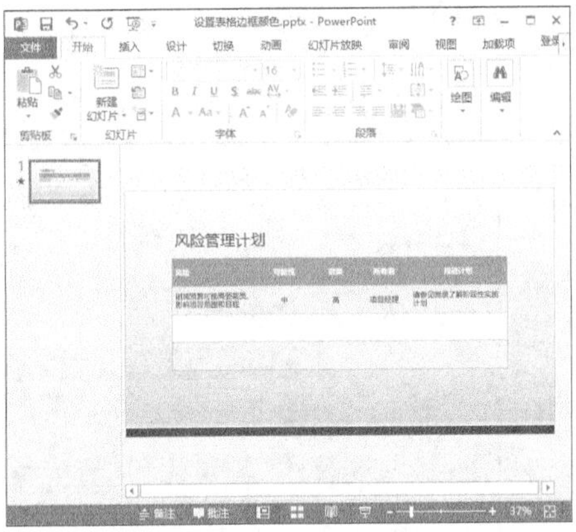

图6-42

STEP 02 切换至"表格工具"|"设计"功能区，设置"绘图线框"列表中的"笔颜色"为"红色，着色6，深色25%"如图6-43所示。

图6-43

STEP 03 单击"表格样式"选项区中的"无框线"按钮，在弹出的列表框中选择"所有框线"选项，如图6-44所示。

图6-44

STEP 04 执行操作后即可设置表格边框颜色，效果如图6-45所示。

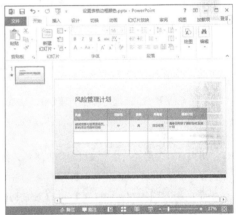

图6-45

6.2.4 设置表格宽度和线型

用户在编辑所需要的表格样式时，可运用"绘图边框"选项区进行表格的设置。

图6-46所示为原演示文稿。单击"绘图边框"选项区中的"笔划粗细"下拉按钮，在弹出的列表框中选择"3.0磅"选项，如图6-47所示。在"笔样式"列表框中选择第一种虚线，如图6-48所示。执行操作后，鼠标光标变成"✐"形状，拖曳鼠标在表格边框上绘制直线即可改变边框的宽度和线型，效果如图6-49所示。

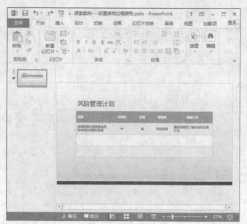

图6-46

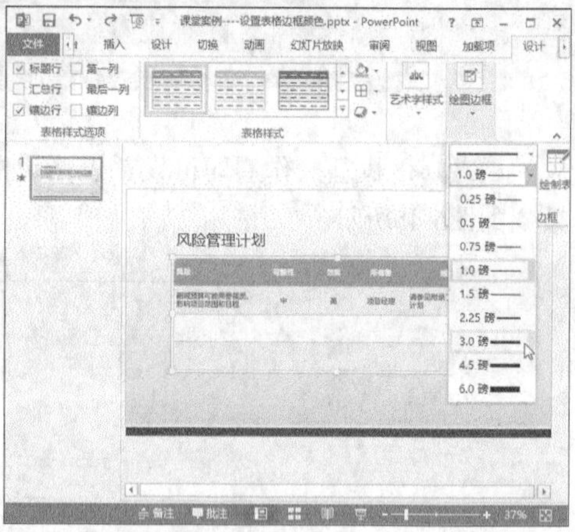

图6-49

6.2.5 设置文本对齐方式

用户可以根据自己的需求对表格中的文本进行设置，如设置表格中文本的对齐方式，使其看起来与表格更加协调。

图6-50所示为原演示文稿。单击"对齐方式"选项区中的"居中"按钮，如图6-51所示。

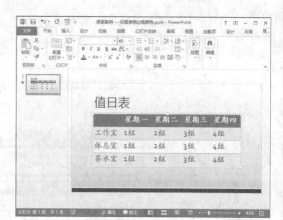

图6-50

图6-47

技巧与提示

用户可以使用"擦除"按钮删除表格单元格之间的边框。在"绘图边框"选项区中单击"擦除"按钮，或者当鼠标光标变为铅笔形状时，在按住【Shift】键的同时单击要删除的边框即可。

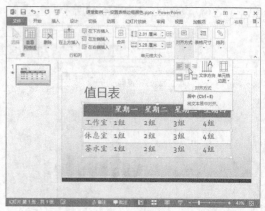

图6-51

单击"对齐方式"选项区中的"垂直居中"按

图6-48

钮，如图6-52所示。将鼠标拖曳至表格边框上，适当调整表格大小，效果如图6-53所示。

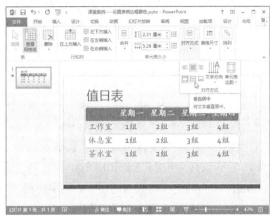

图6-52

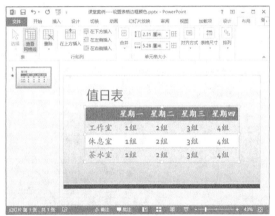

图6-53

技巧与提示
在"对齐方式"选项区中，用户还可以为表格中的文本设置"顶端对齐"和"底端对齐"等对齐方式。效果分别如图6-54和图6-55所示。

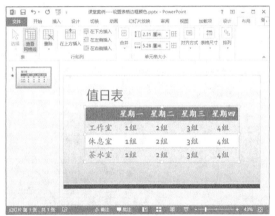

图6-54

图6-55

6.2.6 设置表格特效

表格与艺术字图形一样，都可以添加阴影或三维效果。

课堂案例	
设置表格特效	
案例位置	光盘>效果>第6章>课堂案例——设置表格特效.pptx
视频位置	光盘>视频>第6章>课堂案例——设置表格特效.mp4
难易指数	★★☆☆☆
学习目标	掌握设置表格特效的制作方法

本案例的最终效果如图6-56所示。

图6-56

STEP 01 在PowerPoint 2013中打开一个素材文件，如图6-57所示。

图6-57

133

STEP 02 选中表格，切换至“表格工具”|“设计”功能区，单击“表格样式”选项区中的“效果”下拉按钮，如图6-58所示。

设置表格特效.pptx - PowerPoint
单元格凹凸效果(C)
阴影(S)
映像(R)
值日表

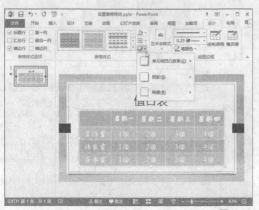

图6-58

STEP 03 在“单元格凹凸效果”的子菜单中选择“凸起”选项，如图6-59所示。

设置表格特效.pptx - PowerPoint
无棱台效果
棱台
单元格凹凸效果(C)
阴影(S)
映像(R)
凸起

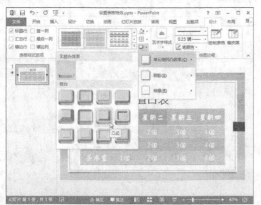

图6-59

STEP 04 将鼠标拖曳至表格边框上，适当调整表格大小，效果如图6-60所示。

设置表格特效.pptx - PowerPoint
值日表

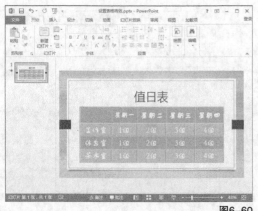

图6-60

6.3 表格的编辑

表格建立完成以后，还需要对其进行编辑，例如增加、删除、移动或复制单元格，以及列或行，改变列的宽度或行的高度，合并和拆分某些单元格以容纳特别的内容等。

6.3.1 选择表格

选择行、列与单元格是编辑表格最基本的操作，这不仅是Word和Excel中的定律，同样也是PowerPoint中的定律。只有选中了表格中的行、列或单元格，才能够对其进行编辑和调整。

图6-61所示为原演示文稿。将鼠标光标移到需要选择行或列所在的单元格中，在“开始”功能区中单击“编辑”选项区中的“选择”下拉按钮，如图6-62所示。弹出列表框，选择“全选”选项，如图6-63所示。执行操作后即可全选表格中的文本，如图6-64所示。

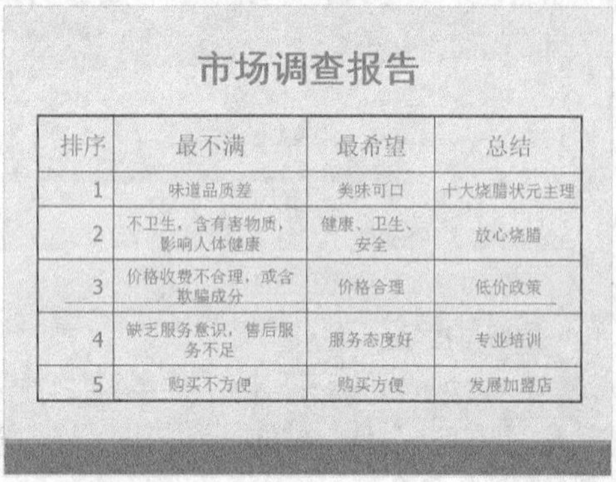

市场调查报告
排序 最不满 最希望 总结
1 味道品质差 美味可口 十大烧腊状元主理
2 不卫生，含有害物质，影响人体健康 健康、卫生、安全 放心烧腊
3 价格收费不合理，或含欺骗成分 价格合理 低价政策
4 缺乏服务意识，售后服务不足 服务态度好 专业培训
5 购买不方便 购买方便 发展加盟店

图6-61

市场调查报告
排序 最不满 最希望 总结
1 味道品质差 美味可口 十大烧腊状元主理
2 不卫生，含有害物质，影响人体健康 健康、卫生、安全 放心烧腊
3 价格收费不合理，或含欺骗成分 价格合理 低价政策
4 缺乏服务意识，售后服务不足 服务态度好 专业培训
5 购买不方便 购买方便 发展加盟店

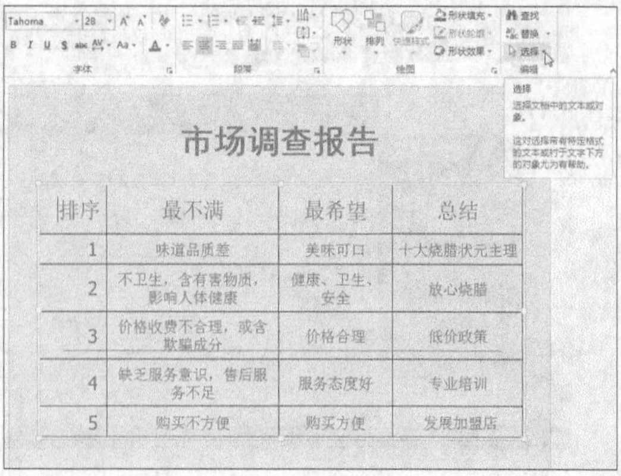

图6-62

图6-63

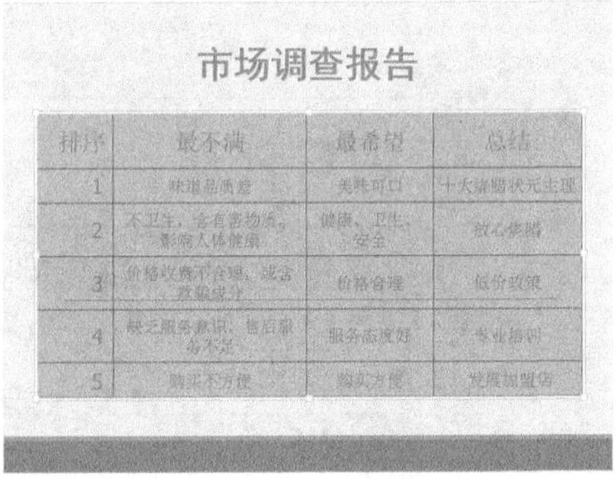

市场调查报告

图6-64

技巧与提示

除了本实例介绍的方法外，用户还可以使用以下方法选择表格：

• 利用键盘选择。先将插入点置于这串单元格的起点单元格中，然后按住【Shift】键，再单击需要选择的终点单元格即可。

• 先单击起点单元格中的任意位置以设置插入点，然后将鼠标拖曳到要选择的终点单元格，则经过拖曳的单元格全部被选择，如图6-65所示。

• 选择整行/列。将鼠标光标指向该列的顶边界，此时鼠标光标变为一个向下或向右的箭头，然后单击鼠标左键即可选择整行/列，如图6-66所示。

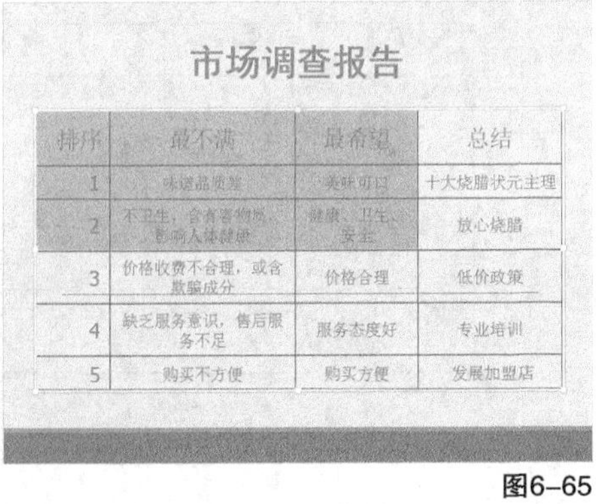

市场调查报告

图6-65

市场调查报告

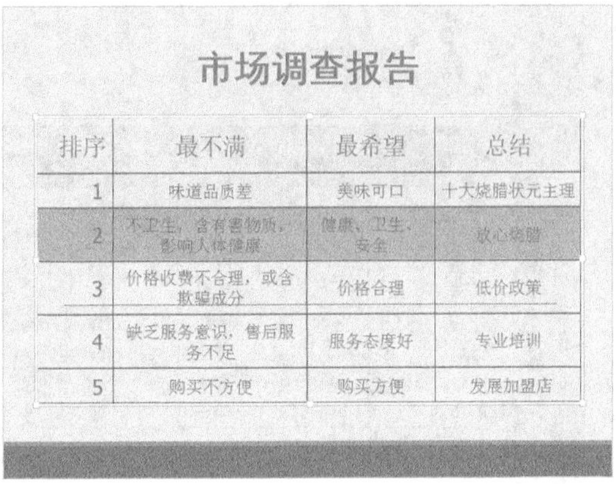

图6-66

技巧与提示

对表格的编辑操作，一般都要求先选择对象（如单元格、列或行），激活需要编辑的部分，但是也有例外的情况。

• 不需要先选择对象的情况：如果只是在个别单元格中增加或删除内容，则不必选择单元格，只在该单元格中单击以设置插入点即可。如果想改变单元格中部分字符的格式（例如将字符加粗），在该单元格中单击以设置插入点后，拖曳选择字符串或双击选择单词，再进行编辑即可。

• 必须要先选择对象的情况：如果改变单元格中全部字符的格式（例如将字符加粗，或进行成块的数据操作，如移动后复制单元格、行或列），则必须先选择单元格、行或列。

6.3.2 插入行或列

在PowerPoint 2013中，当创建的表格中的行或列不够时，就需要在表格中插入行或列。有关插入行与列的命令都在"行和列"选项区中，下面将介绍插入行与列的操作方法。

图6-67所示为原演示文稿。在幻灯片中，将鼠标光标定位在要插入行或列中的任意单元格中，如图6-68所示。单击"表格工具"|"布局"命令，切换至"表格工具"|"布局"功能区，在"行和列"选项区中单击"向下方插入"按钮，如图6-69所示。执行操作后即可插入行，如图6-70所示。

字段名称	编号	标题	数据	字段名称	编号	标题	数据
姓名	01	A4:B4	C4:E4	姓名	05	A4:B4	C4:E4
出生日期	02	A4:B4	C4:E4	出生日期	06	A4:B4	C4:E4
移动电话	03	A4:B4	C4:E4	移动电话	07	A4:B4	C4:E4
电子邮件	04	A4:B4	C4:E4	电子邮件	08	A4:B4	C4:E4

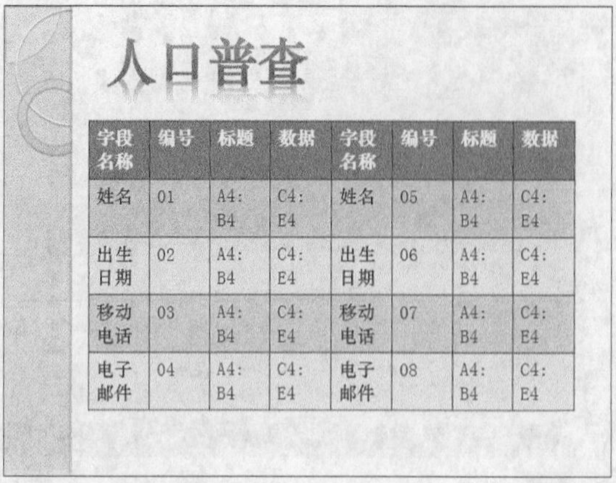

图6-67

技巧与提示

除了上述所说的方法外，用户还可以在选中的行或列上单击鼠标右键，在弹出的快捷菜单中选择“插入”|“在左侧插入列”选项，在其中选择相应的选项，即可增加相应的行或列。

在PowerPoint 2013中，插入表格除了可以向下插入行之外，还有以下几种插入方式：

• 在上方插入：用于在指定的行的上方插入表格行，只需要将鼠标光标定位在指定行中的任一单元格中，单击该按钮便可实现插入。

• 在左侧插入：用于在指定列的左侧插入表格列，只需要将鼠标光标定位在指定行中的任一单元格中，单击该按钮便可实现插入。

• 在左侧插入：用于在指定列的右侧插入表格列。

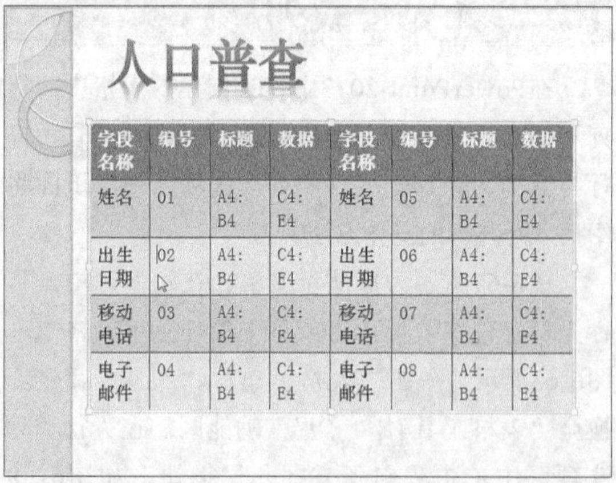

字段名称	编号	标题	数据	字段名称	编号	标题	数据
姓名	01	A4:B4	C4:E4	姓名	05	A4:B4	C4:E4
出生日期	02	A4:B4	C4:E4	出生日期	06	A4:B4	C4:E4
移动电话	03	A4:B4	C4:E4	移动电话	07	A4:B4	C4:E4
电子邮件	04	A4:B4	C4:E4	电子邮件	08	A4:B4	C4:E4

图6-68

图6-69

字段名称	编号	标题	数据	字段名称	编号	标题	数据
姓名	01	A4:B4	C4:E4	姓名	05	A4:B4	C4:E4
出生日期	02	A4:B4	C4:E4	出生日期	06	A4:B4	C4:E4
移动电话	03	A4:B4	C4:E4	移动电话	07	A4:B4	C4:E4
电子邮件	04	A4:B4	C4:E4	电子邮件	08	A4:B4	C4:E4

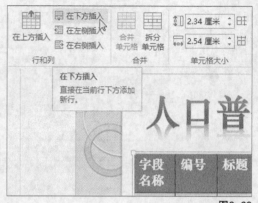

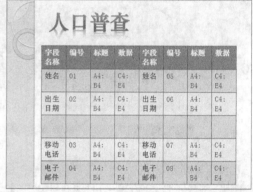

图6-70

6.3.3 删除行或列

在PowerPoint 2013中，删除表格的行列可以利用功能区来实现，下面将介绍删除行与列的操作方法。

图6-71所示为原演示文稿。在幻灯片中选择需要删除的行，如图6-72所示。

	化学反应速率	化学平衡
温度	温度越高,反应速率越大	升高温度,平衡向吸热方向移动
气体压强	压强越大,反应速率越大	增大压强,平衡向气态物质系数减小的方向移动
催化剂	正催化剂加快反应速率	催化剂对平衡无影响
浓度	反应物浓度越大,反应速率越大	增大反应物浓度,平衡正向移动

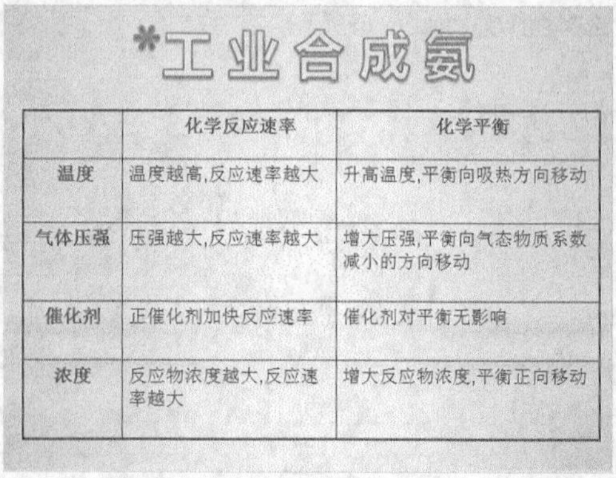

图6-71

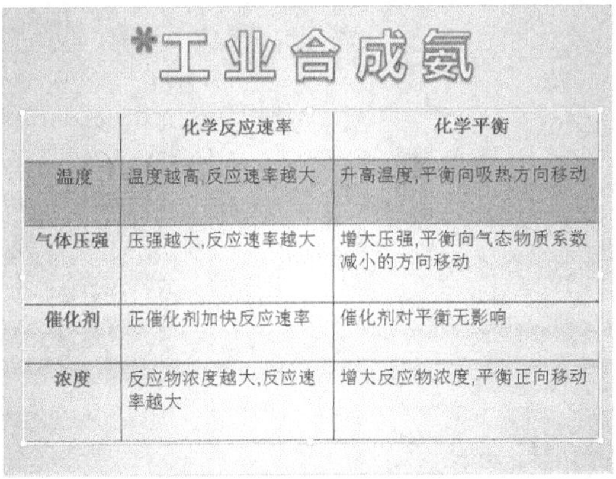

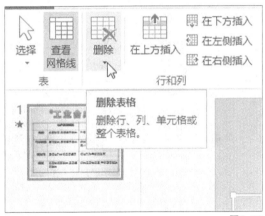

图6-72

单击"表格工具"|"布局"命令,切换至"表格工具"|"布局"功能区,在"行和列"选项区中单击"删除"下拉按钮,如图6-73所示。在弹出的列表框中选择"删除行"选项,如图6-74所示。执行操作后即可删除选择的行,如图6-75所示。

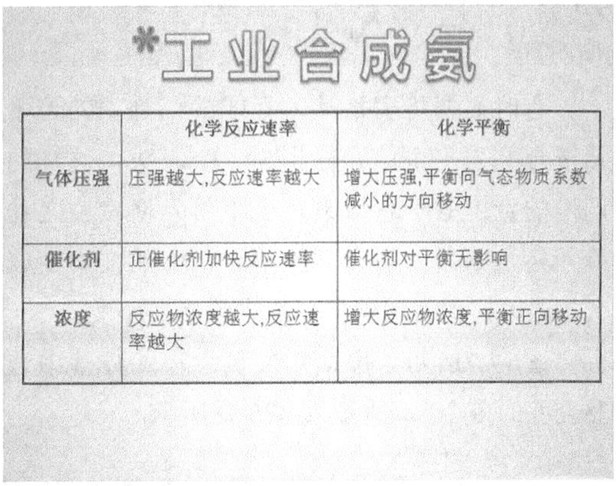

图6-75

技巧与提示

用户也可以在选中的行或列上单击鼠标右键,在弹出的快捷菜单中选择"删除行"或"删除列"选项即可删除选中的行或列,如图6-76所示。

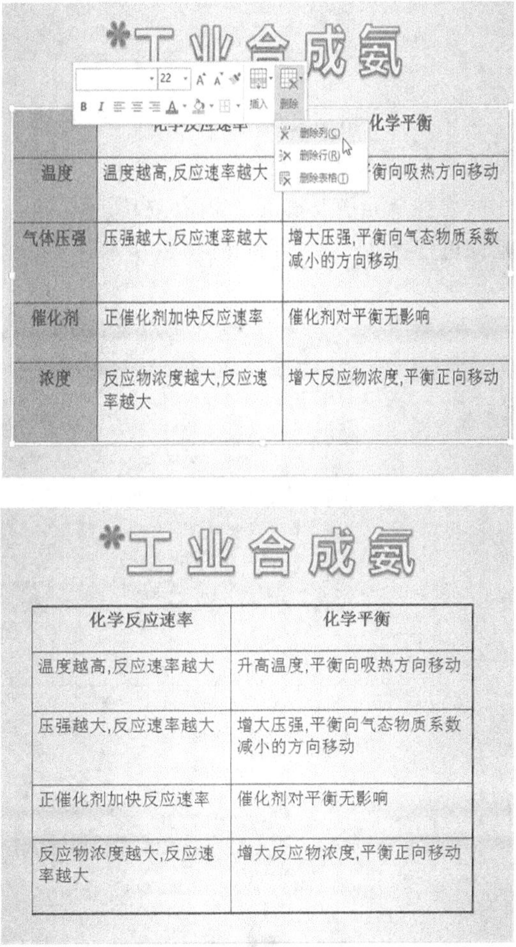

图6-73

图6-74

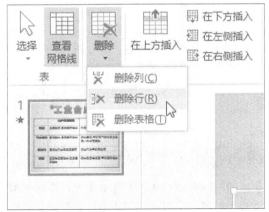

图6-76

137

6.3.4 合并单元格

有时需要将表格某一行或某一列中的若干个单元格合并为一个单元格作为一个表头，这样的大单元格的宽度等于它原来几个小单元格宽度之和。将单元格合并后，被合并的单元格中的文本变成多个文本段落，但各自保持其原来的格式不变。

图6-77所示为原演示文稿。在幻灯片中选择需要合并的多个单元格，如图6-78所示。

图6-77

单击"表格工具"|"布局"命令，切换至"表格工具"|"布局"功能区，在"合并"选项区中单击"合并单元格"按钮，如图6-79所示。执行操作后即可合并单元格，效果如图6-80所示。

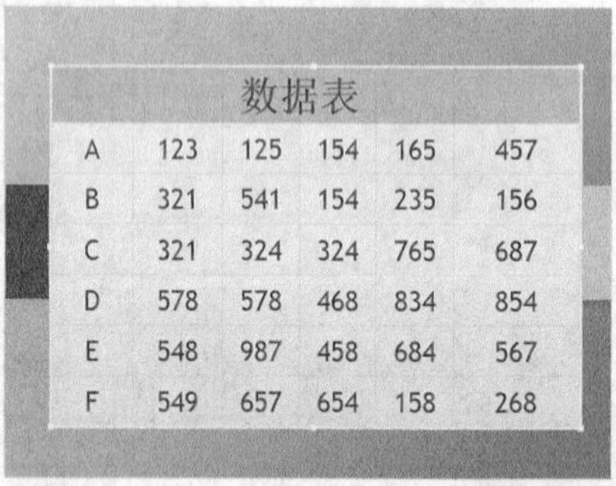

图6-78

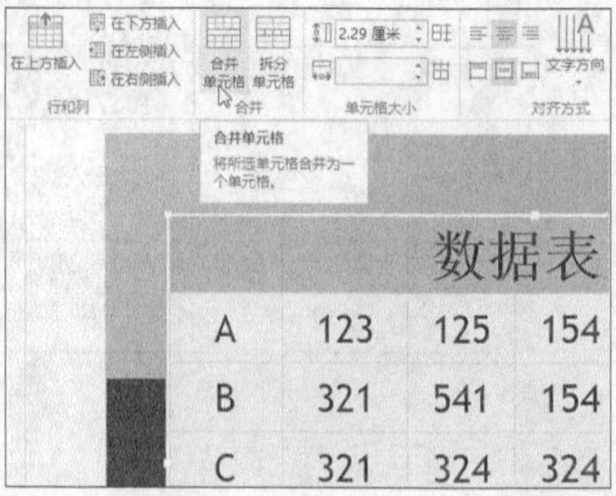

图6-79

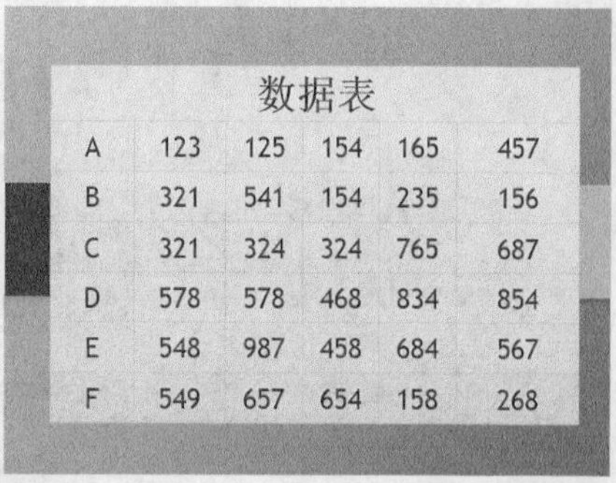

图6-80

技巧与提示

用户还可以在选择的多个单元格中单击鼠标右键，在弹出的快捷菜单中选择"合并单元格"选项即可合并选择的单元格，如图6-81所示。另外需要注意的是，只有同一行或同一列中的单元格才能进行合并。

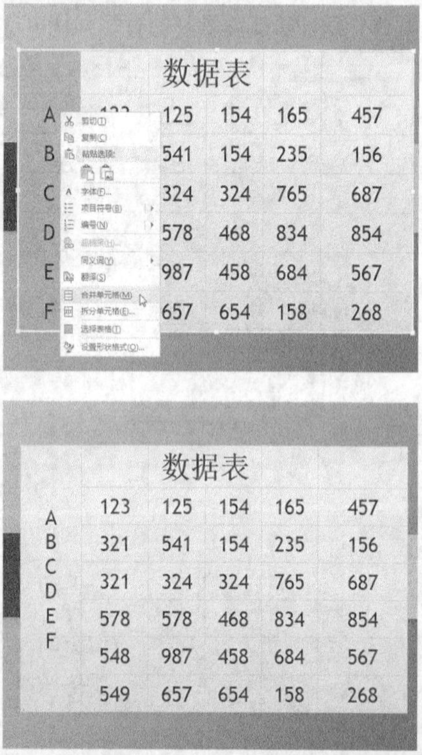

图6-81

6.3.5 拆分单元格

利用PowerPoint 2013制作表格，如果要制作复杂的表格时，一般需要在表格中拆分单元格，拆分单元格就是将一个单元格拆分成多个单元格，任何单元格都可被拆分为多个单元格，但每次只能拆分为两个单元格。

图6-82所示为原演示文稿。在幻灯片中选择需要拆分的单元格，如图6-83所示。

单击"表格工具"|"布局"命令，切换至"表格工具"|"布局"功能区，在"合并"选项区中单击"拆分单元格"按钮，如图6-84所示。弹出"拆分单元格"对话框，设置"列数"为"2"、"行数"为"1"，如图6-85所示。单击"确定"按钮即可拆分单元格，效果如图6-86所示。

图6-85

图6-82

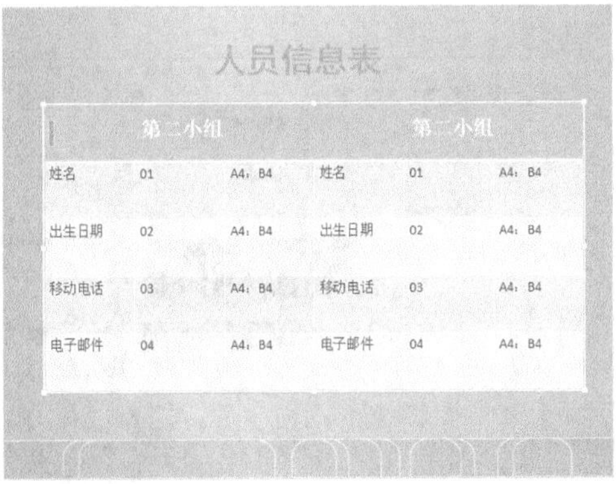

图6-83

图6-84

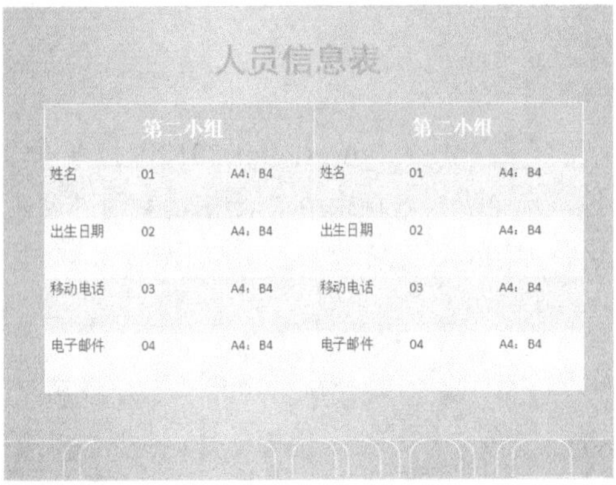

图6-86

技巧与提示

除了上述介绍的方法外，用户还可以在单元格上单击鼠标右键，在弹出的快捷菜单中选择"拆分单元格"选项即可拆分单元格。

6.4 表格样式的设置

对于插入到幻灯片中的表格，不仅可以像文本框和占位符一样被选中、移动、调整大小及删除，还可以为其添加底纹、边框样式及阴影效果等。

6.4.1 设置表格样式应用位置

在"表格样式选项"组中共包含6个复选框，每个复选框代表表格的一种样式，其中"标题行"用来突出显示表格的第一行；"汇总行"用来产生交替带有条纹的列；"镶边行"用来产生交替带有条纹的行；"第一列"用来突出显示表格的第一列；"最后一列"用来突出显示表格的最后一列。

课堂案例	
设置表格样式应用位置	
案例位置	光盘>效果>第6章>课堂案例——设置表格样式应用位置.pptx
视频位置	光盘>视频>第6章>课堂案例——设置表格样式应用位置.mp4
难易指数	★☆☆☆☆
学习目标	掌握设置表格样式应用位置的制作方法

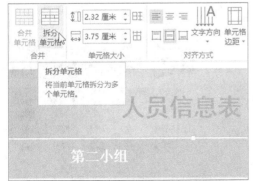

本案例的最终效果如图6-87所示。

图6-87

STEP 01 在PowerPoint 2013中打开一个素材文件，选中表格，切换至"表格工具"|"设计"功能区，如图6-88所示。

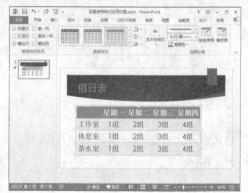

图6-88

STEP 02 勾选"表格样式选项"选项区中的"第一列"复选框，效果如图6-89所示。执行操作后即可设置表格样式应用位置。

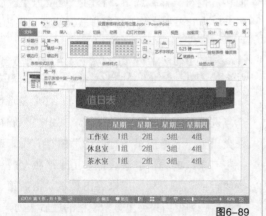

图6-89

6.4.2 设置表格文本样式

在"设计"功能区的"艺术字样式"选项区中

提供了多种表格的样式图案，利用这些样式能够对表格的外观样式、边框、底纹等进行美化。

1. 设置文本样式

"快速样式"用来快速设置表格中的文本填充、颜色、轮廓、投影等样式。

在PowerPoint 2013中选中表格，切换至"设计"功能区，如图6-90所示。在"快速样式"列表框中选择一种样式，如图6-91所示。执行操作后即可快速设置文本样式，如图6-92所示。

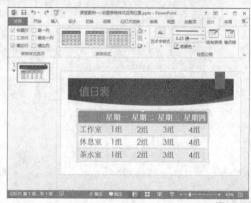

图6-90

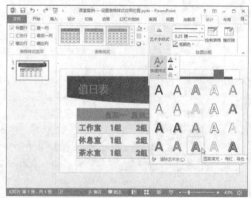

图6-91

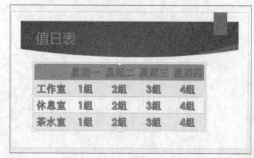

图6-92

2. 设置文本填充

对于表格可以使用纯色、渐变、图片或纹理等填充。

课堂案例	
设置文本填充	
案例位置	光盘>效果>第6章>课堂案例——设置文本填充.pptx
视频位置	光盘>视频>第6章>课堂案例——设置文本填充.mp4
难易指数	★★☆☆☆
学习目标	掌握设置文本填充的制作方法

本案例的最终效果如图6-93所示。

图6-93

STEP 01 在PowerPoint 2013中打开一个素材文件，如图6-94所示。

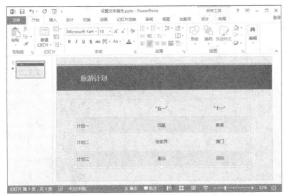

图6-94

STEP 02 选中表格中的文本，切换至"表格工具"|"设计"功能区，单击"文本填充"下拉按钮，在弹出的列表框中选择"其他填充颜色"选项，如图6-95所示。

技巧与提示

对于表格中的文本除了运用纯色填充外，用户还可以根据需要，设置文本填充为渐变、添加图片或纹理等。

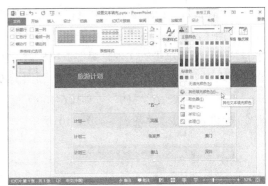

图6-95

STEP 03 在弹出的"颜色"对话框中选择需要的颜色，如图6-96所示。

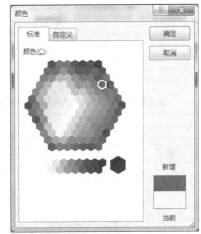

图6-96

STEP 04 单击"确定"按钮即可设置文本颜色，如图6-97所示。

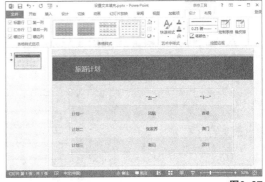

图6-97

3. 设置文本轮廓

在表格中指定文本轮廓的颜色、宽度和线型等格式，用户可根据表格样式搭配文本轮廓。

在PowerPoint 2013中选中表格，切换至"设计"功能区，如图6-98所示。单击"艺术字样式"下拉按钮，然后单击"文本轮廓"下拉按钮，在弹出的列表框中设置标准色为"黄色"，如图6-99所示。设置"粗细"为"3磅"，如图6-100所示。设置完成后即可设置文本轮廓，如图6-101所示。

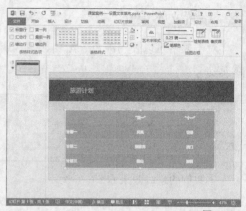

图6-101

4. 设置文字效果

对于表格中的文本同样可以应用阴影、发光、映像或三维旋转等效果。

在PowerPoint 2013中选中表格，切换至"设计"功能区，单击"艺术字样式"下拉按钮，在弹出的列表框中单击"文字效果"按钮，在弹出的列表框中设置"文字效果"为"金色，18pt发光，着色1"，如图6-102所示。设置完成后即可查看到文字的艺术效果，如图6-103所示。

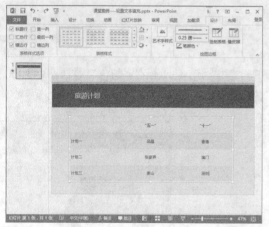

图6-98

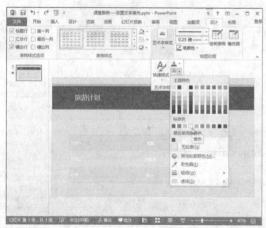

图6-99

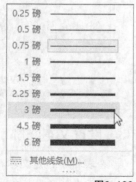

图6-100

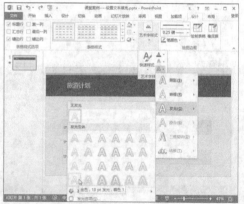

图6-102

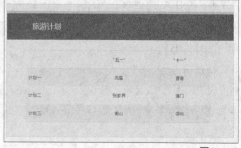

图6-103

6.5 从外部导入表格

PowerPoint不仅可以创建表格、插入表格、手绘表格，还可以从外部导入表格，如从Word或Excel中导入表格。

6.5.1 导入Word表格

在PowerPoint 2013中，用户可以快捷插入利用Word创建保存的表格。

课堂案例	
导入Word表格	
案例位置	光盘>效果>第6章>课堂案例——导入Word表格.pptx
视频位置	光盘>视频>第6章>课堂案例——导入Word表格.mp4
难易指数	★★★☆☆
学习目标	掌握导入Word表格的制作方法

本案例的最终效果如图6-104所示。

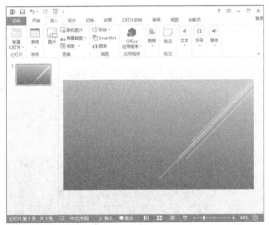

图6-104

STEP 01 在PowerPoint 2013中打开一个素材文件，选择要导入Word表格的幻灯片，切换至"插入"功能区，如图6-105所示。

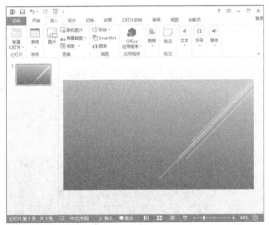

图6-105

STEP 02 在"文本"选项区中单击"对象"按钮，弹出"插入对象"对话框，选中"由文件创建"单选按钮，如图6-106所示。

图6-106

STEP 03 单击"浏览"按钮，弹出"浏览"对话框，选择目标文件，如图6-107所示。

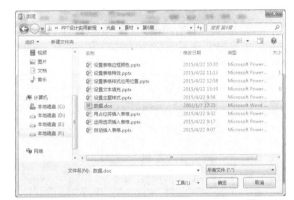

图6-107

STEP 04 单击"确定"按钮，返回"插入对象"对话框，如图6-108所示。

图6-108

STEP 05 单击"确定"按钮即可导入表格，如图6-109所示。

STEP 06 拖曳表格边框，调整表格的大小与位置，效果如图6-110所示。

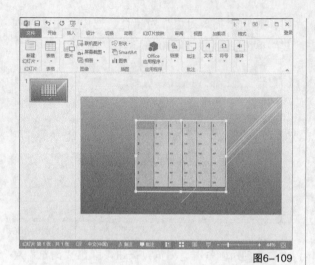

图6-109

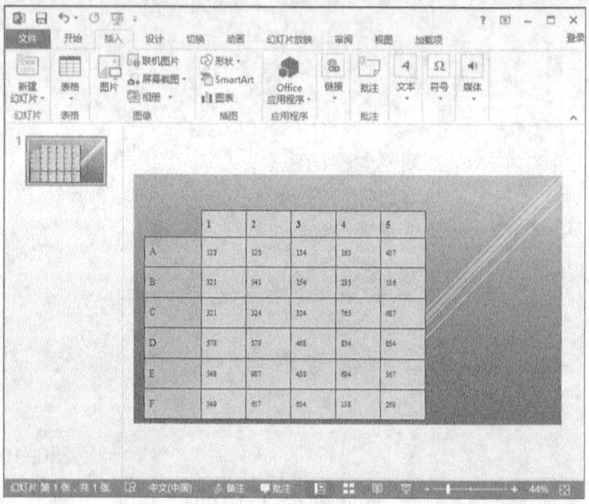

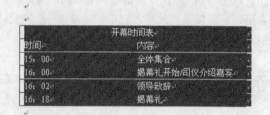

图6-110

6.5.2 复制Word表格

在Word文档中复制表格后，可直接将复制的表格粘贴至PowerPoint中，然后在PowerPoint中根据需要进行编辑与处理。

在Word文档中选择要复制的表格，如图6-111所示。单击鼠标右键，在弹出的快捷菜单中选择“复制”选项，如图6-112所示。

在PowerPoint 2013中单击“开始”功能区中的“粘贴”按钮，各选项的设置如图6-113所示。在“粘贴选项”功能区中选择“保留源格式”选项即可粘贴表格，如图6-114所示。拖曳表格边框，调整表格的大小与位置，效果如图6-115所示。在“开始”功能区“字体”选项区中，设置“字号”为“20”，“字体颜色”为“白色”，效果如图6-116所示。

开幕时间表	
时间	内容
15：00	全体集合
16：00	揭幕礼开始/司仪介绍嘉宾
16：02	领导致辞
16：18	揭幕礼

图6-111

图6-112

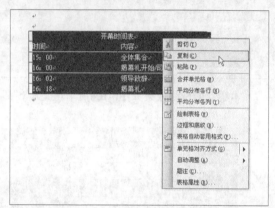

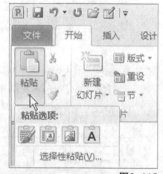

图6-113

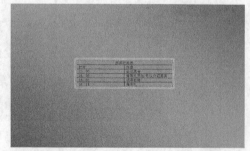

图6-114

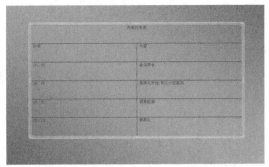

图6-115

图6-116

6.5.3 导入Excel表格

在PowerPoint 2013中还可以导入Excel表格，用户可以根据需要对导入的表格再进行编辑与处理。

课堂案例	
导入Excel表格	
案例位置	光盘>效果>第6章>课堂案例——导入Excel表格.pptx
视频位置	光盘>视频>第6章>课堂案例——导入Excel表格.mp4
难易指数	★★☆☆☆
学习目标	掌握导入Excel表格的制作方法

本案例的最终效果如图6-117所示。

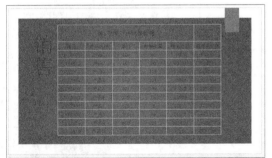

图6-117

STEP 01 在PowerPoint 2013中打开一个素材文件，切换至"插入"功能区，单击"对象"按钮，如图6-118所示。

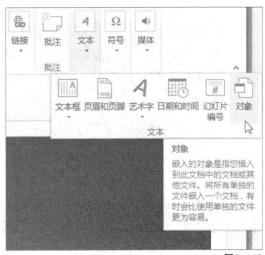

图6-118

STEP 02 在弹出的"插入对象"对话框中选中"由文件创建"单选按钮，单击"浏览"按钮，如图6-119所示。

图6-119

STEP 03 在弹出的"浏览"对话框中选择Excel文件，如图6-120所示。

图6-120

STEP 04 单击"确定"按钮即可插入表格，适当调整表格的大小与位置，如图6-121所示。

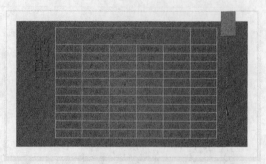

图6-121

6.6 本章小结

在使用PowerPoint制作演示文稿时，通常需要使用表格。例如，制作个人简历、财务报表、业绩统计表等。表格采用行列化形式，查看起来更方便。因此学会应用表格制作幻灯片显得尤为重要。本章主要介绍了应用表格制作幻灯片的内容。

6.7 课后习题

本节将通过填空题、选择题以及上机练习题，对本章的知识点进行回顾。

6.7.1 填空题

（1）表格是由行列交错的单元格组成的，在每一个单元格中，用户可以输入_____或数据。

（2）在PowerPoint 2013中，当用户需要插入不规则的表格时，可以直接利用_____在幻灯片中进行绘制。

（3）在PowerPoint 2013中，用户在编辑所需的表格样式时，可运用_____选项区，对表格的宽度和线型进行设置。

6.7.2 选择题

（1）在PowerPoint 2013中，如果用户需要插入的行列表格数值过大，则可以通过（ ）选项进行插入。

A．表格　　　　B．插入表格
C．绘制表格　　D．鼠标

（2）在占位符中不包含（ ）按钮。

A．插入表格　　B．插入图表
C．剪贴画　　　D．形状

（3）表格的应用非常广泛，用户可以根据制作的课件为表格搭配相应的底纹，其中底纹不包含（ ）选项。

A．阴影　　　　B．纯色
C．渐变　　　　D．图片

6.7.3 课后习题——为"人口问题"演示文稿插入表格

案例位置	光盘>效果>第6章>课后习题——为"人口问题"演示文稿插入表格.pptx
视频位置	光盘>视频>第6章>课后习题——为"人口问题"演示文稿插入表格.mp4
难易指数	★★★★★
学习目标	掌握为"人口问题"演示文稿插入表格的制作方法

本实例介绍如何为"人口问题"演示文稿插入表格，最终效果如图6-122所示。

图6-122

步骤分解如图6-123所示。

图6-123

第7章

创建编辑图表对象

图表具有较好的视觉效果，便于查看和分析数据的差异、类别及趋势预测。图表广泛应用在工作汇报和商务活动中，特别是表达某种趋势、某些变化或某些测量结果，使用图表来传达更直观明了，能给观众留下深刻的印象。本章主要介绍创建图表对象、编辑数据表以及设置课图表布局等属性和布局。

课堂学习目标

创建图表对象

编辑数据表

设置图表属性

设置图表格式

7.1 图表的基本知识

图表能加强PowerPoint演示文稿的说服力,用户可以在幻灯片中创建图表,形象直观的图表更容易让人理解,插入在幻灯片中的图表使幻灯片的显示效果更加清晰明了。

7.1.1 图表的组成

在PowerPoint 2013中图表种类繁多,但每一种图表的绝大部分组成是相同的。以柱形图表为例,如图7-1所示。

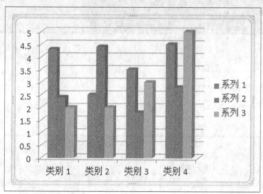

图7-1

图表中的各区域含义如下:

• 数据系列:图表的数据系列是由工作表的数据在图表中来体现,并以图形方式显示,即一个数据点对应于一个单元格中的数值,柱形的高度对应着一个数值,此数值就是一个数据点。数据点以各种形状表示,如柱形、条形、折线等。

• 网格线:将坐标轴的刻度记号向右(对X轴)或向上(对Y轴)延伸到整个绘图区的直线。网格线可以使用户更清楚数据点与坐标轴的相对位置,从而更容易估计图表上数据点的实际数值。

• 坐标轴:是标识数值大小及分类的水平线和垂直线,上面有标定数据值的标志。一般情况下,水平轴(X轴)表示数据的分类,X轴分类可以为1月、2月、3月等时间设定;水平轴(Y轴)则表示数值的大小。

• 图例:图例指出图表中的符号、颜色或形状定义数据系列所代表的内容。图例由图例标示和图例项两部分构成。

7.1.2 图表的类型

PowerPoint 2013为用户提供了多种图表类型,其中包括二维图表和三维图表,如图7-2所示。

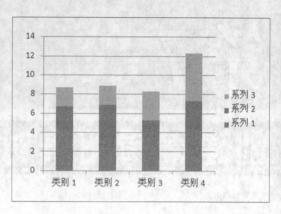

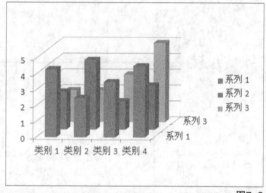

图7-2

三维图表有两个分类轴(X、Y)和一个数据轴(Z),比二维图表更美观,下面将介绍各种图表类型。

• 柱形图:是在垂直方向绘出的长条图,可以包含多组数据系列。其分类为X轴,数值为Y轴,如图7-3所示。

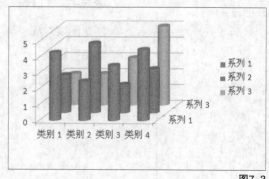

图7-3

• 折线图：将数据用锚点的方式绘制在二维坐标图上，再用线条链接这些数据点，可以表示多组数据系列，如图7-4所示。

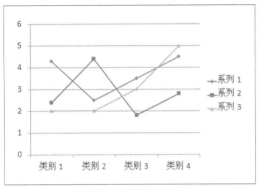

图7-4

• 饼图：将某个数据系列中的单独数据转换为数据系列总和的百分比，再依据百分比绘制在一个圆形上，在数据点之间用不同的图案颜色填充，其缺点是只能显示一组数据系列，如图7-5所示。

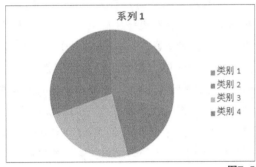

图7-5

• 条形图：是在水平方向绘出的长条图，同柱形图相似，也可以包含多组数据系列，但其分类名称在 Y 轴，数值在 X 轴，用来强调不同分类之间的差别，如图7-6所示。

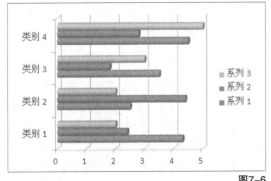

图7-6

• 面积图：面积图与折线图相似，只是将连线与分类轴之间用图案填充，可以显示多组数据系列。主要用来显示不同数据系列之间的关系，以及其中一个序列占总和的份额，但面积图强调的是数据的变动量，而不是时间的变动率，如图7-7所示。

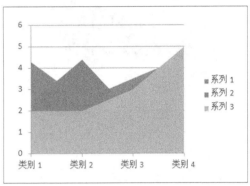

图7-7

• X Y（散点图）：将数据用锚点的方式描绘在二维坐标轴上，该图表的 X 轴和 Y 轴均是数据轴，如图7-8所示。

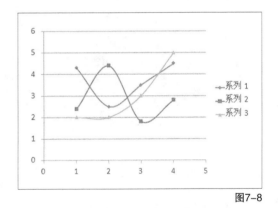

图7-8

• 股价图：用于显示股市行情的价格趋势，从中可以分析股价行情的变化趋势，如图7-9所示。

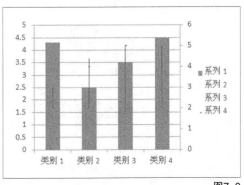

图7-9

149

• 曲面图：在连续的曲面上显示数值的趋势，三维曲面图较为特殊，主要是用来寻找两组数据之间的最佳组合，如图7-10所示。

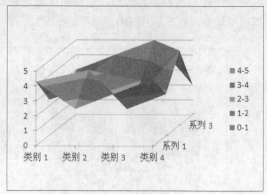

图7-10

• 圆环图：圆环图的显示方法及用途与饼图相似，但它是将不同的数据系列绘制在不同半径的同心圆环上，而各个数据系列中的数据点百分比显示在对应的环形上，如图7-11所示。

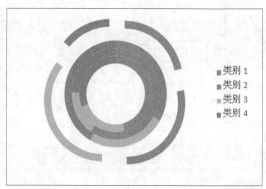

图7-11

• 气泡图：气泡图与散点图类似，用于比较成组的数值，如图7-12所示。

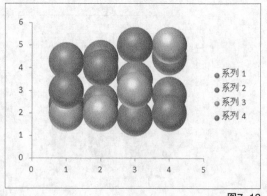

图7-12

• 雷达图：以一点为中心，从中心点向四周放射出每一种类的数值轴，再将各轴上属于同一组数据系列的点用线条链接，用来比较不同的系列在各个类之间的优缺点，如图7-13所示。

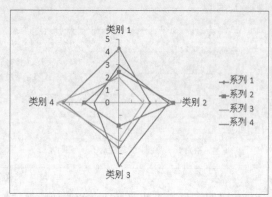

图7-13

7.2 图表对象的创建

在创建图标之前，首先要掌握在PowerPoint 2013中图表有哪些类型和特点，以及可以用于表现哪种关系的信息等。PowerPoint 2013中的图表包括柱形图、折线图、饼图、面积图、散点图、圆环图、雷达图和气泡图等。此外还包括图表键的相互叠加形成的组合图图表类型，如簇状柱形图-折线图、簇状条形图-折线图等，除了这些图表类型外，每种图形还包括一些二维和三维子图表类型，这些图表具有较好的视觉效果，方便于用户查看和分析数据，与文字内容相比，形象直观的图表更容易让人了解。

7.2.1 创建柱形图

• 柱形图是在垂直方向绘制出的长条图，可以包含多组的数据系列，其中分类为 X 轴，数值为 Y 轴。下面介绍创建柱形图的操作方法。

课堂案例	
创建柱形图	
案例位置	光盘>效果>第7章>课堂案例——创建柱形图.pptx
视频位置	光盘>视频>第7章>课堂案例——创建柱形图.mp4
难易指数	★★☆☆☆
学习目标	掌握创建柱形图的制作方法

本案例的最终效果如图7-14所示。

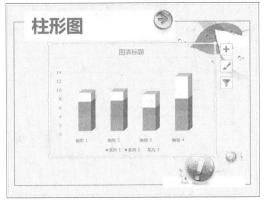

图7-14

STEP 01 在PowerPoint 2013中打开一个素材文件，如图7-15所示。

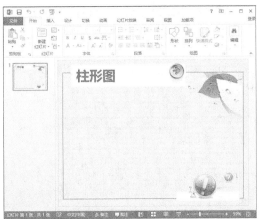

图7-15

STEP 02 单击"插入"命令，切换至"插入"功能区，在"插图"选项区中单击"图表"按钮，如图7-16所示。

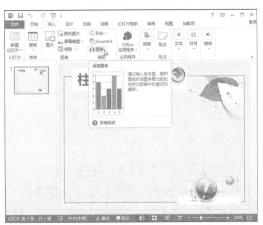

图7-16

STEP 03 弹出"插入图表"对话框，切换至

"柱形图"选项卡，单击"三维堆积柱形图"按钮，如图7-17所示。

图7-17

STEP 04 单击"确定"按钮，在幻灯片中插入图表，并显示Excel应用程序，如图7-18所示。

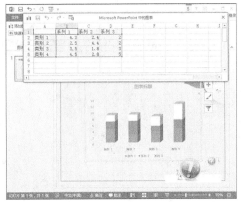

图7-18

STEP 05 关闭Excel应用程序，在幻灯片中调整图表的大小与位置，如图7-19所示。

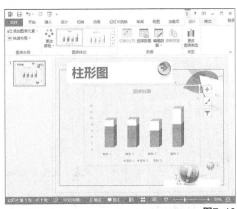

图7-19

柱形图通常用纵坐标来显示数值项，以横坐标轴显示信息类别，用长短不同的柱形表现数据点的大小，通常用来显示一段时间内数据变化或各数据的比较情况。

7.2.2 创建折线图

折线图主要是显示数据按均匀时间间隔变化的趋势，折线图包括普通折线图、堆积折线图、百分比堆积折线图、带数据标记的折线图、带数据标记的堆积折线图、带数据标记的百分比堆积折线图和三维折线图。

课堂案例	
创建折线图	
案例位置	光盘>效果>第7章>课堂案例——创建折线图.pptx
视频位置	光盘>视频>第7章>课堂案例——创建折线图.mp4
难易指数	★★☆☆☆
学习目标	掌握创建折线图的制作方法

本案例的最终效果如图7-20所示。

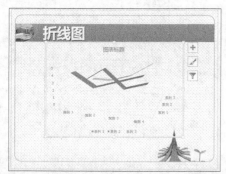

图7-20

STEP 01 在PowerPoint 2013中打开一个素材文件，如图7-21所示。

图7-21

STEP 02 单击"插入"命令，切换至"插入"

功能区，在"插图"选项区中单击"图表"按钮，如图7-22所示。

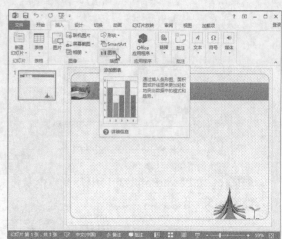

图7-22

STEP 03 弹出"插入图表"对话框，在左边选择"折线图"，然后单击"三维折线图"按钮，如图7-23所示。

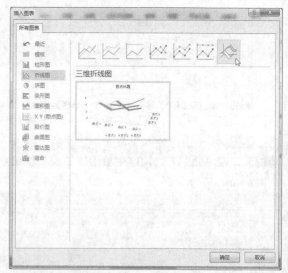

图7-23

在"插入图表"对话框中，用户可以将经常用到的图表设置为默认图表。

STEP 04 单击"确定"按钮，在幻灯片中插入图表，并显示Excel应用程序，如图7-24所示。

STEP 05 关闭Excel应用程序，在幻灯片中调整图表的大小与位置，效果如图7-25所示。

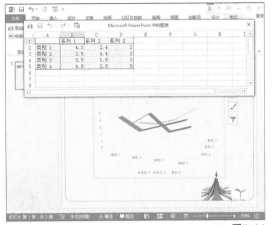

图7-24

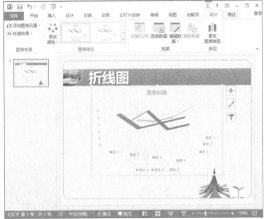

图7-25

图7-26

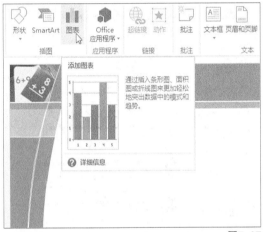

图7-27

7.2.3 创建条形图

条形图是指在水平方向绘出的长条图，同柱形图相似，也可以包含多组数据系列，但其分类名称在Y轴，数值在X轴，用来强调不同分类之间的差别。

图7-26所示为原演示文稿。单击"插入"命令，切换至"插入"功能区，在"插图"选项区中单击"图表"按钮，如图7-27所示。弹出"插入图表"对话框，在左边选择"条形图"，然后单击"三维簇状条形图"按钮，如图7-28所示。

? 技巧与提示

在"条形图"选项区中，包含有"簇状条形图""堆积条形图""三维簇状条形图""三维堆积条形图"以及"三维百分比堆积条形图"5种条形图样式。

图7-28

单击"确定"按钮，在幻灯片中插入图表，并显示Excel应用程序，如图7-29所示。关闭Excel应用程序，在幻灯片中调整图表的大小与位置，效果如

图7-30所示。

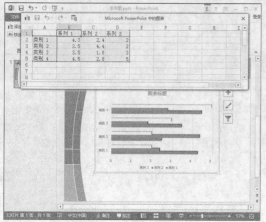

图7-29

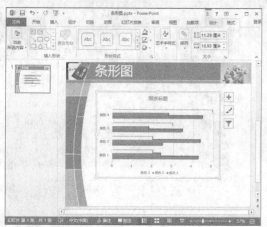

图7-30

7.2.4 创建饼图

饼图是一个划分为几个扇形的圆形统计图表，用于描述量、频率或百分比之间的相对关系。在饼图中，每个扇区的弧长（以及圆心角和面积）大小为其所表示的数量的比例。

图7-31所示为原演示文稿。单击"插入"命令，切换至"插入"功能区，在"插图"选项区中单击"图表"按钮，如图7-32所示。弹出"插入图表"对话框，在左边选择"饼图"，然后单击"复合条饼图"按钮，如图7-33所示。

单击"确定"按钮，在幻灯片中插入图表并显示Excel应用程序，如图7-34所示。关闭Excel应用程序，在幻灯片中调整图表的大小与位置，效果如图

7-35所示。

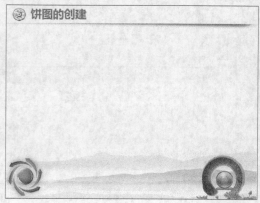

图7-31

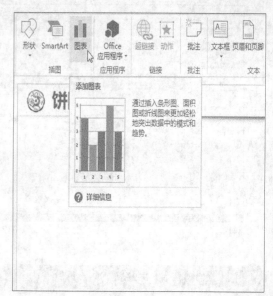

图7-32

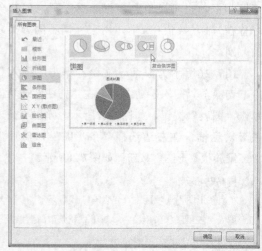

图7-33

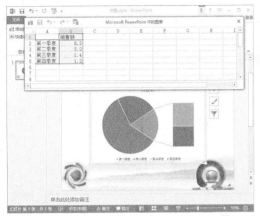

图7-34

图7-35

7.2.5 创建面积图

面积图与折线图相似,只是将连线与分类轴之间用图案填充,可以显示多组数据系列,主要用来显示不同数据系列之间的关系,以及其中一个序列占总和的份额,但面积图强调的是数据的变动量,而不是时间的变动率。

图7-36所示为原演示文稿。单击"插入"命令,切换至"插入"功能区,在"插图"选项区中单击"图表"按钮,如图7-37所示。弹出"插入图表"对话框,在左边选择"面积图",然后单击"三维堆积面积图"按钮,如图7-38。

技巧与提示

面积图是以阴影或颜色填充折线下方区域的图形,它能显示一段时间数据变动的幅度值。通常利用面积图既能看出各部分的变动,又能看出总体的变化,适用于显示个体和总体随时间变化而变化的数值表现。

图7-36

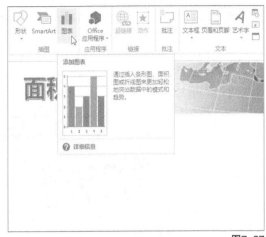

图7-37

图7-38

单击"确定"按钮,在幻灯片中插入图表,并显示Excel应用程序,如图7-39所示。关闭Excel应用程序,在幻灯片中调整图表的大小与位置,如图

7-40所示。

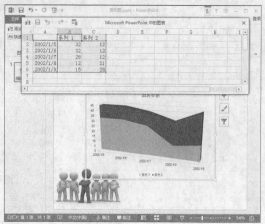

图7-39

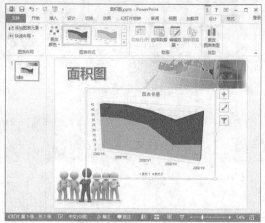

图7-40

7.2.6 创建曲面图

曲面图可以在连续的曲面上显示数值的趋势。其中，三维曲面图较为特殊，主要是用来寻找两组数据之间的最佳组合。

图7-41所示为原演示文稿。单击"插入"命令，切换至"插入"功能区，在"插图"选项区中单击"图表"按钮，如图7-42所示。弹出"插入图表"对话框，在左边选择"曲面图"，然后单击"三维曲面图（框架图）"按钮，如图7-43所示。

单击"确定"按钮，在幻灯片中插入图表并显示Excel应用程序，如图7-44所示。关闭Excel应用程序，在幻灯片中调整图表的大小与位置，如图7-45所示。

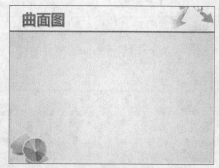

图7-41

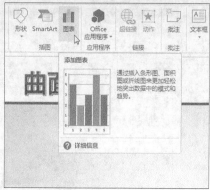

图7-42

图7-43

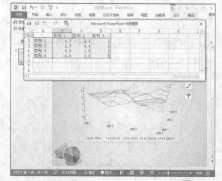

图7-44

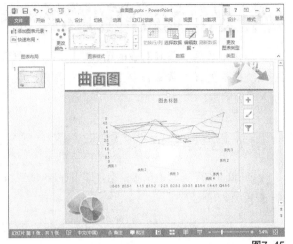

图7-45

7.2.7 创建雷达图

雷达图主要应用于表现企业经营状况，它是财务分析报表的一种，是将一个公司的各项财务分析所得的数字或比例，就其比较重要的项目集中划在一个圆形的固表上，来表现一个公司各项财务比率的情况。

图7-46所示为原演示文稿。在"开始"功能区中的"幻灯片"选项区中单击"版式"下拉按钮，在弹出的下拉列表框中选择"标题和内容"选项，如图7-47所示。执行操作后即可将版式更改为标题和内容样式，按【Delete】键，将"单击此处添加标题"文本框进行删除，如图7-48所示。

图7-46

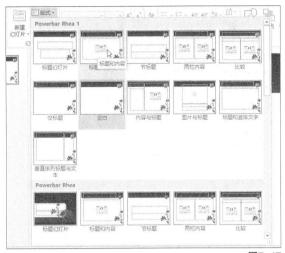

图7-47

图7-48

在文本占位符中单击"插入图表"按钮，如图7-49所示。弹出"插入图表"对话框，在左边选择"雷达图"，然后单击"填充雷达图"按钮，如图7-50所示。单击"确定"按钮，在幻灯片中插入图表，并显示Excel应用程序，如图7-51所示。

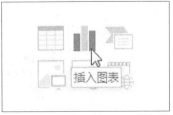

图7-49

157

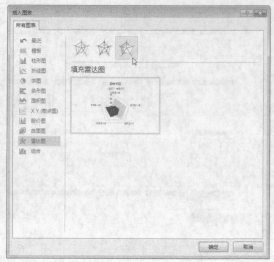

图7-50

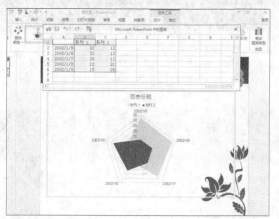

图7-51

关闭Excel的应用程序，在幻灯片中调整图表的大小与位置，如图7-52所示。

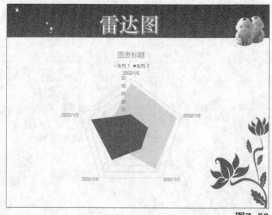

图7-52

7.3 数据表的编辑

当样本数据表及其对应的图表出现后，用户可在系统提供的样本数据表中完全按自己的需要重新输入图表数据。

7.3.1 输入数据

在Excel程序窗口中输入数据，即可在PowerPoint图表中更改相应数据。

课堂案例	
输入数据	
案例位置	光盘>效果>第7章>课堂案例——输入数据.pptx
视频位置	光盘>视频>第7章>课堂案例——输入数据.mp4
难易指数	★★☆☆☆
学习目标	掌握输入数据的制作方法

本案例的最终效果如图7-53所示。

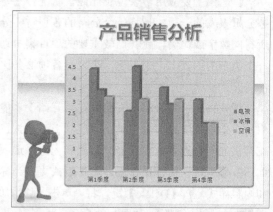

图7-53

STEP 01 在PowerPoint 2013中打开一个素材文件，如图7-54所示。

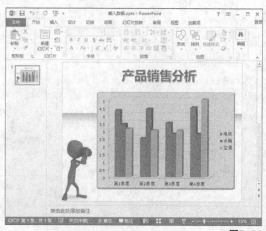

图7-54

STEP 02 选中图表，切换至"图表工具"|"设计"功能区，在"数据"选项区中单击"编辑数据"按钮，选择"编辑数据"选项，弹出数据编辑表，如图7-55所示。

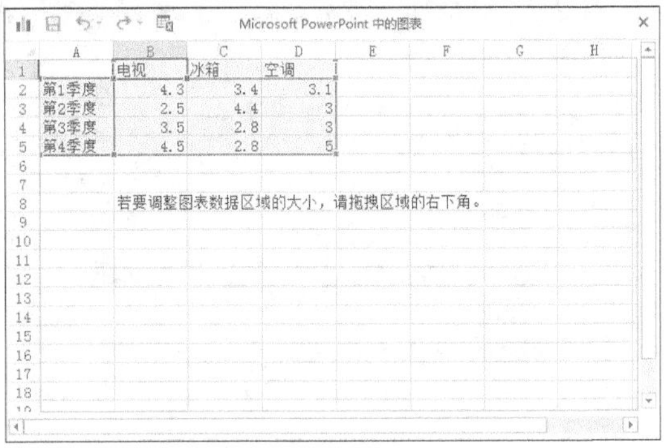

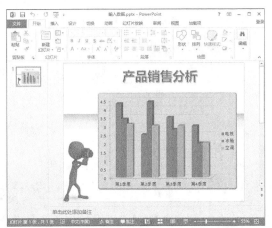

图7-55

STEP 03 在数据表中修改数据，如图7-56所示。

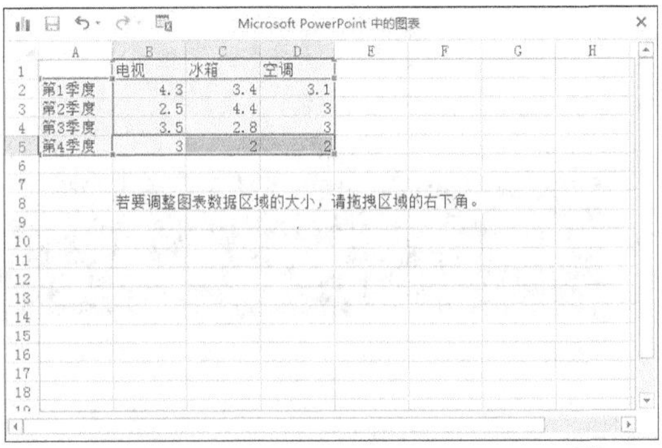

图7-56

STEP 04 设置完成后即可用所设置的数据显示图表，效果如图7-57所示。

图7-57

7.3.2 设置数字格式

数字是图表中最重要的元素之一，用户可以在PowerPoint中直接设置数字格式，也可以在Excel中进行设置。

课堂案例	
设置数字格式	
案例位置	光盘>效果>第7章>课堂案例——设置数字格式.pptx
视频位置	光盘>视频>第7章>课堂案例——设置数字格式.mp4
难易指数	★★☆☆☆
学习目标	掌握设置数字格式的制作方法

本案例的最终效果如图7-58所示。

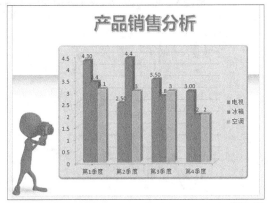

图7-58

STEP 01 在PowerPoint 2013中打开一个素材文件，如图7-59所示。

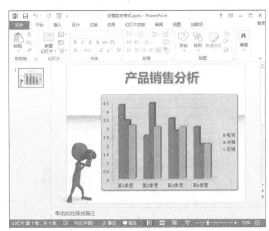

图7-59

STEP 02 选中图表，切换至"图表工具"|"设计"功能区，在"图表布局"选项区中单击"添加图标元素"，在弹出的列表框中选择"数据标签"|"其他数据标签选项"选项，如图7-60所示。

STEP 03 在弹出的"设置数据标签格式"窗格

中设置"数字"类别为"数字",如图7-61所示。

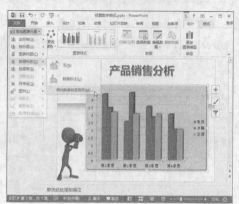

图7-60

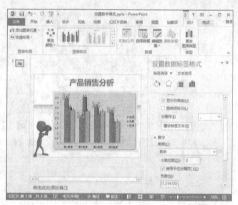

图7-61

STEP 04 单击"关闭"按钮即可设置数字格式,如图7-62所示。

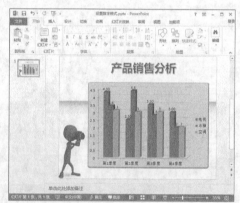

图7-62

7.3.3 调整数据表的大小

用户还可以直接在Excel中调整数据表的大小,设置完成后将在PowerPoint中显示结果。

图7-63所示为原演示文稿。选中图表,切换至"设计"功能区,单击"数据"选项区中的"编辑数据"按钮,如图7-64所示。

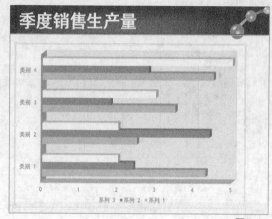

图7-63

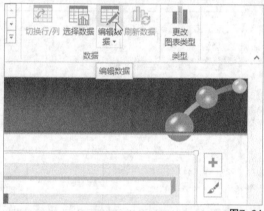

图7-64

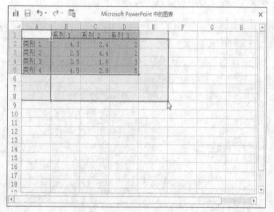

图7-65

拖曳Excel程序窗口中的数据表右下角的蓝色边框线,如图7-65所示。设置完成后即可改变数据表的大小,如图7-66所示。

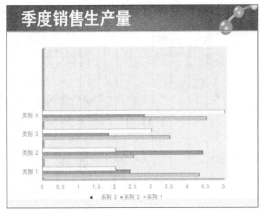

图7-66

7.4 图表属性的设置

当数据表及其对应的图表出现后，用户可在系统提供的样本数据表中按自己的需要重新输入图表数据。

7.4.1 插入行或列

在PowerPoint 2013中，用户可以向图表添加或删除数据系列和分类信息。

课堂案例	
插入行或列	
案例位置	光盘>效果>第7章>课堂案例——插入行或列.pptx
视频位置	光盘>视频>第7章>课堂案例——插入行或列.mp4
难易指数	★★☆☆☆
学习目标	掌握插入行或列的制作方法

本案例的最终效果如图7-67所示。

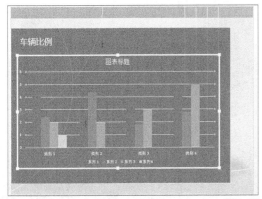

图7-67

STEP 01 在PowerPoint 2013中打开一个素材文件，如图7-68所示。

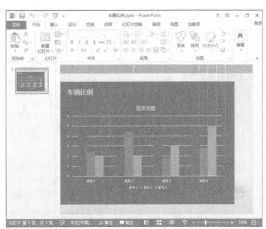

图7-68

STEP 02 选中图表，切换至"图标工具"|"设计"功能区，在"数据"选项区中单击"选择数据"按钮，弹出"选择数据源"对话框，如图7-69所示。

图7-69

STEP 03 单击"添加"按钮，在弹出的对话框中设置"系列名称"为"4"，如图7-70所示。

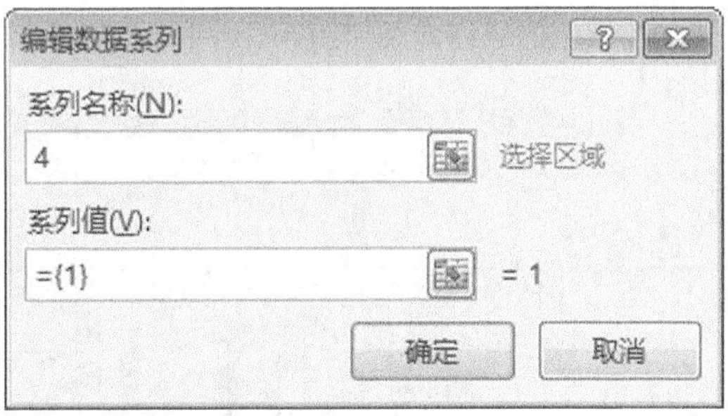

编辑数据系列

系列名称(N)：

4　　　　　　　　　　选择区域

系列值(V)：

={1}　　　　　= 1

图7-70

技巧与提示

在"选择数据源"对话框中单击"删除"按钮，可以删除图表中存在的图表信息。

STEP 04 单击"确定"按钮即可插入新行（或列），如图7-71所示。

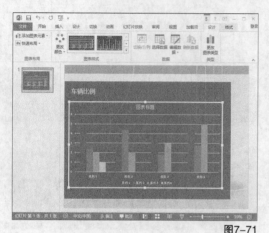

图7-71

7.4.2 设置图表布局

创建图表后，用户可以更改图表的外观，可以快速将一个预定义布局和图表样式应用到现有的图表中，而无须手动添加或更改图表元素或设置图表格式。PowerPoint提供了多种预定的布局和样式（或快速布局、快速样式），用户可以从中选择。

1. 快速设置图表布局

创建图表后，用户可以快速将一个预定义布局和图表样式应用到现有的图表中。

课堂案例	
快速设置图表布局	
案例位置	光盘>效果>第7章>课堂案例——快速设置图表布局.pptx
视频位置	光盘>视频>第7章>课堂案例——快速设置图表布局.mp4
难易指数	★★☆☆☆
学习目标	掌握快速设置图表布局的制作方法

本案例的最终效果如图7-72所示。

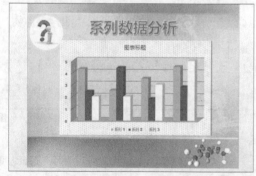

图7-72

STEP 01 在PowerPoint 2013中打开一个素材文件，如图7-73所示。

图7-73

STEP 02 选中图表，切换至"图表工具"|"设计"功能区，单击"快速布局"下拉按钮，如图7-74所示。

图7-74

STEP 03 在"快速布局"列表框中选择"布局6"样式，如图7-75所示。

图7-75

STEP 04 执行操作后即可设置图表布局，如图7-76所示。

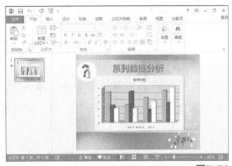

图7-76

2. 添加图表标题

用户在创建图表后，可以添加或更改图表标题。

课堂案例	
添加图表标题	
案例位置	光盘>效果>第7章>课堂案例——添加图表标题.pptx
视频位置	光盘>视频>第7章>课堂案例——添加图表标题.mp4
难易指数	★★☆☆☆
学习目标	掌握添加图表标题的制作方法

本案例的最终效果如图7-77所示。

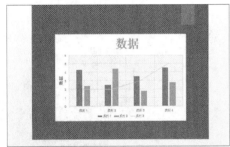

图7-77

STEP 01 在PowerPoint 2013中打开一个素材文件，如图7-78所示。

STEP 02 选中图表，切换至"图表工具"|"设计"功能区，单击"添加图表元素"下拉按钮，在弹出的列表框中选择"图表标题"|"图表上方"选项，如图7-79所示。

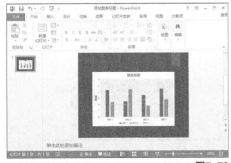

图7-78

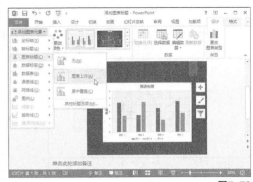

图7-79

STEP 03 执行操作后，在图表上方弹出文本框，如图7-80所示。

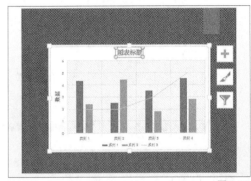

图7-80

STEP 04 在图表标题文本框中输入图表标题文字，效果如图7-81所示。

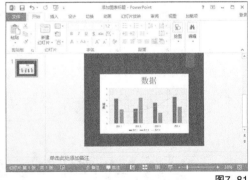

图7-81

3. 添加坐标轴标题

用户在创建图表后，可以通过"坐标轴标题"按钮进行设置。

图7-82所示为原演示文稿。单击"添加图表元素"下拉按钮，在弹出的列表框中选择需要的选项，如图7-83所示。

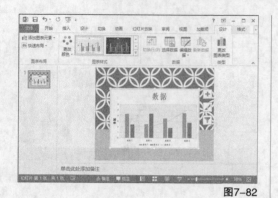

图7-82

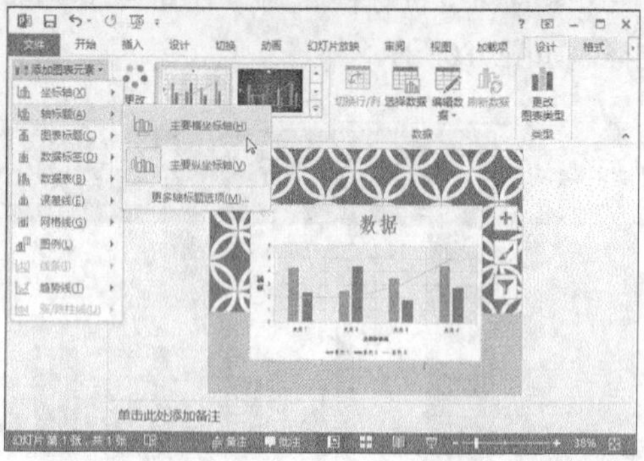

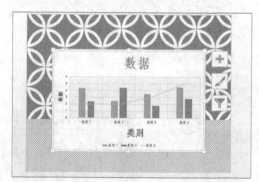

图7-83

在坐标轴文本框中输入文字，如图7-84所示。用同样的方法插入纵坐标标题，如图7-85所示。

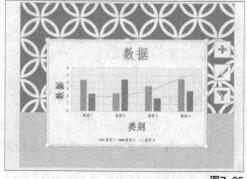

图7-84

图7-85

4. 设置图例

设置图例主要指的是设置图例在图表中的位置、图例格式等内容。

图7-86所示为原演示文稿。单击"添加图表元素"下拉按钮，然后选择"图例"|"右侧"选项，如图7-87所示。

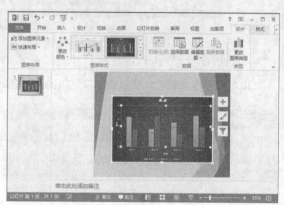

图7-86

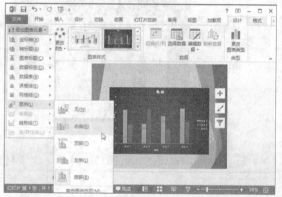

图7-87

技巧与提示

在PowerPoint 2013中选择幻灯片中的表格，单击鼠标右键，在弹出的快捷菜单中选择"设置图表区域格式"选项，也可弹出"设置图表区格式"窗格，然后在其中对图例进行相应设置。

双击图例，弹出"设置图例格式"窗格，各选项设置如图7-88所示。单击"关闭"按钮即可设置图例的填充颜色，如图7-89所示。

图7-88

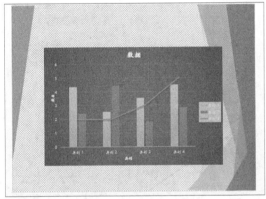

图7-89

7.4.3 设置图表背景

在"背景"选项区中提供了多种设置背景选项，可以设置三维图表的背景选项，但不能设置普通的二维图表。

课堂案例	
设置图表背景	
案例位置	光盘>效果>第7章>课堂案例——设置图表背景.pptx
视频位置	光盘>视频>第7章>课堂案例——设置图表背景.mp4
难易指数	★★★★☆
学习目标	掌握设置图表背景的制作方法

本案例的最终效果如图7-90所示。

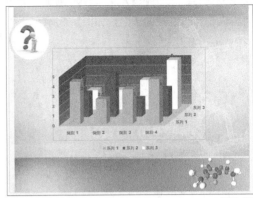

图7-90

STEP 01 在PowerPoint 2013中打开一个素材文件，如图7-91所示。

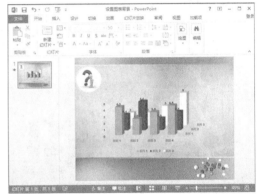

图7-91

STEP 02 选中图表，双击"图表区"，弹出"设置图表区格式"窗格，单击"图表选项"下拉按钮，在弹出的列表框中选择"背景墙"选项，如图7-92所示。

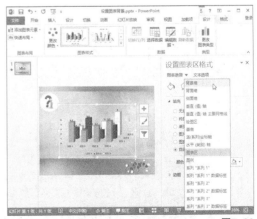

图7-92

STEP 03 在弹出的窗格中设置"填充"为"渐变填充"、"预设渐变"为"中等渐变、着色2"、"方向"为"线性向下",如图7-93所示。

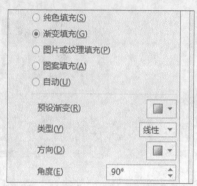

图7-93

STEP 04 执行操作后即可设置背景墙颜色,效果如图7-94所示。

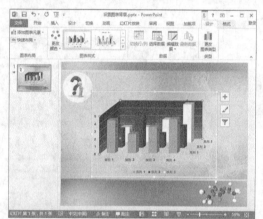

图7-94

STEP 05 单击"图表选项"下拉按钮,在弹出的列表中选择"基底"选项,如图7-95所示。

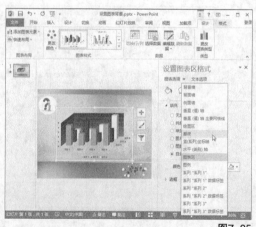

图7-95

STEP 06 在弹出的窗格中设置"填充"为"纯色填充""颜色"为"黄色",如图7-96所示。

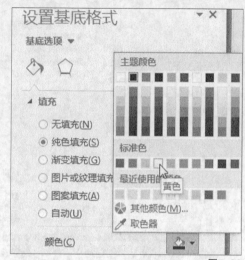

图7-96

STEP 07 单击"关闭"按钮即可设置图表基底,效果如图7-97所示。

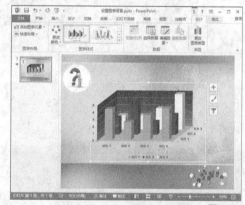

图7-97

7.4.4 添加运算图表

在PowerPoint 2013中,用户可以将Excel中的数据表添加到图表中,以便于用户查看图表信息和数据。

图7-98所示为原演示文稿。在"设计"功能区中单击"添加图表元素"下拉按钮,在弹出的列表框中选择"数据表"|"其他模拟运算表选项",如图7-99所示。在弹出的窗格中设置"填充"为"渐变填充",颜色为"红色",如图7-100所示。单击"关闭"按钮即可添加运算图表,如图7-101所示。

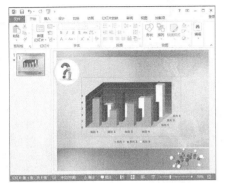

图7-98

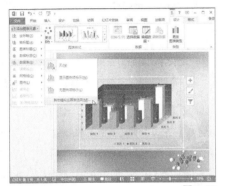

图7-99

图7-100

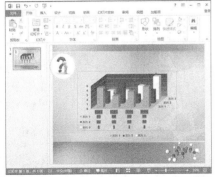

图7-101

7.4.5 添加数据标签

数据标签是指将数据表中具体的数值添加到图表的分类系列上。

在PowerPoint 2013中选中图表，切换至"设计"功能区，如图7-102所示。单击"添加图表元素"下拉按钮，在弹出的列表框中选择"数据标签"|"其他数据标签选项"，如图7-103所示。

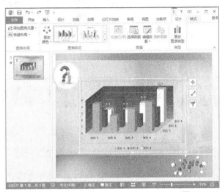

图7-102

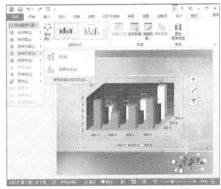

图7-103

在弹出的窗格中设置各选项，如图7-104所示。单击"关闭"按钮即可添加数据标签，如图7-105所示。

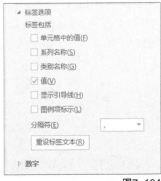

图7-104

167

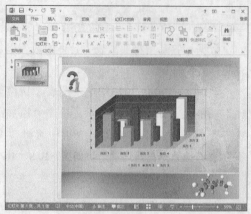

图7-105

7.5 图表格式的设置

选中图表后，通过"设计""布局"和"格式"功能区可以对图表进行设置，在"格式"功能区中可以对图表进行格式设置。

7.5.1 设置图表位置

在幻灯片中，用户可以手动调整图表位置，还可以运用"设置图表区格式"对话框对图表的位置进行设置。

课堂案例	
设置图表位置	
案例位置	光盘>效果>第7章>课堂案例——设置图表位置.pptx
视频位置	光盘>视频>第7章>课堂案例——设置图表位置.mp4
难易指数	★★☆☆☆
学习目标	掌握设置图表位置的制作方法

本案例的最终效果如图7-106所示。

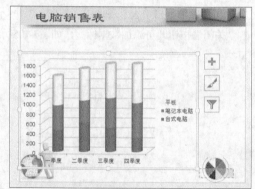

图7-106

STEP 01 在PowerPoint 2013中打开一个素材文件，如图7-107所示。

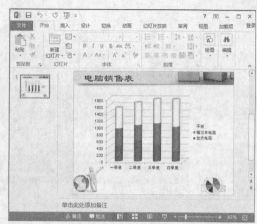

图7-107

技巧与提示

除了用以上的方法调整图表位置外，还可以选中图表，用鼠标拖曳图表的控制点即可调整图表在幻灯片中的位置。

STEP 02 选中图表，切换至切换至"图表工具"|"格式"功能区，单击"大小"选项区中右下角的扩展按钮，如图7-108所示。

STEP 03 在弹出的窗格中设置各选项，如图7-109所示。

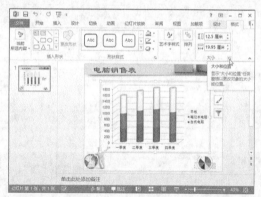

图7-108

图7-109

STEP 04 单击"关闭"按钮即可设置图表位置，效果如图7-110所示。

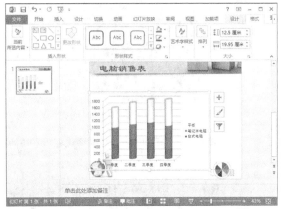

图7-110

7.5.2 设置图表大小

调整图表大小和调整图形大小的方式是一样的。

在PowerPoint 2013中选中图表，切换至"格式"功能区，如图7-111所示。单击"大小"选项区右下角的扩展按钮，在弹出的窗格中设置各选项即可设置图表大小，效果如图7-112所示。

图7-111

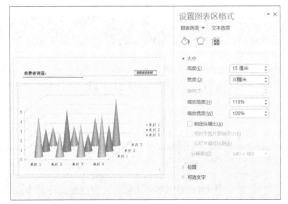

图7-112

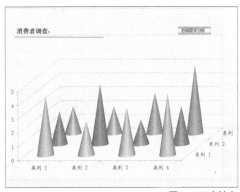

图7-112（续）

7.5.3 设置图表区格式

图表区是指整个图表显示区域，图表区包括图表中的所有组件。

在PowerPoint 2013中选中图表，切换至"格式"功能区，如图7-113所示。单击"形状填充"下拉按钮，在弹出的列表框中选择需要的颜色即可，如图7-114所示。

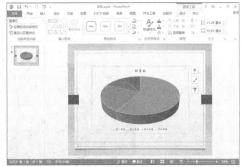

图7-113

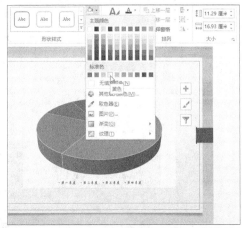

图7-114

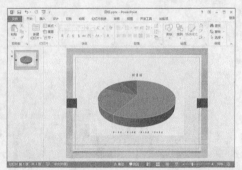

图7-114（续）

7.5.4 设置绘图区格式

绘图区即显示图表的矩形区域。设置绘图区格式的方法和设置图表区的方法是一样的。

图7-115所示为原演示文稿。选中图表，双击绘图区，弹出"设置绘图区格式"列表框。如图7-116所示。在"形状效果"列表框中选择"发光"的形状效果，如图7-117所示。设置完成后即可设置绘图区格式，如图7-118所示。

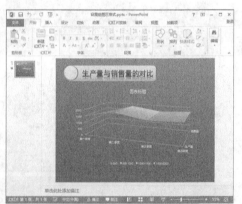

图7-115

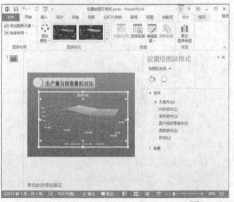

图7-116

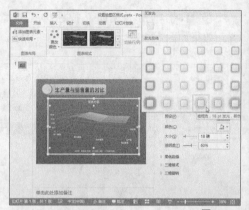

图7-117

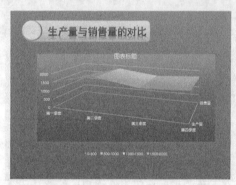

图7-118

7.6 本章小结

图表是一种将数据变为可视化的视图，主要用于演示数据和比较数据，图表具有较强的说服力，能够直观地体现出数据。本章主要介绍了创建图表对象、编辑数据表以及设置课图表布局等属性和布局。

7.7 课后习题

本章主要介绍应用图表制作幻灯片的内容。本节将通过填空题、选择题以及上机练习题，对本章的知识点进行回顾。

7.7.1 填空题

（1）在PowerPoint 2013中，_____是在垂直方向绘制出的长条图，可以包含多组的数据系列。

（2）散点图主要将数据用锚点的方式描绘在_____上，该图表的X轴和Y轴均是数据轴。

（3）在PowerPoint 2013中，用户还可以直接在_____中调整数据表的大小，设置完成后，结果将显示在PowerPoint中。

7.7.2 选择题

（1）条形图是指在水平方向绘出的长条图，同（ ）相似。

A．柱形图   B．折线图

C．面积图   D．散点图

（2）（ ）是图表中最重要的元素之一，用户可以在PowerPoint中直接设置数字格式，也可以在Excel中进行设置。

A．文本   B．数字

C．图片   D．图案

（3）在PowerPoint 2013中，用户在创建图表后，可以通过（ ）按钮，在弹出的列表框中对各选项进行设置。

A．横坐标轴   B．纵坐标轴

C．坐标轴   D．"坐标轴标题"

7.7.3 课后习题——为"消费者调查"演示文稿创建折线图表

案例位置	光盘>效果>第7章>课后习题——为"消费者调查"演示文稿创建折线图表.pptx
视频位置	光盘>视频>第7章>课后习题——为"消费者调查"演示文稿创建折线图表.mp4
难易指数	★★★★★
学习目标	掌握为"消费者调查"演示文稿创建折线图表的制作方法

本实例介绍为"消费者调查"演示文稿创建折线图表的方法，最终效果如图7-119所示。

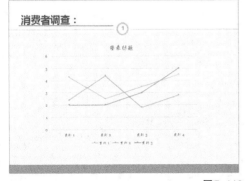

图7-119

步骤分解如图7-120所示。

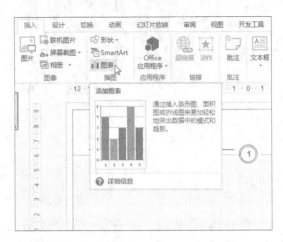

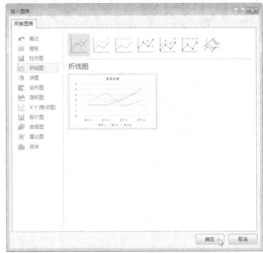

图7-120

第8章

添加外部媒体文件

在PowerPoint 2013中,除了在演示文稿中插入图片、形状以及表格以外,还可以在演示文稿中插入音频和视频。本章主要介绍添加各类声音、设置声音属性、添加视频、设置视频属性以及插入和剪辑动画等内容。

课堂学习目标

添加各类声音

设置声音属性

插入和剪辑视频

设置视频效果

插入和剪辑动画

8.1 各类声音的添加

在制作演示文稿的过程中，特别是在制作商务方面的宣传演示文稿时，可以为幻灯片添加一些适当的声音，添加的声音可以配合图文使演示文稿变得有声有色，更具感染力。

8.1.1 添加文件中的声音

添加文件中的声音就是将计算机中已存在的声音插入演示文稿中，也可以从其他的声音文件中添加用户需要的声音。

课堂案例	
添加文件中的声音	
案例位置	光盘>效果>第8章>课堂案例——添加文件中的声音.pptx
视频位置	光盘>视频>第8章>课堂案例——添加文件中的声音.mp4
难易指数	★★☆☆☆
学习目标	掌握添加文件中的声音的制作方法

本案例的最终效果如图8-1所示。

图8-1

STEP 01 在PowerPoint 2013中打开一个素材文件，如图8-2所示。

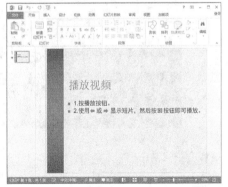

图8-2

STEP 02 切换至"插入"功能区，在"媒体"

选项区中单击"音频"下拉按钮，在弹出的列表框中选择"PC上的音频"选项，如图8-3所示。

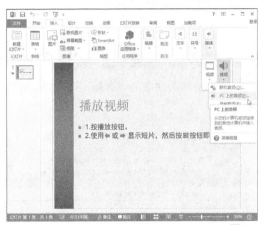

图8-3

STEP 03 弹出"插入音频"对话框，选择需要插入的声音文件，如图8-4所示。

图8-4

STEP 04 单击"插入"按钮即可插入声音，调整声音图标至合适位置，如图8-5所示，在播放幻灯片时即可听到插入的声音。

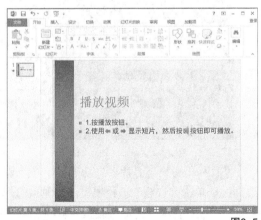

图8-5

8.1.2 插入剪辑中的声音

除了添加文件中的声音外，还可以添加剪辑管
理器中的声音。

课堂案例	
插入剪辑中的声音	
案例位置	光盘>效果>第8章>课堂案例——插入剪辑中的声音pptx
视频位置	光盘>视频>第8章>课堂案例——插入剪辑中的声音.mp4
难易指数	★★☆☆☆
学习目标	掌握添加剪辑中的声音的制作方法

本案例的最终效果如图8-6所示。

图8-6

STEP 01 在PowerPoint 2013中打开一个素材文
件，如图8-7所示。

图8-7

STEP 02 切换至"插入"功能区，在"媒体"
选项区中单击"音频"下拉按钮，在弹出的列表框
中选择"联机音频"选项，如图8-8所示。

图8-8

STEP 03 弹出"插入音频"窗口，在"搜索"
文本框中输入文本"铃声"，单击"搜索"按钮，
如图8-9所示。

图8-9

STEP 04 在下方将显示搜索出的音频文件，选
择相应铃声，单击"插入"按钮即可将音频文件插
入幻灯片中，并将音频文件图标调整至合适位置，
如图8-10所示。

图8-10

8.1.3 添加录制声音

如果用户不满意插入的声音效果，用户还可以通过麦克风录制自己的声音，再将其插入幻灯片中。

课堂案例	
添加录制声音	
案例位置	光盘>效果>第8章>课堂案例——添加录制声音pptx
视频位置	光盘>视频>第8章>课堂案例——添加录制声音.mp4
难易指数	★★☆☆☆
学习目标	掌握添加录制声音的制作方法

本案例的最终效果如图8-11所示。

图8-11

STEP 01 在PowerPoint 2013中打开一个素材文件，如图8-12所示。

图8-12

STEP 02 切换至"插入"功能区，在"媒体"选项区中单击"音频"下拉按钮，在弹出的"音频"列表框中选择"录制音频"选项，如图8-13所示。

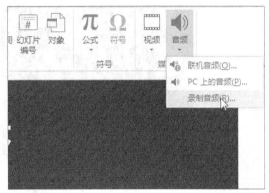

图8-13

STEP 03 弹出"录制声音"对话框，在"名称"文本框中输入名称"外来声音"，单击"开始录制"按钮，如图8-14所示。

图8-14

STEP 04 录制声音完成后，单击"停止"按钮，然后单击"确定"按钮，如图8-15所示。

图8-15

STEP 05 执行操作后即可在幻灯片中添加录制的声音，效果如图8-16所示。

技巧与提示

当录音完成后，在幻灯片中也将会出现声音图标，与插入剪辑中的声音一样，可以调整图标的大小与位置，还可以切换到"播放"功能区，对插入的声音进行播放设置。

图8-16

8.2 声音属性的设置

在PowerPoint 2013中，对于插入幻灯片中的声音文件，用户可以对其音量、播放模式等属性进行属性。

8.2.1 设置声音连续播放

在"播放"功能区中，通过设置"音频选项"可以设置声音连续播放。

图8-17所示为原演示文稿。在幻灯片中选中声音图标，切换至"播放"功能区，如图8-18所示。

图8-17

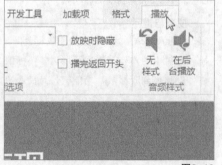

图8-18

勾选"音频选项"选项区中的"循环播放，直到停止"复选框，如图8-19所示。在放映幻灯片的过程中会自动循环播放，直到放映下一张幻灯片或停止放映为止。

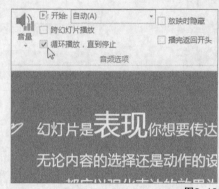

图8-19

8.2.2 设置声音播放音量

在"播放"功能区中，运用"音量"按钮即可设置声音大小，根据不同的环境用户可以设置不同的音量大小。

图8-20所示为原演示文稿。在编辑区中选择插入的声音图标，如图8-21所示。

图8-20

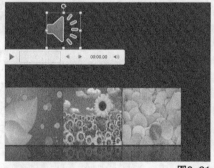

图8-21

切换至"音频工具"中的"播放"功能区，单击"音频"选项区中的"音量"下拉按钮，在弹出的列表框中选择"中"选项，如图8-22所示。执行操作后即可设置声音音量。

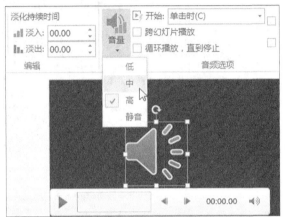

图8-22

8.2.3 设置声音淡入和淡出时间

在PowerPoint 2013中，对插入的声音文件使用淡入和淡出效果，可以使声音文件在播放时更加流畅、有节奏。

图8-23所示为原演示文稿。在编辑区中选择声音文件，如图8-24所示。切换至"音频工具"中的"播放"功能区，在"编辑"选项区中的"淡化持续时间"下方，设置"淡入"和"淡出"都为"02:00"，如图8-25所示。

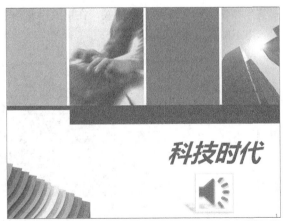

图8-23

图8-24

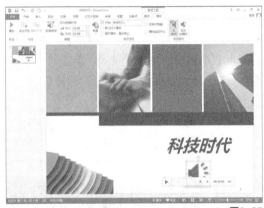

图8-25

8.2.4 设置声音播放模式

在"音频工具"中的"播放"功能区，可以设置声音播放模式。

图8-26所示为原演示文稿。在编辑区中选择声音文件，如图8-27所示。

图8-26

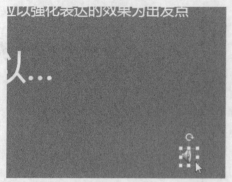

图8-27

切换至"音频工具"中的"播放"功能区，单击"开始"下拉按钮，如图8-28所示。在弹出的列表框中包括"自动"和"单击时"这两个选项，如图8-29所示。在设置"自动"播放时，无须点击鼠标即可自动播放幻灯片；设置"单击时"播放时，则需要通过点击鼠标来实现幻灯片的播放。

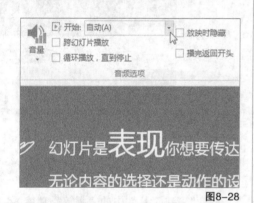

图8-28

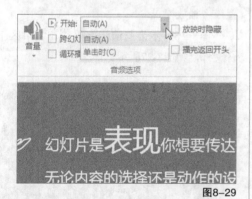

图8-29

8.2.5 为音频添加书签

在PowerPoint 2013中，通过"音频工具"可以为音频添加书签。

图8-30所示为原演示文稿。选中音频文件，单击"播放"按钮，如图8-31所示。

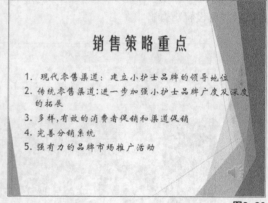

图8-30

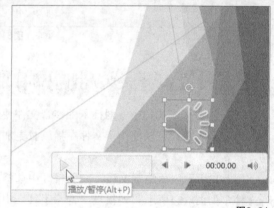

图8-31

当播放到需要添加书签的位置，单击"暂停"按钮，如图8-32所示。切换至"音频工具"中的"播放"功能区，在"书签"选项卡中单击"添加书签"按钮，即可添加音频书签，在播放控制条中显示出小圆点，效果如图8-33所示。

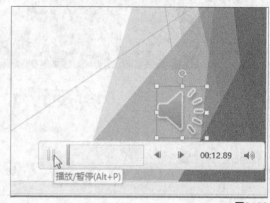

图8-32

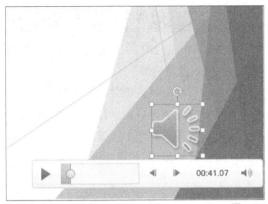

图8-33

8.2.6 删除书签

在PowerPoint 2013中，通过"音频工具"可以为音频删除书签。

在PowerPoint 2013中，选中音频文件中的书签，切换至"音频工具"中的"播放"功能区，如图8-34所示。在"书签"选项卡中单击"删除书签"按钮即可删除音频书签，如图8-35所示。

图8-34

图8-35

8.2.7 剪裁音频

在PowerPoint 2013中，通过"剪裁音频"按钮可以裁剪音频文件。

在PowerPoint 2013中选中音频文件，切换至"音频工具"中的"播放"功能区，如图8-36所示。在"编辑"选项区单击"剪裁音频"按钮，如图8-37所示。

图8-36

图8-37

弹出"剪裁音频"对话框，如图8-38所示。设置"开始时间"为"01:00"，单击"确定"按钮即可剪裁音频，如图8-39所示。

图8-38

图8-39

8.2.8 设置音频跨幻灯片播放

在PowerPoint 2013中,通过设置"音频选项"可以设置跨幻灯片播放。

在PowerPoint 2013中选中音频文件,切换至"播放"功能区,如图8-40所示。在"音频选项"选项区中勾选"跨幻灯片播放"复选框,如图8-41所示。

图8-40

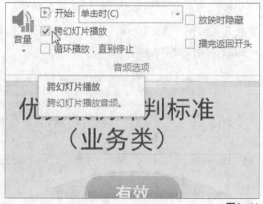

图8-41

8.2.9 设置放映时隐藏音频

在PowerPoint 2013中,通过设置"音频选项"可以在放映时隐藏音频。

图8-42所示为原演示文稿。选中音频文件并切换至"播放"功能区,在"音频选项"选项区中勾选"放映时隐藏"复选框,如图8-43所示。执行操作后即可设置在放映时隐藏音频。

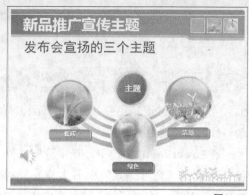

图8-42

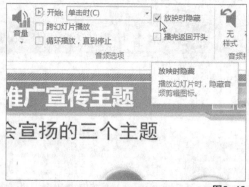

图8-43

8.3 视频的插入和剪辑

PowerPoint 2013中的视频包括视频和动画,可以在幻灯片中插入的视频格式有十几种,PowerPoint支持的视频格式会随着媒体播放器的不同而不同,用户可根据剪辑管理器或是从外部文件夹中添加视频。

8.3.1 添加联机视频

在PowerPoint 2013中,用户可以通过互联网插入联机视频。下面将介绍添加联机视频的操作方法。

课堂案例	
添加联机视频	
案例位置	光盘>效果>第8章>课堂案例——添加联机视频.pptx
视频位置	光盘>视频>第8章>课堂案例——添加联机视频.mp4
难易指数	★★★☆☆
学习目标	掌握添加联机视频的制作方法

本案例的最终效果如图8-44所示。

图8-44

STEP 01 在PowerPoint 2013中打开一个素材文件,如图8-45所示。

图8-45

STEP 02 切换至"插入"功能区,在"媒体"选项区中单击"视频"下拉按钮,如图8-46所示。

图8-46

STEP 03 弹出列表框,选择"联机视频"选项,如图8-47所示。

图8-47

STEP 04 执行操作后,弹出"插入视频"窗口,在下方的视频搜索文本框中输入关键字"动漫",如图8-48所示。

图8-48

STEP 05 单击"搜索"按钮,在下方显示的视频文件中选择相应的视频文件,如图8-49所示。

图8-49

STEP 06 单击"插入"按钮即可将视频文件插

入幻灯片中，如图8-50所示。

图8-50

8.3.2 添加文件中的视频

大多数情况下，PowerPoint剪辑管理器中的视频不能满足用户的需求，此时就可以插入来自文件中的视频。

技巧与提示

播放视频文件，除了单击"预览"选项区中的"播放"按钮以外，还可以单击"视频文件"下方播放导航条上的"播放/暂停"按钮，也可以播放视频。

课堂案例	
添加文件中的视频	
案例位置	光盘>效果>第8章>课堂案例——添加文件中的视频.pptx
视频位置	光盘>视频>第8章>课堂案例——添加文件中的视频.mp4
难易指数	★★☆☆☆
学习目标	掌握添加文件中的视频的制作方法

本案例的最终效果如图8-51所示。

图8-51

STEP 01 在PowerPoint 2013中打开一个素材文件，切换至"插入"功能区，单击"媒体"选项区

中的"视频"下拉按钮，弹出列表框，选择"PC上的视频"选项，如图8-52所示。

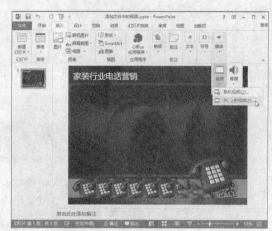

图8-52

STEP 02 弹出"插入视频文件"对话框，在相应的位置选择视频文件，如图8-53所示。

图8-53

STEP 03 单击"插入"按钮即可将视频文件插入幻灯片中，调整视频大小，如图8-54所示。

图8-54

STEP 04 选中视频，切换至"视频工具"|"播放"功能区，在"预览"选项区中单击"播放"按钮，播放视频文件，效果如图8-55所示。

图8-55

8.3.3 设置视频播放或暂停效果

在幻灯片中选中插入的影片，在功能区就将出现"视频选项"选项区，在该选项区中用户可以根据自己的需求对插入的影片设置视频连续播放或暂停效果。

在PowerPoint 2013的编辑区中选择视频文件，切换至"播放"功能区，如图8-56所示。设置播放和暂停效果为自动播放，只需要单击"视频选项"选项区中的"开始"下拉按钮，在弹出的列表框中选择"自动"选项即可设置自动播放视频，如图8-57所示。

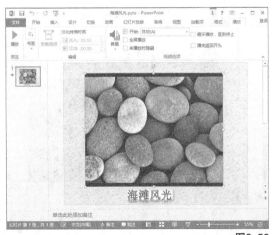

图8-56

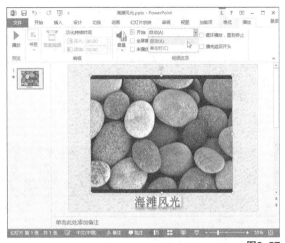

图8-57

设置播放和暂停效果为单击时播放，只需要单击"视频选项"选项区中的"开始"下拉按钮，在弹出的列表框中选择"单击时"选项即可，如图8-58所示。

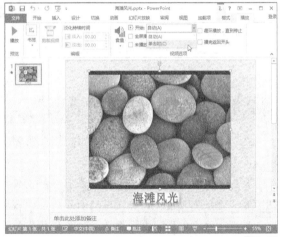

图8-58

8.3.4 设置未放映时隐藏影片

在"视频选项"选项区中，用户可以根据自己的需求对插入的影片设置未放映时隐藏影片。

在PowerPoint 2013的编辑区中选择视频文件，切换至"播放"功能区，如图8-59所示。在"视频选项"选项区中勾选"未播放时隐藏"复选框即可设置未放映室时隐藏饮片，如图8-60所示。

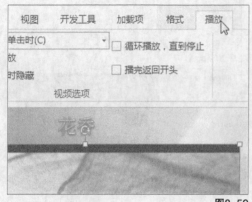

图8-59

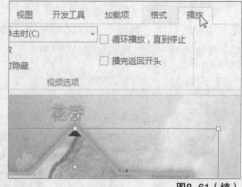

图8-61（续）

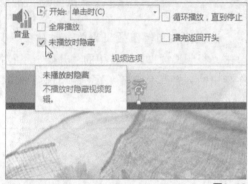

图8-60

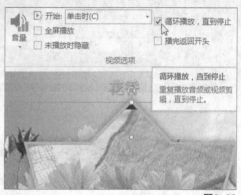

图8-62

8.3.5 设置视频循环播放

在"播放"功能区中，通过设置"视频选项"，用户可以设置视频循环播放。

在PowerPoint 2013的编辑区中选择视频文件，切换至"播放"功能区，如图8-61所示。在"视频选项"选项区中勾选"循环播放，直到停止"复选框即可设置视频循环播放，如图8-62所示。

8.3.6 设置视频播完返回开头

在幻灯片中选中插入的影片，在功能区就将出现"视频选项"选项区，在该选项区中用户可以根据自己的需求对插入的影片设置视频播放完返回开头。

在PowerPoint 2013的编辑区中选择视频文件，切换至"播放"功能区，如图8-63所示。在"视频选项"选项区中勾选"播完返回开头"复选框即可设置视频播放完返回开头，如图8-64所示。

图8-61

图8-63

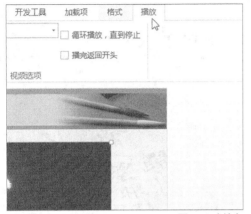

图8-63（续）

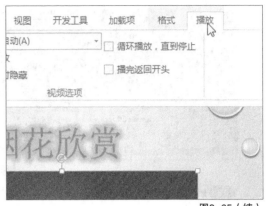

图8-65（续）

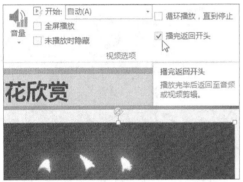

图8-64

图8-66

8.3.7 设置视频全屏播放

在播放幻灯片中的视频时，用户可以通过"视频选项"选项区来设置视频全屏播放。

在PowerPoint 2013的编辑区中选择视频文件，切换至"播放"功能区，如图8-65所示。在"视频选项"选项区中勾选"全屏播放"复选框即可设置视频全屏播放，如图8-66所示。

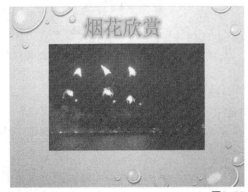

图8-65

8.4 视频效果的设置

对于插入幻灯片中的视频，不仅可以调整其位置、大小和播放模式，用户还可以进行亮度、对比度以及颜色的调整等操作。

8.4.1 设置视频样式

与图表及其他对象一样，PowerPoint也为视频提供了视频样式，视频样式可以使视频应用不同的视频样式效果。

课堂案例	
设置视频样式	
案例位置	光盘>效果>第8章>课堂案例——设置视频样式.pptx
视频位置	光盘>视频>第8章>课堂案例——设置视频样式.mp4
难易指数	★★★☆☆
学习目标	掌握设置视频样式的制作方法

本案例的最终效果如图8-67所示。

图8-67

STEP 01 在PowerPoint 2013中打开一个素材文件，在编辑区中选择需要设置样式的视频，如图8-68所示。

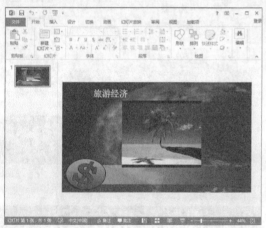

图8-68

STEP 02 切换至"视频工具"|"格式"功能区，在"视频样式"选项区中单击"其他"下拉按钮，如图8-69所示。

图8-69

STEP 03 在弹出的列表框中的"中等"选项区中选择"圆形对角，白色"选项，如图8-70所示。

STEP 04 执行操作后即可应用视频样式，如图8-71所示。

图8-70

图8-71

STEP 05 在"视频样式"选项区中，单击"视频边框"右侧的下拉按钮，弹出列表框，在"标准色"选项区中选择"橙色"选项，如图8-72所示。

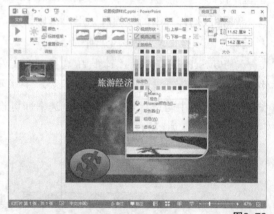

图8-72

技巧与提示

影片都是以链接的方式插入的，如果要在另一台计算机上播放，则需要在复制演示文稿的同时复制它所链接的影片文件。

STEP 06 设置完成后，视频将以设置的样式显示，效果如图8-73所示。

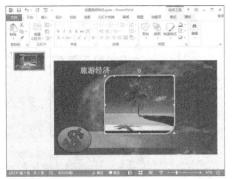

图8-73

8.4.2 调整视频亮度和对比度

当导入的视频在拍摄过程中太暗或太亮时，用户可以运用"调整"选项区中的相关操作对视频进行修复处理。

课堂案例	
调整视频亮度和对比度	
案例位置	光盘>效果>第8章>课堂案例——调整视频亮度和对比度.pptx
视频位置	光盘>视频>第8章>课堂案例——调整视频亮度和对比度.mp4
难易指数	★★☆☆☆
学习目标	掌握调整视频亮度和对比度的制作方法

本案例的最终效果如图8-74所示。

图8-74

STEP 01 在PowerPoint 2013中打开一个素材文件，在编辑区中选择需要调整亮度和对比度的视频，如图8-75所示。

图8-75

STEP 02 切换至"视频工具"|"格式"功能区，单击"调整"选项区中的"更正"下拉按钮，如图8-76所示。

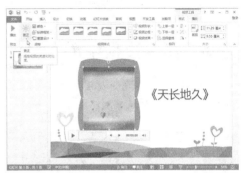

图8-76

STEP 03 在弹出的列表框中，选择"亮度：+20%对比度：+20%"选项，如图8-77所示。

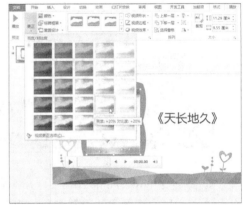

图8-77

STEP 04 执行操作后即可调整视频的亮度和对比度，如图8-78所示。

图8-78

在弹出的"更正"列表框中包括25种亮度和对比度模式，用户可以根据添加的视频效果，选择合适的模式，对视频进行调整。

8.4.3 设置视频颜色

如果用户需要改变视频颜色，可通过"重新着色"列表框中的各选项进行设置。

课堂案例	
设置视频颜色	
案例位置	光盘>效果>第8章>课堂案例——设置视频颜色.pptx
视频位置	光盘>视频>第8章>课堂案例——设置视频颜色.mp4
难易指数	★★☆☆☆
学习目标	掌握设置视频颜色的制作方法

本案例的最终效果如图8-79所示。

图8-79

STEP 01 在PowerPoint 2013中打开一个素材文件，在编辑区中选择需要设置颜色的视频，如图8-80所示。

图8-80

STEP 02 切换至"视频工具"|"格式"功能区，单击"调整"选项区中的"颜色"下拉按钮，如图8-81所示。

图8-81

STEP 03 在弹出的列表框中选择"褐色"选项，如图8-82所示。

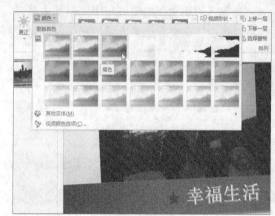

图8-82

STEP 04 执行操作后即可设置视频的颜色，如图8-83所示。

图8-83

在弹出的"颜色"的列表框中，用户还可以选择"视频颜色选项"选项；在弹出的"设置视频格式"对话框中，用户可以对视频的属性进行设置。

8.5 动画的插入和剪辑

在PowerPoint 2013中还可以插入MP4格式的Flash文件，能正确插入和播放Flash动画的前提是在计算机中应安装最新版本的Flash Player，以便注册Shockware Flash Object。

8.5.1 添加Flash动画

插入Flash动画的基本方法是先在演示文稿中添加一个Shockware Flash Object控件，然后创建一个从该控件指向Flash动画文件的链接。

课堂案例	
添加Flash动画	
案例位置	光盘>效果>第8章>课堂案例——添加Flash动画.pptx
视频位置	光盘>视频>第8章>课堂案例——添加Flash动画.mp4
难易指数	★★★★★
学习目标	掌握添加Flash动画的制作方法

本案例的最终效果如图8-84所示。

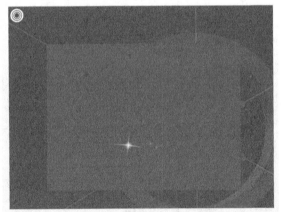

图8-84

STEP 01 在PowerPoint 2013中打开一个素材文件，在"开始"功能区上单击鼠标右键，在弹出的快捷菜单中选择"自定义功能区"选项，如图8-85所示。

STEP 02 在弹出的"PowerPoint 2013选项"对话框中勾选"开发工具"复选框，如图8-86所示。

STEP 03 单击"确定"按钮即可在功能区中显示"开发工具"功能区，如图8-87所示。

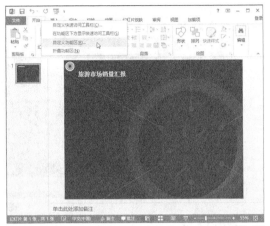

图8-85

图8-86

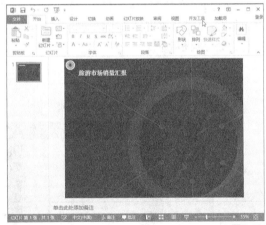

图8-87

STEP 04 新建一张空白幻灯片，切换至"开发工具"功能区，在"开发工具"功能区中单击"控件"选项区中的"其他控件"按钮，如图8-88所示。

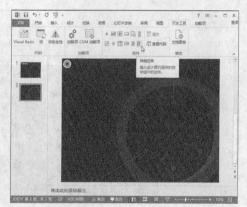

图8-88

STEP 05 弹出"其他控件"对话框,在该对话框中选择相应选项,如图8-89所示。

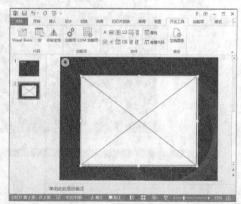

图8-89

STEP 06 单击"确定"按钮,然后在幻灯片上拖曳鼠标,绘制一个长方形的Shockware Flash Object控件,如图8-90所示。

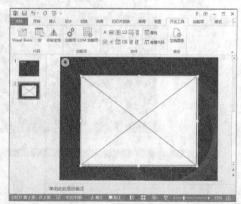

图8-90

STEP 07 在绘制的Shockware Flash Object控件上单击鼠标右键,在弹出的快捷菜单中选择"属性表"选项,如图8-91所示。

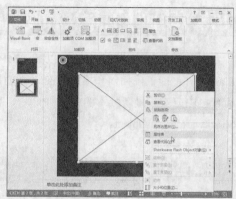

图8-91

STEP 08 执行操作后,弹出"属性"对话框,选择Movie选项,如图8-92所示。

图8-92

STEP 09 在Movie选项右侧的空白文本框中,输入需要插入的Flash文件路径和文件名,如图8-93所示。

图8-93

STEP 10 关闭"属性"对话框即可插入Flash动画，如图8-94所示。

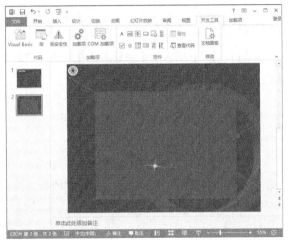

图8-94

技巧与提示

在"开发工具"功能区和"控件"选项区中还有：

• "标签"按钮**A**：单击"标签"按钮即可在幻灯片中插入标签控件。

• "文本框"按钮**abl**：单击"文本框"按钮即可在幻灯片中插入文本框控件。

• "数值调节"按钮**↕**：单击"数值调节钮"即可在幻灯片中插入数值调节钮控件。

• "命令"按钮**□**：单击"命令"按钮即可在幻灯片中插入命令控件。

• "图像"按钮**⊡**：单击"图像"按钮即可在幻灯片中插入图像控件。

• "滚动条"按钮**▦**：单击"滚动条"按钮即可在幻灯片中插入滚动条控件。

• "复选框"按钮**☑**：单击"复选框"按钮即可在幻灯片中插入复选框控件。

• "选项按钮"按钮**◉**：单击"选项按钮"即可在幻灯片中插入选项按钮控件。

• "组合框"按钮**▤**：单击"组合框"按钮即可在幻灯片中插入组合框控件。

• "列表框"按钮**▤**：单击"列表框"按钮即可在幻灯片中插入列表框控件。

• "切换"按钮**▤**：单击"切换"按钮即可在幻灯片中插入切换按钮控件。

8.5.2 放映Flash动画

在幻灯片中插入Flash动画以后，用户还可以在"幻灯片放映"功能区中设置Flash动画的放映。

课堂案例	
放映Flash动画	
案例位置	光盘>效果>第8章>课堂案例——放映Flash动画.pptx
视频位置	光盘>视频>第8章>课堂案例——放映Flash动画.mp4
难易指数	★★☆☆☆
学习目标	掌握放映Flash动画的制作方法

本案例的最终效果如图8-95所示。

技巧与提示

如果要退出幻灯片放映状态并返回到普通视图，只需要按【Esc】键。在预览动画效果后，Shockware Flash Object控件将显示为动画的一帧动画。

图8-95

STEP 01 打开素材文件，进入第2张幻灯片，如图8-96所示。

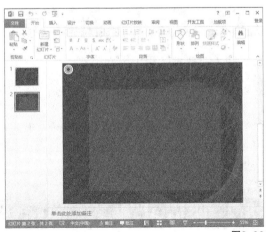

图8-96

STEP 02 在幻灯片底部的备注栏中单击"幻灯

片放映"按钮,如图8-97所示。

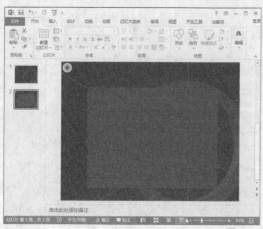

图8-97

STEP 03 执行操作后即可放映Flash动画,效果如图8-98所示。

图8-98

8.6 本章小结

除了在演示文稿中插入图片、形状、表格以外,用户还可以在演示文稿中插入声音、影片。在演示文稿中加入适当的声音和视频能使演示文稿变得更加生动。本章主要介绍了添加各类声音、设置声音的属性、插入和剪辑视频、动画以及设置视频效果等内容。

8.7 课后习题

本章主要介绍制作影音兼备的幻灯片的内容。

本节将通过填空题、选择题以及上机练习题,对本章的知识点进行回顾。

8.7.1 填空题

(1)当用户插入一个声音后,在功能区中将出现_____功能区。

(2)在PowerPoint 2013中,用户不仅可以通过选项,插入文件中的视频,还可以通过_____进行视频的插入。

(3)当导入的视频在拍摄过程中太暗或太亮时,用户可以运用_____选项区中的相关操作对视频进行修复处理。

8.7.2 选择题

(1)在PowerPoint 2013中的视频包括( )两种。

A. 动画和效果　　　　B. 视频和动画

C. 视频和文字　　　　D. 音频和动画

(2)大多数情况下,PowerPoint剪辑管理器中的视频不能满足用户的需求,此时可以通过( )方式插入来自文件中的视频。

A. 选项　　　　　　　B. 占位符

C. 快捷键　　　　　　D. 命令

(3)视频样式可以使视频应用不同的视频样式效果、视频边框以及( )样式。

A. 视频旋转　　　　　B. 视频颜色

C. 视频阴影　　　　　D. 视频形状

8.7.3 课后习题——为"个性餐厅"演示文稿插入文件中的声音

案例位置	光盘>效果>第8章>课后习题——为"个性餐厅"演示文稿插入文件中的声音.pptx
视频位置	光盘>视频>第8章>课后习题——为"个性餐厅"演示文稿插入文件中的声音.mp4
难易指数	★★★★★
学习目标	掌握为"个性餐厅"演示文稿插入文件中的声音的制作方法

本实例介绍为"个性餐厅"演示文稿插入文件中的声音的方法,最终效果如图8-99所示。

图8-99

步骤分解如图8-100所示。

图8-100

第9章

设置幻灯片的主题和母版

幻灯片的主题方案和背景画面是决定一份演示文稿是否吸引人的首要因素，在PowerPoint 中提供了大量的模版预设格式，通过这些格式可以轻松制作出具有专业效果的演示文稿。

课堂学习目标

设置应用幻灯片主题

设置主题模版颜色

设置主题效果

设置幻灯片背景

设置应用幻灯片母版

9.1 应用幻灯片主题的设置

主题是一组统一的设计元素，是用颜色、字体和图形来设置文档的外观。用户可以根据需要选择不同的颜色来设计演示文稿，通过应用幻灯片主题，可以快速轻松地设置文档的格式，赋予它专业和时尚的外观。

9.1.1 自定义幻灯片主题

在自定义幻灯片的主题时，可以从主题的颜色、字体和效果3个方面进行自定义设置。

课堂案例	
设置主题字体	
案例位置	光盘>效果>第9章>课堂案例——设置主题字体.pptx
视频位置	光盘>视频>第9章>课堂案例——设置主题字体.mp4
难易指数	★☆☆☆☆
学习目标	掌握设置主题字体的制作方法

本案例的最终效果如图9-1所示。

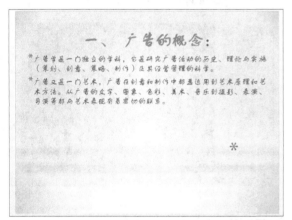

图9-1

技巧与提示

在"变体"选项区中用户可以设置幻灯片中的各种字体特效，其中包括有沉稳型的方正姚体、优雅型的微软雅黑和活力型的方正舒体等，另外用户还能够新建主题字体。

STEP 01 在PowerPoint 2013的演示文稿中，切换至"设计"功能区，单击"变体"选项区中的"字体"按钮，在弹出的列表框中选择"方正舒体"选项，如图9-2所示。

图9-2

STEP 02 执行操作后即可设置主题字体，如图9-3所示。

图9-3

9.1.2 应用幻灯片主题

在PowerPoint 2013中提供了很多种幻灯片主题，用户可以直接在演示文稿中应用这些主题。

1. 应用内置主题

在制作演示文稿时，如果用户需要快速设置幻灯片的主题，可以直接使用PowerPoint中自带的主题效果。

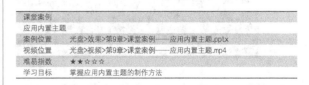

课堂案例	
应用内置主题	
案例位置	光盘>效果>第9章>课堂案例——应用内置主题.pptx
视频位置	光盘>视频>第9章>课堂案例——应用内置主题.mp4
难易指数	★★☆☆☆
学习目标	掌握应用内置主题的制作方法

本案例的最终效果如图9-4所示。

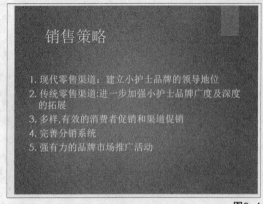

图9-4

在PowerPoint 2013中打开一个素材文件，切换至"设计"功能区，如图9-5所示。

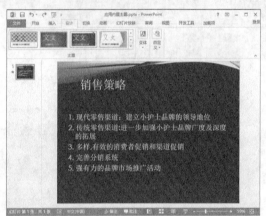

图9-5

STEP 02 单击"主题"选项区中的"其他"下拉按钮，如图9-6所示。

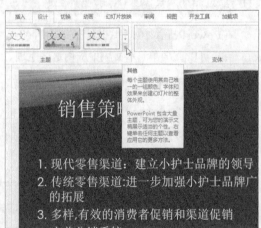

图9-6

STEP 03 在弹出的列表框中选择"离子"主题，如图9-7所示。

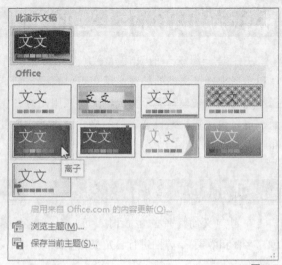

图9-7

STEP 04 执行操作后即可应用内置主题，如图9-8所示。

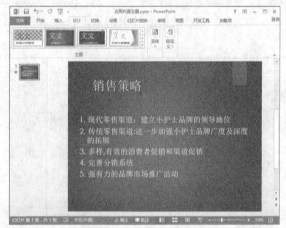

图9-8

2. 将主题应用到选定幻灯片

在一般情况下，用户选定主题后，演示文稿中所有的幻灯片都将应用该主题。如果只需要某一张幻灯片应用该主题，可以设置将主题应用到选定的幻灯片中。

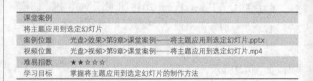

课堂案例	
将主题应用到选定幻灯片	
案例位置	光盘>效果>第9章>课堂案例——将主题应用到选定幻灯片.pptx
视频位置	光盘>视频>第9章>课堂案例——将主题应用到选定幻灯片.mp4
难易指数	★★☆☆☆
学习目标	掌握将主题应用到选定幻灯片的制作方法

本案例的最终效果如图9-9所示。

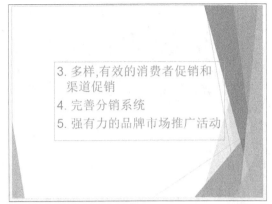

图9-9

STEP 01 在PowerPoint 2013的演示文稿中选择第2张幻灯片，切换至"设计"功能区，如图9-10所示。

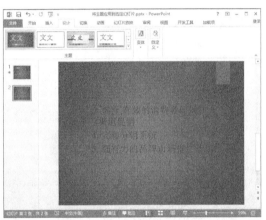

图9-10

STEP 02 单击"主题"选项区中的"其他"下拉按钮，在弹出的列表框中选择"平面"选项，如图9-11所示。

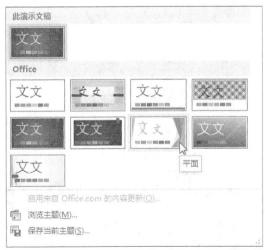

图9-11

STEP 03 单击鼠标右键，在弹出的快捷菜单中选择"应用于选定幻灯片"选项，如图9-12所示。

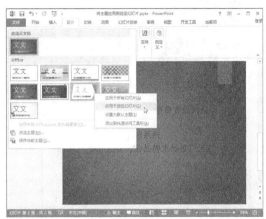

图9-12

STEP 04 执行操作后即可将主题应用到选定的幻灯片上，如图9-13所示。

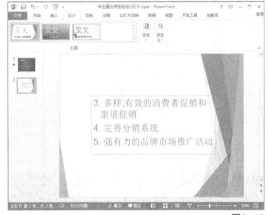

图9-13

3. 保存主题

对于一些比较漂亮的主题，用户可以将其保存下来，方便以后再次使用。

单击"主题"选项区中的"其他"下拉按钮，在弹出的列表框中选择"保存当前主题"选项，如图9-14所示。弹出"保存当前主题"对话框，选择文件的保存路径，并在"文件名"右侧的文本框中输入保存的主题名称，如图9-15所示。

技巧与提示

单击"保存"按钮即可保存主题。如果用户需要查看保存的主题文件，只需再次打开"保存当前主题"对话框即可查看。

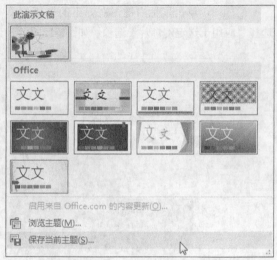

图9-14

图9-15

9.2 主题模版颜色的设置

PowerPoint 2013为每种设计模版提供了几十种颜色，用户可以根据自己的要求选择不同的颜色来设计演示文稿。

9.2.1 设置主题颜色

在PowerPoint中设置主题颜色的具体操作步骤如下。

课堂案例	
设置主题颜色	
案例位置	光盘>效果>第9章>课堂案例——设置主题颜色.pptx
视频位置	光盘>视频>第9章>课堂案例——设置主题颜色.mp4
难易指数	★★☆☆☆
学习目标	掌握设置主题颜色的制作方法

本案例的最终效果如图9-16所示。

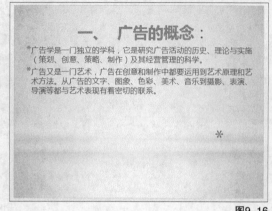

图9-16

STEP 01 在PowerPoint 2013中打开一个素材文件，如图9-17所示。

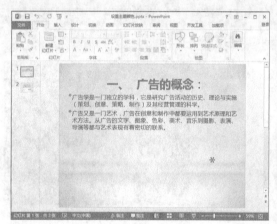

图9-17

STEP 02 切换至"设计"功能区，单击"变体"选项区中的"颜色"按钮，如图9-18所示。

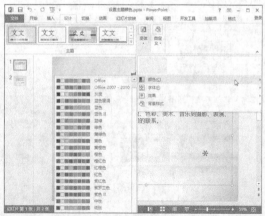

图9-18

STEP 03 在弹出的列表框中选择"红色"选项，如图9-19所示。

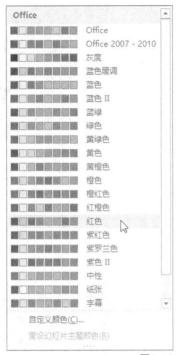

图9-19

STEP 04 执行操作后即可更改幻灯片的颜色，效果如图9-20所示。

图9-20

技巧与提示

在"主题"选项区的"颜色"列表框中，如果没有用户需要的颜色，用户可以单击"新建主题颜色"选项，在打开的"新建主题颜色"对话框中重新设置主题颜色。

9.2.2 设置主题颜色为灰度

在PowerPoint 2013中，用户可以设置主题为灰度。该主题颜色基调为灰色，沉稳大气。

在PowerPoint 2013中切换至"设计"功能区，如图9-21所示。在"变体"选项区中单击"其他"下拉按钮，如图9-22所示。

图9-21

图9-22

在弹出的列表框中单击"颜色"下拉按钮，在下拉列表框中选择"灰度"选项，如图9-23所示。执行操作后即可设置主题为灰度，效果如图9-24所示。

图9-23

199

图9-24

9.2.3 设置主题颜色为蓝色暖调

在PowerPoint 2013中，用户可以设置主题为蓝色暖调，该主题基调偏深蓝色，使整个幻灯片展现出稳重的气场。

在PowerPoint 2013的演示文稿中，切换至"设计"功能区，如图9-25所示。在"变体"选项区中单击"其他"下拉按钮，如图9-26所示。

图9-25

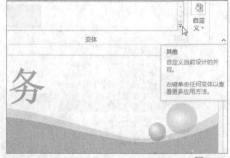

图9-26

在弹出的列表框中单击"颜色"下拉按钮，在弹出的列表框中选择"蓝色暖调"选项，如图9-27所示。执行操作后即可设置主题为蓝色暖调，效果如图9-28所示。

图9-27

图9-28

9.2.4 设置主题颜色为蓝绿

在PowerPoint 2013中，用户可以设置主题为蓝绿。该主题基调蓝色偏绿，使整个幻灯片展现出轻松的效果。

在PowerPoint 2013中，切换至"设计"功能区，如图9-29所示。在"变体"选项区中单击"其他"下拉按钮，如图9-30所示。

图9-29

图9-30

在弹出的列表框中单击"颜色"下拉按钮，然后选择"蓝绿"选项，如图9-31所示。执行操作后即可设置主题为蓝绿，效果如图9-32所示。

图9-31

图9-32

9.2.5 设置主题颜色为黄绿色

在PowerPoint 2013中，用户可以设置主题为黄绿色。该主题基调为黄绿色，让整个幻灯片充满清

新的感觉。

在PowerPoint 2013的演示文稿中，切换至"设计"功能区，如图9-33所示。在"变体"选项区中单击"其他"下拉按钮，如图9-34所示。

图9-33

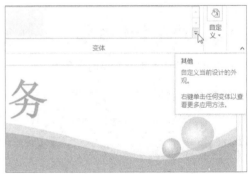

图9-34

在弹出的列表框中单击"颜色"下拉按钮，然后选择"黄绿色"选项，如图9-35所示。执行操作后即可设置主题为黄绿色，效果如图9-36所示。

图9-35

图9-36

9.3 主题效果的设置

在"变体"选项区中用户可以设置幻灯片中的各种主题效果，其中包括"插页""细微固体""带状边缘"和"烟灰色玻璃"等主题效果。

9.3.1 选择主题效果

为幻灯片选择主题效果的步骤如下。

课堂案例	
选择主题效果	
案例位置	光盘>效果>第9章>课堂案例——选择主题效果.pptx
视频位置	光盘>视频>第9章>课堂案例——选择主题效果.mp4
难易指数	★☆☆☆☆
学习目标	掌握选择主题效果的制作方法

本案例的最终效果如图9-37所示。

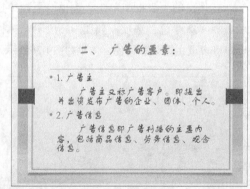

图9-37

STEP 01 在PowerPoint 2013的演示文稿中选中幻灯片，切换至"设计"功能区，单击"变体"选项区中的"效果"下拉按钮，在弹出的窗口中选择"发光边缘"选项，如图9-38所示。

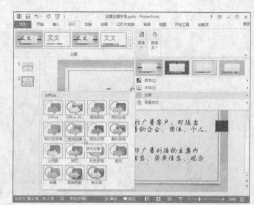

图9-38

STEP 02 执行操作后即可设置主题效果，如图9-39所示。

图9-39

9.3.2 设置主题效果为插页

设置幻灯片主题效果为插页的步骤如下。

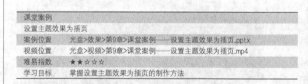

课堂案例	
设置主题效果为插页	
案例位置	光盘>效果>第9章>课堂案例——设置主题效果为插页.pptx
视频位置	光盘>视频>第9章>课堂案例——设置主题效果为插页.mp4
难易指数	★★☆☆☆
学习目标	掌握设置主题效果为插页的制作方法

本案例的最终效果如图9-40所示。

图9-40

STEP 01 在PowerPoint 2013中打开一个素材文件，如图9-41所示。

STEP 02 切换至"设计"功能区，在"变体"选项区中单击"其他"下拉按钮，如图9-42所示。

图9-41

图9-42

STEP 03 弹出列表框，选择"效果"|"插页"选项，如图9-43所示。

图9-43

STEP 04 执行操作后即可设置主题效果为插页，效果如图9-44所示。

图9-44

9.3.3 设置主题效果为细微固体

在幻灯片中，用户可以将设置好的主题添加细微固体效果，该主题让幻灯片中的形状样式变得均衡。

在PowerPoint 2013的演示文稿中，切换至"设计"功能区，在"变体"选项区中单击"其他"下拉按钮，如图9-45所示。

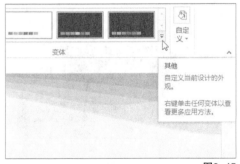

图9-45

弹出列表框，选择"效果"|"细微固体"选项，如图9-46所示。执行操作后即可设置主题效果为细微固体，效果如图9-47所示。

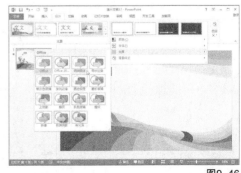

图9-46

图9-47

9.3.4 设置主题效果为带状边缘

在幻灯片中，用户可以将设置好的主题添加带状边缘效果，该效果让幻灯片中的形状样式周围出现半透明带状。

在PowerPoint 2013中的演示文稿中切换至"设计"功能区，在"变体"选项区中单击"其他"下拉按钮，如图9-48所示。

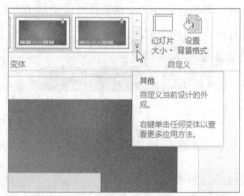

图9-48

弹出列表框，选择"效果"|"带状边缘"选项，如图9-49所示。执行操作后即可设置主题效果为带状边缘，效果如图9-50所示。

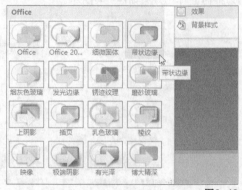

图9-49

图9-50

9.3.5 设置主题效果为烟灰色玻璃

在幻灯片中，用户可以将设置好的主题添加烟灰色玻璃效果。该效果让幻灯片中的形状样式呈烟灰色。

在PowerPoint 2013中的演示文稿中，切换至"设计"功能区，在"变体"选项区中单击"其他"下拉按钮，如图9-51所示。

图9-51

弹出列表框，选择"效果"|"烟灰色玻璃"的选项，如图9-52所示。执行操作后即可设置主题效果为烟灰色玻璃，效果如图9-53所示。

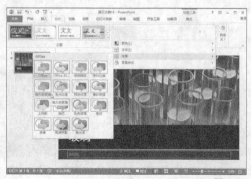

图9-52

图9-53

9.4 幻灯片背景的设置

设置幻灯片母版的背景可以统一演示文稿中幻灯片的板式，应用主题后，用户还可以根据自己的喜好更改主题背景颜色。

9.4.1 设置纯色背景

背景在演示文稿的作用是衬托内容，就像绿叶来衬托红花一样，默认状态下的背景都是单一的白色，制作多样的背景效果可以使PPT中的"绿叶"也变得多姿多彩。

课堂案例	
设置纯色背景	
案例位置	光盘>效果>第9章>课堂案例——设置纯色背景.pptx
视频位置	光盘>视频>第9章>课堂案例——设置纯色背景.mp4
难易指数	★★☆☆☆
学习目标	掌握设置纯色背景的制作方法

本案例的最终效果如图9-54所示。

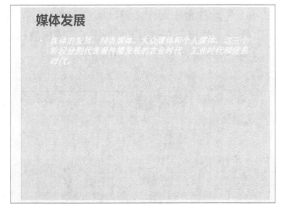

图9-54

STEP 01 在PowerPoint 2013中打开一个素材文件，切换至"设计"功能区，如图9-55所示。单击

"自定义"选项区中的"设置背景格式"按钮，如图9-56所示。

图9-55

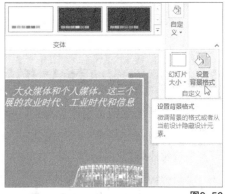

图9-56

STEP 02 弹出"设置背景格式"窗格，在"填充"选项卡中选中"纯色填充"单选按钮，单击"颜色"右侧的下拉按钮，在弹出的列表框中选择"水绿色，着色1"选项，如图9-57所示。

图9-57

STEP 03 单击"关闭"按钮即可设置纯色背景，效果如图9-58所示。

图9-58

9.4.2 设置渐变背景

背景主题不仅能运用纯色背景，还可以运用渐变色对幻灯片进行填充，应用渐变填充可以丰富幻灯片的视觉效果。

在PowerPoint 2013的演示文稿中，切换至"设计"功能区，单击"自定义"选项区中的"设置背景格式"按钮，如图9-59所示。

图9-59

弹出"设置背景格式"窗格，在"填充"选项卡中选中"渐变填充"单选按钮，单击"预设渐变"右侧的下拉按钮，在弹出的列表框中选择相应选项，如图9-60所示。单击"关闭"按钮即可设置渐变背景，效果如图9-61所示。

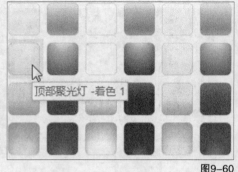

图9-60

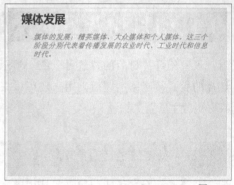

图9-61

9.4.3 设置纹理背景

背景主题不仅能运用纯色背景和渐变背景，还可以运用纹理对幻灯片进行填充，应用纹理背景也可以丰富幻灯片的视觉效果。

图9-62所示为原演示文稿。切换至"设计"功能区，单击"自定义"选项区中的"设置背景格式"按钮，如图9-63所示。弹出"设置背景格式"窗格，在"填充"选项卡中选中"图片或纹理填充"单选按钮，单击"纹理"右侧的下拉按钮，在弹出的列表框中选择"新闻纸"选项，如图9-64所示。

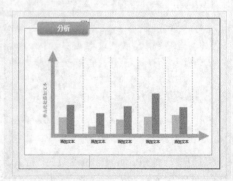

图9-62

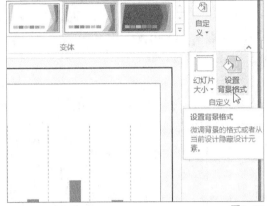

图9-63

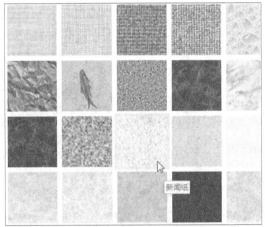

图9-64

单击"关闭"按钮即可设置纹理背景，效果如图9-65所示。

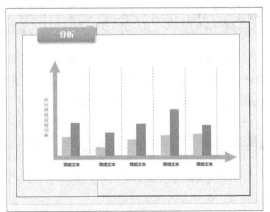

图9-65

9.4.4 设置图片背景

对于背景主题还可以运用图片作为背景，选择

需要的图片制作背景可以丰富幻灯片的视觉效果，让幻灯片更加契合主题。

图9-66所示为原演示文稿。切换至"设计"功能区，单击"自定义"选项区中的"设置背景格式"按钮，如图9-67所示。

弹出"设置背景格式"窗格，在"填充"选项卡中选中"图片或纹理填充"单选按钮，单击"插入图片来自"选项区中的"文件"按钮，弹出"插入图片"对话框，在计算机合适位置选择需要的图片，如图9-68所示。依次单击"插入"按钮和"关闭"按钮即可设置图片背景，效果如图9-69所示。

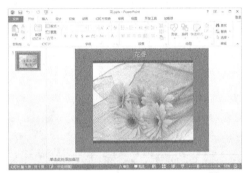

图9-66

图9-67

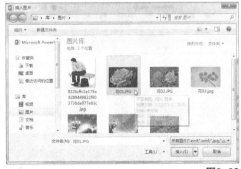

图9-68

图9-69

9.4.5 应用背景样式

在"设置背景格式"窗格中单击"全部应用"即可设置每张幻灯片的背景。

图9-70所示为原演示文稿。

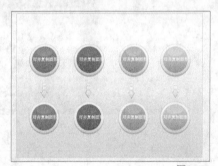

图9-70

切换至"设计"功能区,单击"自定义"选项区中的"设置背景格式"按钮,如图9-71所示。弹出"设置背景格式"窗格,在"填充"选项卡中选中"渐变填充"单选按钮,单击"颜色"右侧的下拉按钮,在弹出的列表框中选择相应选项,如图9-72所示。依次单击"全部应用"按钮和"关闭"按钮,即可应用背景样式,效果如图9-73所示。

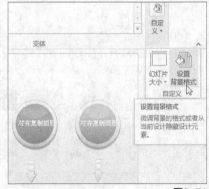

图9-71

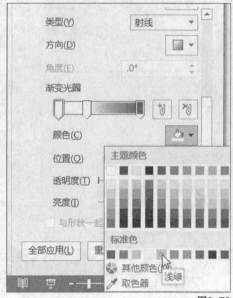

图9-72

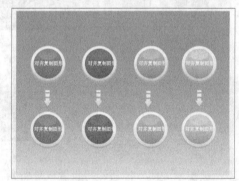

图9-73

9.5 应用幻灯片母版的设置

母版是一种特殊的幻灯片,它用于设置演示文稿中每张幻灯片的预设格式,母版控制演示文稿中的所有元素,如字体、字行和背景等。

9.5.1 查看幻灯片母版

在PowerPoint 2013中提供了3种母版,包括幻灯片母版、讲义母版和备注母版。

1. 幻灯片母版

幻灯片母版可以影响标题幻灯片以外的所有幻灯片,它可以保证整个幻灯片风格的统一,将每张幻灯片出现的内容进行一次性编辑。

课堂案例	
幻灯片母版	
案例位置	无
视频位置	光盘>视频>第9章>课堂案例——幻灯片母版.mp4
难易指数	★★☆☆☆
学习目标	掌握幻灯片母版的制作方法

技巧与提示

在幻灯片母版视图下，用户可以看到所有可以输入内容的区域，如标题占位符、副标题占位符以及母版下方的页脚占位符。

STEP 01 在PowerPoint 2013中打开一个素材文件，切换至"视图"功能区，如图9-74所示。

图9-74

STEP 02 单击"母版视图"选项区中的"幻灯片母版"按钮，如图9-75所示。

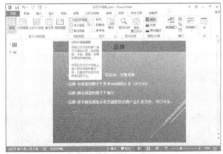

图9-75

STEP 03 执行操作后，将展开"幻灯片母版"功能区，如图9-76所示。

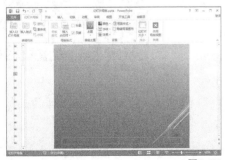

图9-76

STEP 04 单击"关闭母版视图"按钮即可退出"幻灯片母版"视图，如图9-77所示。

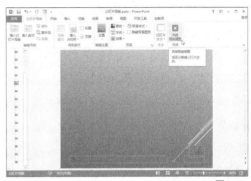

图9-77

2. 讲义母版

讲义母版是用来控制讲义的打印格式，它允许在一张讲义中设置几张幻灯片，并设置页眉、页脚和页码等基本信息。

在PowerPoint 2013的演示文稿中，切换至"视图"功能区，单击"讲义母版"按钮，如图9-78所示。执行操作后即可切换至讲义母版视图，如图9-79所示。

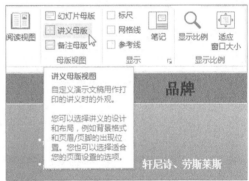

图9-78

图9-79

3. 备注母版

备注母版主要是用来设置幻灯片的备注格式，用来作为演示者在演示时的提示和参考，备注栏中的内容还可以单独打印出来。

在PowerPoint 2013的演示文稿中，切换至"视图"功能区，单击"备注母版"按钮，如图9-80所示。执行操作后将切换至备注母版视图，如图9-81所示。

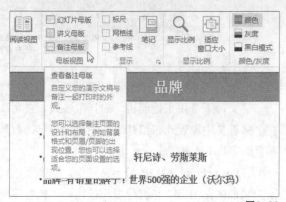

图9-80

图9-81

技巧与提示

当用户退出备注母版时，对备注母版所做的修改将应用到演示文稿中的所有备注页上。只有在备注视图下，才能查看对备注母版所做的修改。

9.5.2 自定义幻灯片母版

幻灯片母版决定着幻灯片的外观，用于设置幻灯片的标题、正文文字等内容。这些版式决定了占位符、文本框、图片以及图表等内容在幻灯片中的

位置，用户可以根据自己的要求修改幻灯片母版的版式和背景。

1. 更改母版版式

在幻灯片备注页中经常会放入一些不需要展示而对当前内容进行说明的内容，备注母版的设置方式和讲义母版的设置方式相似。

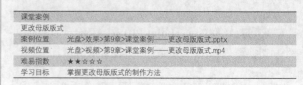

课堂案例	
更改母版版式	
案例位置	光盘>效果>第9章>课堂案例——更改母版版式.pptx
视频位置	光盘>视频>第9章>课堂案例——更改母版版式.mp4
难易指数	★★☆☆☆
学习目标	掌握更改母版版式的制作方法

本案例的最终效果如图9-82所示。

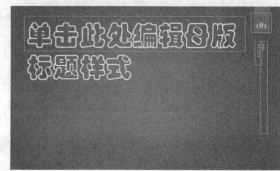

图9-82

STEP 01 在PowerPoint 2013中单击"视图"功能区中的"幻灯片母版"按钮，切换至"幻灯片母版"功能区，选择需要更改的幻灯片，如图9-83所示。

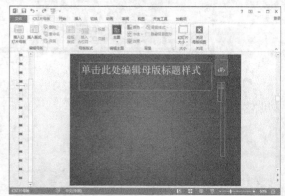

图9-83

STEP 02 选中文本，在自动浮出的工具栏中设置字体属性，如图9-84所示。

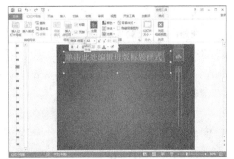

图9-84

STEP 03 再对标题字号进行设置即可更改母版标题样式，效果如图9-85所示。

图9-85

2. 设置母版背景

设置母版背景包括纯色填充、渐变填充、纹理填充和图片填充。

技巧与提示

在母版中增加背景的对象将出现在所有幻灯片背景上，在母版中可删除所有幻灯片上的背景对象。

课堂案例	
设置母版背景	
案例位置	光盘>效果>第9章>课堂案例——设置母版背景.pptx
视频位置	光盘>视频>第9章>课堂案例——设置母版背景.mp4
难易指数	★★☆☆☆
学习目标	掌握设置母版背景的制作方法

本案例的最终效果如图9-86所示。

图9-86

STEP 01 在PowerPoint 2013中打开一个素材文件，如图9-87所示。

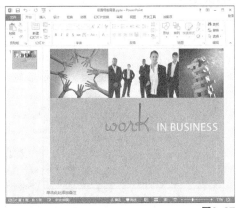

图9-87

STEP 02 切换至"视图"功能区，单击"母版视图"选项区中的"幻灯片母版"按钮，进入"幻灯片母版"功能区，单击"背景"选项区中的"背景样式"下拉按钮，如图9-88所示。

图9-88

STEP 03 弹出列表框，选择"设置背景格式"选项，如图9-89所示。

图9-89

STEP 04 弹出"设置背景格式"窗格，在"填充"选项区中选中"图片或纹理填充"单选按钮，如图9-90所示。

图9-90

STEP 05 单击"纹理"右侧的下拉按钮，在弹出的列表框中选择"粉色面巾纸"选项，如图9-91所示。

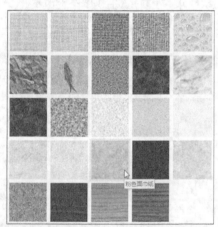

图9-91

STEP 06 关闭"设置背景格式"窗格即可设置幻灯片母版背景，如图9-92所示。

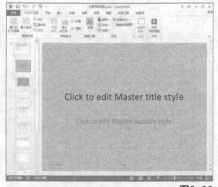

图9-92

3. 设置页眉和页脚

在幻灯片母版中，还可以添加页眉和页脚，页眉是幻灯片文本内容上方的信息，页脚是指在幻灯片文本内容下方的信息，用户可以利用页眉和页脚来为每张幻灯片添加日期、时间、编号和页码等。

课堂案例	
设置页眉和页脚	
案例位置	光盘>效果>第9章>课堂案例——设置页眉和页脚.pptx
视频位置	光盘>视频>第9章>课堂案例——设置页眉和页脚.mp4
难易指数	★★★★☆
学习目标	掌握设置页眉和页脚的制作方法

本案例的最终效果如图9-93所示。

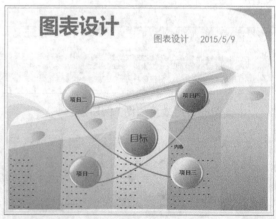

图9-93

STEP 01 在PowerPoint 2013中打开一个素材文件，如图9-94所示。

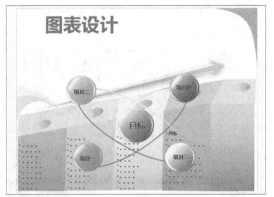

图9-94

STEP 02 切换至"视图"功能区，单击"母版视图"选项区中的"幻灯片母版"按钮，进入"幻灯片母版"功能区，切换至"插入"功能区，单击"文本"选项区中的"页眉和页脚"按钮，如图9-95所示。

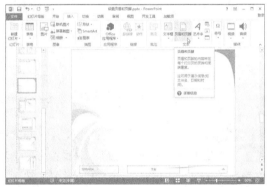

图9-95

STEP 03 弹出"页眉和页脚"对话框，勾选"日期和时间"复选框，选中"自动更新"单选按钮，如图9-96所示。

图9-96

STEP 04 勾选"幻灯片编号"复选框和"页脚"复选框，并在页脚文本框中输入"图表设计"，然后勾选"标题幻灯片中不显示"复选框，如图9-97所示。

图9-97

STEP 05 单击"全部应用"按钮，所有的幻灯片中都将添加页眉和页脚，如图9-98所示。

图9-98

STEP 06 选中页脚，在自动浮出的工具栏中，设置"字体"为"黑体"、"字号"为"24"，效果如图9-99所示。

图9-99

213

STEP 07 切换至"幻灯片母版"功能区，单击"关闭"选项区中的"关闭母版视图"按钮，将页眉和页脚调整至合适的位置，效果如图9-100所示。

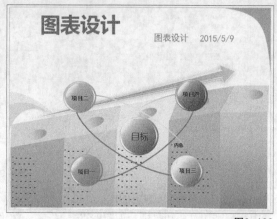

图9-100

4. 设置项目符号

项目符号是文本中经常用到的，在幻灯片母版中同样可以设置项目符号。

课堂案例	
设置项目符号	
案例位置	光盘>效果>第9章>课堂案例——设置项目符号.pptx
视频位置	光盘>视频>第9章>课堂案例——设置项目符号.mp4
难易指数	★★☆☆☆
学习目标	掌握设置项目符号的制作方法

本案例的最终效果如图9-101所示。

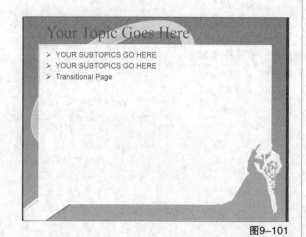

图9-101

STEP 01 在PowerPoint 2013中打开一个素材文件，如图9-102所示。

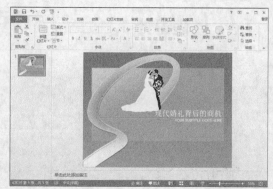

图9-102

STEP 02 切换至"视图"功能区，单击"母版视图"选项区中的"幻灯片母版"按钮，进入"幻灯片母版"功能区，在左侧结构图中选择相应幻灯片，如图9-103所示。

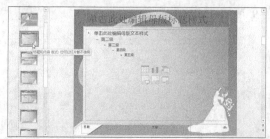

图9-103

STEP 03 选中幻灯片中的文本，单击鼠标右键，在弹出的快捷菜单中选择"项目符号"选项，在弹出的子菜单中选择"箭头项目符号"选项，如图9-104所示。

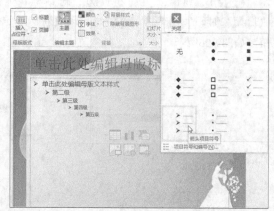

图9-104

STEP 04 执行操作后即可设置项目符号，如图9-105所示。

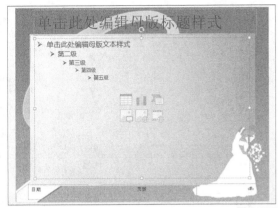

图9-105

9.5.3 编辑占位符

在幻灯片母版中的幻灯片都是包含默认的版式的，这些版式主要包含一些特定的占位符。用户可以根据占位符提示在其中插入各种对象。

1. 插入占位符

在幻灯片母版中，当用户选择了母版版式以后，会发现母版都是自带了占位符格式的，如果用户不满意程序所带的占位符格式，则可以选择自行插入占位符。

课堂案例	
插入占位符	
案例位置	光盘>效果>第9章>课堂案例——插入占位符.pptx
视频位置	光盘>视频>第9章>课堂案例——插入占位符.mp4
难易指数	★★☆☆☆
学习目标	掌握插入占位符的制作方法

本案例的最终效果如图9-106所示。

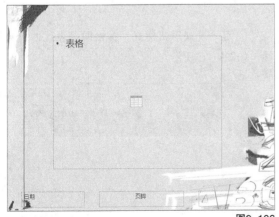

图9-106

STEP 01 在PowerPoint 2013中打开一个素材文

件，如图9-107所示。切换至"视图"功能区，单击"母版视图"选项区中的"幻灯片母版"按钮，进入"幻灯片母版"功能区，选择要插入占位符的幻灯片母版，如图9-108所示。

图9-107

图9-108

STEP 02 单击"插入占位符"下拉按钮，在弹出的列表框中选择所要插入的占位符，如图9-109所示。

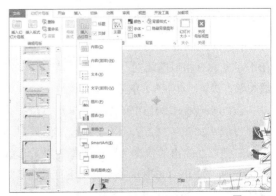

图9-109

STEP 03 此时鼠标光标呈十字状，在幻灯片中拖曳鼠标，如图9-110所示。

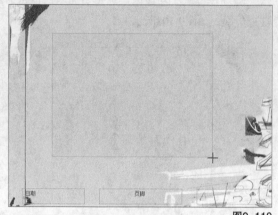

图9-110

STEP 04 在适当的位置释放鼠标即可绘制出相应大小的占位符，如图9-111所示。

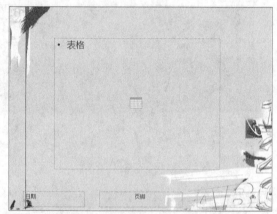

图9-111

技巧与提示

如果要忽略其中的背景图形，可以在"幻灯片母版"选项卡的"背景"组中勾选"隐藏背景图形"复选框。

2. 设置占位符属性

在PowerPoint 2013中，占位符、文本框及自选图形对象具有相似的属性，如大小、填充颜色以及线型等，设置这些属性的操作是相似的。

在PowerPoint 2013中，选择要编辑占位符的幻灯片母版，如图9-112所示。在标题占位符中单击鼠标右键，在弹出的快捷菜单中选择"设置形状格式"选项，如图9-113所示。弹出"设置形状格式"窗格，各选项设置如图9-114所示。

图9-112

图9-113

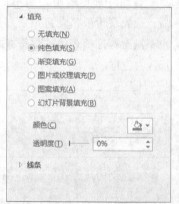

图9-114

关闭"设置形状格式"窗格即可设置占位符属性，如图9-115所示。

图9-115

9.5.4 应用讲义母版

讲义母版是用来控制讲义的打印格式，它允许在一张讲义中设置几张幻灯片，并设置页眉、页脚和页码等基本信息。

课堂案例	
应用讲义母版	
案例位置	光盘>效果>第9章>课堂案例——应用讲义母版.pptx
视频位置	光盘>视频>第9章>课堂案例——应用讲义母版.mp4
难易指数	★★★★☆
学习目标	掌握应用讲义母版的制作方法

本案例的最终效果如图9-116所示。

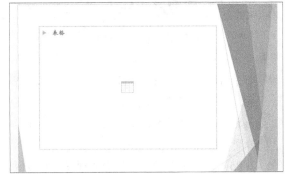

图9-116

STEP 01 在PowerPoint 2013中打开一个素材文件，如图9-117所示。

STEP 02 切换至"视图"功能区，单击"母版视图"选项区中的"讲义母版"按钮，如图9-118所示。

STEP 03 执行操作后，将展开"讲义母版"功能区，如图9-119所示。

图9-117

图9-118

图9-119

STEP 04 在"页面设置"选项区中单击"讲义方向"下拉按钮，在弹出的列表框中选择"横向"选项，如图9-120所示。

STEP 05 执行操作后即可设置讲义方向，如图9-121所示。

STEP 06 单击"页面设置"选项区中的"每页幻灯片数量"下拉按钮，在弹出的列表框中选择"4张幻灯片"选项，如图9-122所示。

STEP 07 执行操作后即可设置每页幻灯片数量，如图9-123所示。

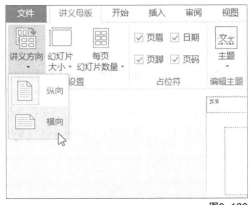

图9-120

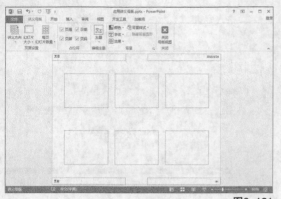

图9-121

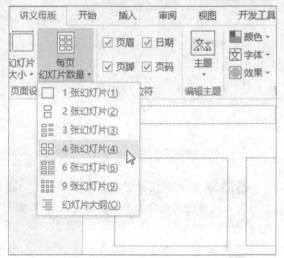

图9-122

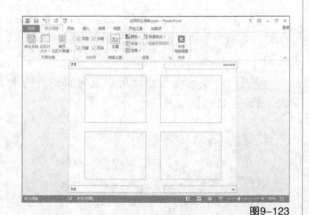

图9-123

STEP 08 在"关闭"选项区中单击"关闭母版视图"按钮即可退出"讲义母版"视图，如图9-124所示。

图9-124

9.5.5 应用备注母版

备注母版主要用来设置幻灯片的备注格式，一般是用于打印输出的，所以备注母版的设置大多也和打印页面相关。PowerPoint为每张幻灯片都设置了一个备注页，供演讲人添加备注，备注母版用于控制报告人注释的显示内容和格式，使多数注释有统一的外观。

在PowerPoint 2013中切换至"视图"功能区，单击"母版视图"选项区中的"备注母版"按钮，如图9-125所示。执行操作后，将展开"备注母版"功能区，如图9-126所示。

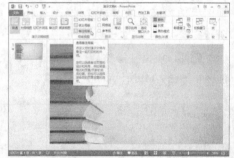

图9-125

图9-126

在"页面设置"选项区中单击"幻灯片大小"下拉按钮，在弹出的列表框中选择"宽屏（16：9）"选项，如图9-127所示。执行操作后即可设置幻灯片大小，如图9-128所示。

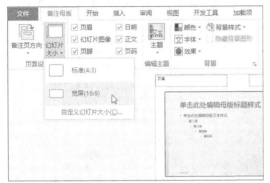

图9-127

图9-128

单击"背景"选项区中的"背景样式"下拉按钮，在弹出的列表框中选择"样式2"选项，如图9-129所示。执行操作后即可设置备注母版背景，如图9-130所示。在"关闭"选项区中单击"关闭母版视图"按钮即可退出"备注母版"视图，如图9-131所示。

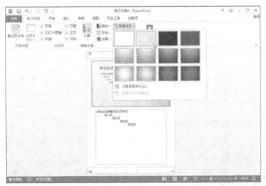

图9-129

图9-130

图9-131

9.5.6 快速变换幻灯片版式

在PowerPoint 2013中，如果用户对当前版式不满意，可通过"版式"按钮快速更换版式。

在PowerPoint 2013中单击"幻灯片"选项区中的"版式"下拉按钮，如图9-132所示。在弹出的列表框中选择"标题和内容"版式，如图9-133所示。执行操作后即可变换幻灯片版式，如图9-134所示。

图9-132

图9-132（续）

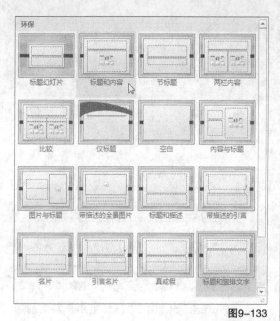

图9-133

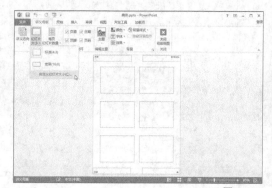

图9-134

9.5.7 更改讲义母版

在"讲义母版"视图模式中，用户可以通过"幻灯片大小"下拉按钮更改讲义母版。

在PowerPoint 2013中切换至"视图"选项区，单击"母版视图"选项区中的"讲义母版"按钮，如图9-135所示。在"页面设置"选项区中单击"幻灯片大小"下拉按钮，在列表框中选择"自定义幻灯片大小"选项，如图9-136所示。

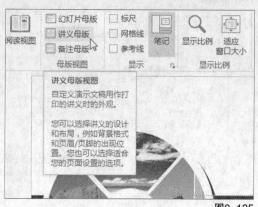

图9-135

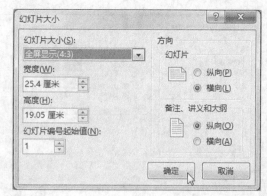

图9-136

弹出"幻灯片大小"对话框，对母版"宽度""高度"以及"幻灯片大小"等进行设置，单击"确定"按钮，如图9-137所示。在"占位符"选项区中根据需要勾选相应复选框，如图9-138所示。

图9-137

图9-138

9.5.8 将演示文稿另存为模版

在PowerPoint 2013中，用户可以将设计完成的演示文稿以模版形式保存。

在PowerPoint 2013中，执行"文件"|"另存为"命令，在"另存为"选项区中选择"计算机"选项，然后单击"浏览"按钮，如图9-139所示。弹出"另存为"对话框，输入文件名，设置保存类型为"PowerPoint模板"，单击"保存"按钮，如图9-140所示。

图9-139

图9-140

切换至"设计"功能区，在"主题"选项区中单击"其他"下拉按钮，在列表框中选择"浏览主题"选项，如图9-141所示。弹出"选择主题或主题文档"对话框，在相应的位置即可看见之前保存的模版，如图9-142所示。

图9-141

图9-142

9.6 本章小结

在PowerPoint 2013中提供了大量的模版预设格式，通过这些格式，可以轻松制作出具有专业效果的演示文稿，如果用户想使演示文稿的显示效果更加生动精彩、引人入胜，可以根据实际需要来设置演示文稿。

9.7 课后习题

本章主要介绍了美化幻灯片显示效果的内容。本节将通过填空题、选择题以及上机练习题，对本章的知识点进行回顾。

9.7.1 填空题

（1）在一般情况下，用户选定主题后，演示文稿中所有的幻灯片都将应用该主题，如果只需要某一张幻灯片应用该主题，可以设置将主题应用到_____的幻灯片中。

（2）在PowerPoint 2013中，用户在制作演示文稿时，不仅可以应用内置的主题，还可以选择应用_____的幻灯片模版。

（3）设置幻灯片母版的背景可以统一演示文稿中幻灯片的版式，应用主题后，用户还可以根据自己的喜好更改_____颜色。

9.7.2 选择题

（1）背景主题不仅能运用纯色背景，还可以运用（　）方式对幻灯片进行填充。

A．渐变色　　　　　　　　B．文本

C．视频　　　　　　　　　D．动画

（2）（　）母版方式是用来控制讲义的打印格式，它允许在一张讲义中设置几张幻灯片，并设置页眉、页脚和页码等基本信息。

A．阅读　　　　　　　　　B．备注

C．讲义　　　　　　　　　D．普通

（3）模版也包含标题母版，可以在标题母版上更改具有（　）版式的幻灯片。

A．标题和内容　　　　　　B．内容幻灯片

C．"标题幻灯片"　　　　　D．空白幻灯片

9.7.3 课后习题——为"目标"演示文稿设置主题模版颜色

案例位置	光盘>效果>第9章>课后习题——为"目标"演示文稿设置主题模版颜色.pptx
视频位置	光盘>视频>第9章>课后习题——为"目标"演示文稿设置主题模版颜色.mp4
难易指数	★★☆☆☆
学习目标	掌握为"目标"演示文稿设置主题模版颜色的制作方法

本实例介绍为"目标"演示文稿设置主题模版颜色的方法，最终效果如图9-143所示。

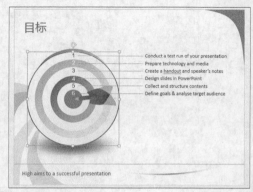

图9-143

步骤分解如图9-144所示。

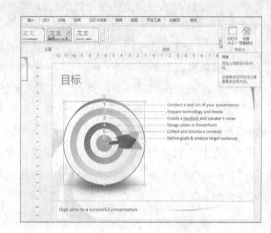

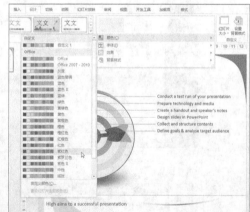

图9-144

第10章

创建与编辑超链接

超链接是指向特定位置或文件的一种链接方式，运用超链接可以指定程序的跳转位置。当放映幻灯片时在添加了动作的按钮或者超链接的文本上单击鼠标左键，程序就将自动跳至指定的幻灯片页面。本章主要介绍创建超链接、编辑超链接和链接到其他对象的基本操作。

课堂学习目标

创建超链接

编辑超链接

链接到其他对象

10.1 超链接的创建

超链接是指向特定位置或文件的一种链接方式，可以利用它指定程序的跳转位置。

10.1.1 插入超链接

在PowerPoint 2013中放映演示文稿时，为了方便切换到目标幻灯片中，可以在演示文稿中插入超链接。

课堂案例	
插入超链接	
案例位置	光盘>效果>第10章>课堂案例——插入超链接.pptx
视频位置	光盘>视频>第10章>课堂案例——插入超链接.mp4
难易指数	★★★☆☆
学习目标	掌握插入超链接的制作方法

本案例的最终效果如图10-1所示。

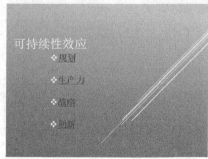

图10-1

技巧与提示

在"插入超链接"对话框中的"链接到"功能区还有"现有文件或网页"选项、"新建文档"选项和"电子邮件地址"选项。

STEP 01 在PowerPoint 2013中打开一个素材文件，在编辑区中选择"规划"文本，如图10-2所示。

STEP 02 切换至"插入"功能区，在"链接"选项区中单击"超链接"按钮，如图10-3所示。

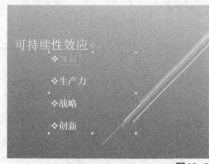

图10-2

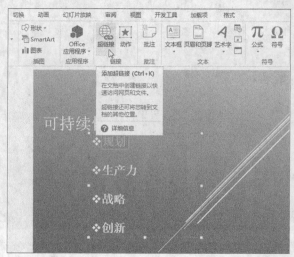

图10-3

STEP 03 弹出"插入超链接"对话框，在"链接到"列表框中单击"本文档中的位置"按钮，效果如图10-4所示。

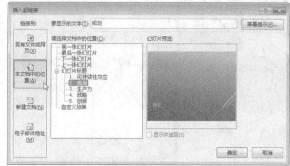

图10-4

STEP 04 然后在"请选择文档中的位置"选项区中的"幻灯片标题"下方选择"规划"选项，如图10-5所示。

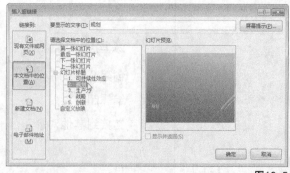

图10-5

STEP 05 单击"确定"按钮即可在幻灯片中插入超链接，效果如图10-6所示。

图10-6

STEP 06 用同样的方法为幻灯片中的其他内容添加超链接，效果如图10-7所示。

图10-7

技巧与提示

除了运用以上方法弹出"插入超链接"对话框以外，用户还可以在选中的文本上单击鼠标右键，在弹出的快捷菜单中选择"超链接"选项，即可弹出"插入超链接"对话框。

10.1.2 运用按钮删除超链接

在PowerPoint 2013中，用户可以通过单击"链接"选项区中的"超链接"按钮以删除超链接。

课堂案例	
运用按钮删除超链接	
案例位置	光盘>效果>第10章>课堂案例——运用按钮删除超链接.pptx
视频位置	光盘>视频>第10章>课堂案例——运用按钮删除超链接.mp4
难易指数	★★☆☆☆
学习目标	掌握运用按钮删除超链接的制作方法

本案例的最终效果如图10-8所示。

图10-8

STEP 01 在PowerPoint 2013的编辑区中选择"规划"文本，如图10-9所示。

图10-9

STEP 02 切换至"插入"功能区，在"链接"选项区中单击"超链接"按钮，弹出"编辑超链接"对话框，单击"删除链接"按钮，如图10-10所示。

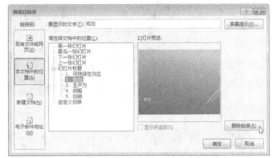

图10-10

STEP 03 执行操作后即可删除超链接，效果如图10-11所示。

图10-11

STEP 04 用同样的方法删除其他超链接，效果如图10-12所示。

图10-12

10.1.3 运用选项删除超链接

在PowerPoint 2013中，除了运用按钮删除超链接以外，用户还可以通过选择"取消超链接"选项来删除超链接。

课堂案例	
运用选项删除超链接	
案例位置	光盘>效果>第10章>课堂案例——运用选项删除超链接.pptx
视频位置	光盘>视频>第10章>课堂案例——运用选项删除超链接.mp4
难易指数	★★☆☆☆
学习目标	掌握运用选项删除超链接的制作方法

本案例的最终效果如图10-13所示。

图10-13

STEP 01 在PowerPoint 2013中打开一个素材文件，在编辑区中选择"男人"文本，如图10-14所示。

图10-14

STEP 02 单击鼠标右键，在弹出的快捷菜单中选择"取消超链接"选项，如图10-15所示。

STEP 03 执行操作后即可取消超链接，效果如图10-16所示。

图10-15

图10-16

STEP 04 用同样的方法取消其他超链接，效果如图10-17所示。

图10-17

10.1.4 添加动作按钮

动作按钮是一种带有特定动作的图形按钮，应用这些按钮可以快速实现在放映幻灯片时跳转的目的。下面将介绍添加动作按钮的操作方法。

课堂案例	
添加动作按钮	
案例位置	光盘>效果>第10章>课堂案例——添加动作按钮.pptx
视频位置	光盘>视频>第10章>课堂案例——添加动作按钮.mp4
难易指数	★★★★☆
学习目标	掌握运用按钮删除超链接的制作方法

本案例的最终效果如图10-18所示。

图10-18

STEP 01 在PowerPoint 2013中打开一个素材文件，切换至"插入"功能区，在"插图"选项区中单击"形状"下拉按钮，如图10-19所示。

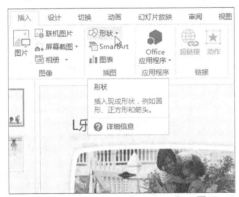

图10-19

STEP 02 弹出列表框，在"动作按钮"选项区中单击"前进或下一项"按钮，如图10-20所示。

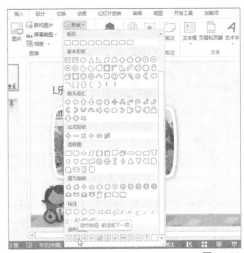

图10-20

STEP 03 鼠标光标呈十字形，在幻灯片的右上角绘制图形，完成后释放鼠标左键，弹出"操作设置"对话框，如图10-21所示。

图10-21

技巧与提示

在"动作按钮"选项区中，用户还可以选择"后退或前一项"◁、"开始"◁、"结束"▷、"第一张"⌂、"信息"ⓘ、"上一张"、"影片"、"文档"、"声音"、帮助?和"自定义"□。

单击"自定义"的按钮，弹出"操作设置"的一个对话框。用户可以自定义"单击鼠标"和"鼠标悬停"两个动作的选项，分别包括："超链接到""运行程序""运行宏""对象动作"和"播放声音"。

STEP 04 各选项为默认设置，单击"确定"按钮，插入图形并调整图形的大小和位置，如图10-22所示。

图10-22

STEP 05 选中添加的动作按钮，切换至"绘图工具" | "格式"功能区，如图10-23所示。

图10-23

STEP 06 在"形状样式"选项区中单击"其他"下拉按钮，在弹出的列表框中选择"强烈效果-蓝色、强调颜色2"选项，如图10-24所示。

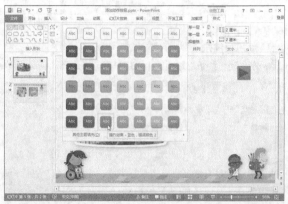

图10-24

STEP 07 执行操作后即可添加动作按钮，如图10-25所示。

图10-25

技巧与提示

动作与超链接的区别：

超链接是将幻灯片中的某一部分与另一部分链接起来，它可以与本文档中的幻灯片链接，也可以链接到其他文件。

插入动作只能与指定的幻灯片进行链接，它突出的是完成某一个动作。

10.1.5 运用按钮添加动作

在PowerPoint 2013中，除了运用形状添加动作按钮以外，还可以选中对象，再插入"动作"按钮。

在PowerPoint 2013的编辑区中选择需要添加动作的文本，如图10-26所示。切换至"插入"功能区，在"链接"选项区中单击"动作"按钮，如图10-27所示。

图10-26

技巧与提示

用户可以根据选择文本的实际情况，在"超链接到"下拉列表框中选择相对应的幻灯片进行链接。

图10-27

弹出"动作设置"对话框,选中"超链接到"单选按钮,单击下方的下拉按钮,在弹出的下拉列表框中选择"最后一张幻灯片"的选项,如图10-28所示。单击"确定"按钮即可为选中的文本添加动作链接,如图10-29所示。

图10-28

图10-29

在放映演示文稿时,只需要单击幻灯片中的动作对象即可跳转到最后一张幻灯片,如图10-30所示。

图10-30

10.2 超链接的编辑

设置完超链接后,如果用户对设置的结果不满意,可以对超链接进行修改。

10.2.1 更改超链接

"编辑超链接"对话框和"插入超链接"对话框是相同的,用户在选中已设置的超链接对象上单击鼠标右键即可进入"编辑超链接"对话框,在此对话框中可以进行修改与编辑操作。

课堂案例	
更改超链接	
案例位置	光盘>效果>第10章>课堂案例——更改超链接.pptx
视频位置	光盘>视频>第10章>课堂案例——更改超链接.mp4
难易指数	★★☆☆☆
学习目标	掌握更改超链接的制作方法

本案例的最终效果如图10-31所示。

图10-31

STEP 01 在PowerPoint 2013中打开一个素材文件,选择超链接文本,切换至"插入"功能区,在"链接"选项区中单击"超链接"按钮,如图10-32

所示。

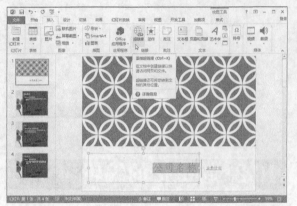

图10-32

STEP 02 弹出"编辑超链接"对话框,在"请选择文档中的位置"列表框中选择"4. 市场概述"选项,如图10-33所示。

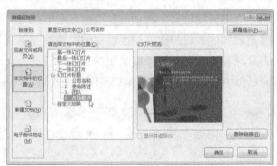

图10-33

STEP 03 单击"确定"按钮即可更改链接目标,如图10-34所示。

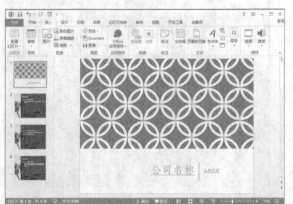

图10-34

技巧与提示

通过"编辑超链接"的对话框,用户还可以设置超链接到现有文件、网页、新建文档和电子邮件。

10.2.2 设置超链接颜色

在PowerPoint 2013中,同样可以为超链接设置颜色以美化超链接的效果。

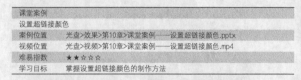

课堂案例	
设置超链接颜色	
案例位置	光盘>效果>第10章>课堂案例——设置超链接颜色.pptx
视频位置	光盘>视频>第10章>课堂案例——设置超链接颜色.mp4
难易指数	★★☆☆☆
学习目标	掌握设置超链接颜色的制作方法

本案例的最终效果如图10-35所示。

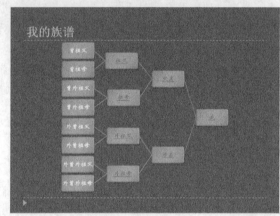

图10-35

STEP 01 在PowerPoint 2013中打开一个素材文件,选择超链接文本,切换至"设计"功能区,在"变体"选项区中单击"颜色"下拉按钮,在弹出的下拉列表框中选择"自定义颜色"选项,如图10-36所示。

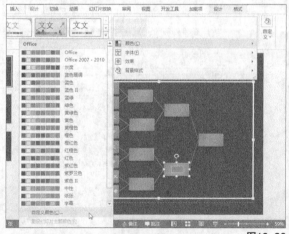

图10-36

STEP 02 弹出"新建主题颜色"对话框,在"主题颜色"选项区中单击"超链接"右侧的下拉按钮,在弹出的列表框中选择"红色"选项，如图10-37所示。

图10-37

STEP 03 单击"保存"按钮即可设置超链接文本颜色，如图10-38所示。

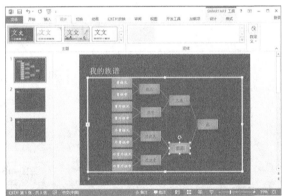

图10-38

10.2.3 设置超链接字体

在PowerPoint 2013中，同样可以为超链接设置字体并美化超链接的效果。

课堂案例	
设置超链接字体	
案例位置	光盘>效果>第10章>课堂案例——设置超链接字体.pptx
视频位置	光盘>视频>第10章>课堂案例——设置超链接字体.mp4
难易指数	★☆☆☆☆
学习目标	掌握设置超链接字体的制作方法

本案例的最终效果如图10-39所示。

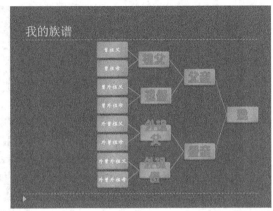

图10-39

STEP 01 在PowerPoint 2013中选中超链接文本，切换至"开始"功能区，在"字体"选项区中单击"字体"下拉按钮，在弹出的下拉列表框中选择"华文琥珀"选项，如图10-40所示。

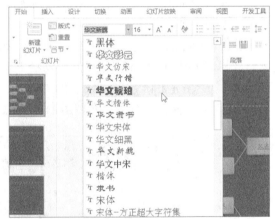

图10-40

STEP 02 在"字体"选项区中设置"字号"为"32"，效果如图10-41所示。用同样的方法设置其他超链接字体，效果如图10-42所示。

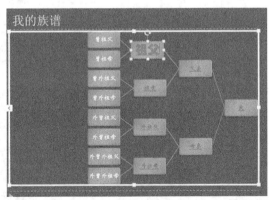

图10-41

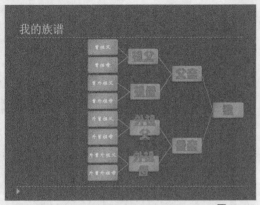

图10-42

10.2.4 运用文本浮动栏设置超链接的格式

在PowerPoint02013中，还可以运用文本浮动栏设置超链接格式并美化超链接。

在PowerPoint 2013中选择超链接文本，出现文本浮动栏，如图10-43所示。在文本浮动栏中设置"字体"为"方正舒体"、"字号"为"40"，执行操作后即可设置超链接格式，如图10-44所示。

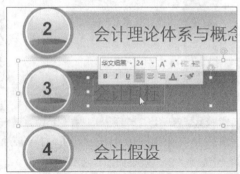

图10-43

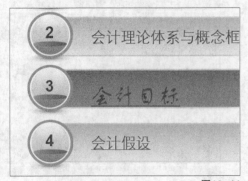

图10-44

10.3 其他对象的链接

在幻灯片中，除了链接文本和图形以外，还可以设置链接到其他的对象，例如网页、电子邮件、其他的演示文稿等。

10.3.1 链接到演示文稿

在PowerPoint 2013中，用户可以在选择的对象上添加超链接以链接到文件或其他的演示文稿中。

课堂案例	
链接到演示文稿	
案例位置	光盘>效果>第10章>课堂案例——链接到演示文稿.pptx
视频位置	光盘>视频>第10章>课堂案例——链接到演示文稿.mp4
难易指数	★★★☆☆
学习目标	掌握链接到演示文稿的制作方法

本案例的最终效果如图10-45所示。

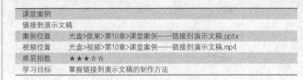

图10-45

STEP 01 在PowerPoint 2013中打开一个素材文件，在编辑区中选择需要进行超链接的对象文本，如图10-46所示。

图10-46

STEP 02 切换至"插入"功能区，在"链接"选项区中单击"超链接"按钮，弹出"插入超链接"对话框，如图10-47所示。

图10-47

STEP 03 在"链接到"选项区中单击"现有文件或网页"按钮,在"查找范围"下拉列表框中选择需要链接的演示文稿的位置,然后选择相应的演示文稿,如图10-48所示。

图10-48

STEP 04 单击"确定"按钮即可插入超链接,如图10-49所示。

图10-49

技巧与提示

只有在幻灯片中的对象才能添加超链接,讲义和备注等内容不能添加超链接。添加或修改超链接的操作只有在普通视图中的幻灯片中才能进行。

STEP 05 切换至"幻灯片放映"功能区,在"开始放映幻灯片"选项区中单击"从头开始"按钮,将鼠标移至"商界明星"文本对象时鼠标呈🖐形状,如图10-50所示。

图10-50

STEP 06 在文本上单击鼠标左键即可链接到相应演示文稿,如图10-51所示。

图10-51

10.3.2 链接到电子邮件

用户可以在幻灯片中加入电子邮件的链接,在放映幻灯片时,可以直接发送到对方的邮箱中。

课堂案例	
链接到电子邮件	
案例位置	光盘>效果>第10章>课堂案例——链接到电子邮件.pptx
视频位置	光盘>视频>第10章>课堂案例——链接到电子邮件.mp4
难易指数	★★★☆☆
学习目标	掌握链接到电子邮件的制作方法

本案例的最终效果如图10-52所示。

图10-52

STEP 01 在PowerPoint 2013中打开一个素材文件，在编辑区中选择需要进行超链接的对象文本，如图10-53所示。

图10-53

STEP 02 切换至"插入"功能区，在"链接"选项区中单击"超链接"按钮，弹出"插入超链接"对话框，如图10-54所示。

图10-54

STEP 03 在"插入超链接"对话框中选择"电子邮件地址"选项，如图10-55所示。

STEP 04 在"电子邮件地址"文本框中输入邮件地址，然后在"主题"文本框中输入演示文稿的主题，如图10-56所示。

图10-55

图10-56

STEP 05 单击"确定"按钮即可链接到电子邮件，如图10-57所示。

图10-57

10.3.3 链接到网页

用户还可以在幻灯片中加入指向互联网网站的链接，在放映幻灯片时可直接打开相关网页。

在PowerPoint 2013中的编辑区中选择需要进行超链接的对象文本，如图10-58所示。切换至"插入"功能区，在"链接"选项区中单击"超链接"按钮，弹出"插入超链接"对话框，如图10-59所示。在"插入超链接"对话框中选择"现有文件或网页"的链接类型，然后选择"浏览过的网页"选项，如图10-60所示。

图10-58

图10-59

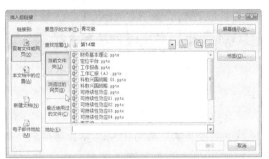

图10-60

在中间的列表框中选择需要链接的网页，如图10-61所示。单击"确定"按钮即可链接到网页，如图10-62所示。

图10-61

图10-62

10.3.4 链接到新建文档

通过"插入超链接"对话框，用户还可以添加超链接到新建的文档。

课堂案例	
链接到新建文档	
案例位置	光盘>效果>第10章>课堂案例——链接到新建文档.pptx
视频位置	光盘>视频>第10章>课堂案例——链接到新建文档.mp4
难易指数	★★★☆☆
学习目标	掌握链接到新建文档的制作方法

本案例的最终效果如图10-63所示。

图10-63

技巧与提示

用户可以在"插入超链接"对话框的"新建文档"功能区中设置"何时编辑"，包括"以后再编辑新文档"和"开始编辑新文档"两个选项。

STEP 01 在PowerPoint 2013中打开一个素材文件，在编辑区中选择需要进行超链接的对象文本，如图10-64所示。

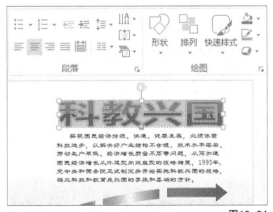

图10-64

STEP 02 切换至"插入"功能区，在"链接"

235

选项区中单击"超链接"按钮，弹出"插入超链接"对话框，如图10-65所示。

图10-65

STEP 03 在"插入超链接"对话框中选择"新建文档"选项，如图10-66所示。

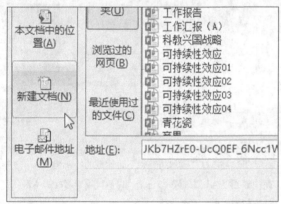

图10-66

STEP 04 在"新建文档名称"文本框中输入"科教兴国"，如图10-67所示。

STEP 05 单击"更改"按钮即可更改文件路径，单击"确定"按钮即可链接到新建文档，如图10-68所示。

图10-67

图10-68

10.3.5 设置屏幕提示

在幻灯片中插入超链接后，还可以设置屏幕提示，以便在幻灯片放映时显示提示。

在PowerPoint 2013的编辑区中选择需要进行超链接的对象文本，如图10-69所示。切换至"插入"功能区，在"链接"选项区中单击"超链接"按钮，弹出"插入超链接"对话框，如图10-70所示。

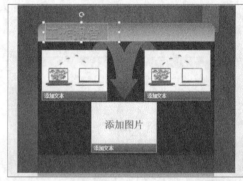

图10-69

单击"屏幕提示"按钮，弹出"设置超链接屏幕提示"对话框，在文本框中输入文字，如图10-71所示。单击"确定"按钮，返回到"插入超链接"对话框，选择插入超链接对象即可插入屏幕提示文字。

图10-70

图10-71

10.4　本章小结

本章主要介绍了创建超链接、编辑超链接和链接到其他对象的基本操作。在使用演示文稿时，为了能让演示文稿更好地配合演讲者，可以在演示文稿中插入超链接或者插入动画。

10.5　课后习题

本章主要介绍应用超链接幻灯片的内容。本节将通过填空题、选择题以及上机练习题，对本章的知识点进行回顾。

10.5.1　填空题

（1）_____是指向特定位置或文件的一种链接方式，可以利用它指定程序的跳转位置。

（2）在PowerPoint 2013中，用户可以在选择的对象上添加超链接到_____或其他演示文稿中。

（3）_____是一种带有特定动作的图形按钮，应用这些按钮可以快速实现在放映幻灯片时跳转的目的。

10.5.2　选择题

（1）取消超链接的方法有（　）种。

A．1种　　　　　　　B．2种

C．3种　　　　　　　D．4种

（2）在PowerPoint 2013中，除了运用按钮删除超链接以外，用户还可以通过选择（　）选项以删除超链接。

A．"取消超链接"　B．"删除超链接"

C．"动作"　　　　D．"链接"

（3）在幻灯片中插入超链接后，还可以设置（　）方式，可以在幻灯片放映时显示提示。

A．内容提示　　　　　B．提示按钮

C．网页提示　　　　　D．屏幕提示

10.5.3　课后习题——为"中国元素"演示文稿插入超链接

案例位置	光盘>效果>第10章>课后习题——为"中国元素"演示文稿插入超链接.pptx
视频位置	光盘>视频>第10章>课后习题——为"中国元素"演示文稿插入超链接.mp4
难易指数	★★★★★
学习目标	掌握为"中国元素"演示文稿插入超链接的制作方法

本实例介绍为"中国元素"演示文稿插入超链接的方法，最终效果如图10-72所示。

图10-72

步骤分解如图10-73所示。

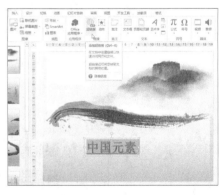

图10-73

第11章

幻灯片的动画设计效果

在幻灯片中添加动画和切换效果可以增加演示文稿的趣味性和观赏性，同时也能带动演讲气氛。本章主要介绍添加动画、编辑动画效果、制作切换效果以及切换效果选项设置等内容。

课堂学习目标

选择添加动画

编辑动画效果

设置动画播放顺序

11.1 动画的选择添加

PowerPoint 2013提供了丰富的动画效果，用户可以为演示文稿中的文本或多媒体对象添加特殊的视觉效果和声音效果。

11.1.1 选择动画效果

在PowerPoint 2013中动画效果繁多，如图11-1所示，用户可以运用提供的动画效果，将幻灯片中的标题、文本图表或图片等对象设置为以动态的方式进行播放。

图11-1

课堂案例	
选择动画效果	
案例位置	光盘>效果>第11章>课堂案例——选择动画效果.pptx
视频位置	光盘>视频>第11章>课堂案例——选择动画效果.mp4
难易指数	★★☆☆☆
学习目标	掌握选择动画效果的制作方法

本案例的最终效果如图11-2所示。

图11-2

图11-2（续）

STEP 01 在PowerPoint 2013中打开一个素材文件，切换至"动画"功能区，选中幻灯片中的对象，如图11-3所示。

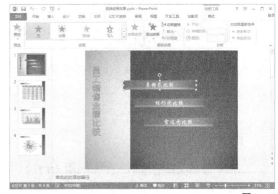

图11-3

STEP 02 单击"其他"按钮，在弹出的列表框中选择"翻转式由远及近"动画效果，如图11-4所示。

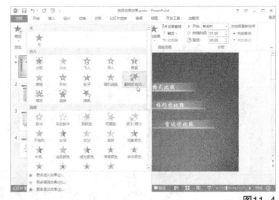

图11-4

技巧与提示

"预览"按钮：对幻灯片设置动画之后，该按钮将被激活，单击该按钮可查看幻灯片播放时的动画效果。

STEP 03 单击"预览"按钮★预览动画效果，如图11-5所示。

图11-5

11.1.2 添加动画效果

用户可对幻灯片中的文本、图形或表格等对象设置不同的动画效果，如进入动画、强调动画以及退出动画等。

1. 添加进入动画

动画是演示文稿的精华，在PowerPoint 2013中，进入动画是最为常用的动画效果中的一种方式。

课堂案例	
添加进入动画	
案例位置	光盘>效果>第11章>课堂案例——添加进入动画.pptx
视频位置	光盘>视频>第11章>课堂案例——添加进入动画.mp4
难易指数	★★☆☆☆
学习目标	掌握添加进入动画的制作方法

本案例的最终效果如图11-6所示。

图11-6

图11-6（续）

STEP 01 在PowerPoint 2013中打开一个素材文件，切换至"动画"功能区，选中幻灯片中的对象，单击"其他"按钮，在弹出的列表框中选择"更多进入效果"选项，如图11-7所示。

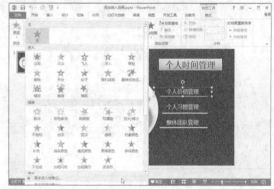

图11-7

STEP 02 弹出"更改进入效果"对话框，在该对话框中选择"十字形扩展"动画效果，如图11-8所示。

图11-8

STEP 03 单击"确定"按钮即可添加进入动画，单击"预览"按钮预览动画效果，如图11-9所示。

图11-9

2. 添加强调动画

在PowerPoint 2013中切换至"动画"功能区，选中幻灯片中的对象，如图11-10所示。单击"其他"按钮，在弹出的列表框中选择"更多强调效果"，弹出"更改强调效果"对话框，在该对话框中选择动画效果，如图11-11所示。

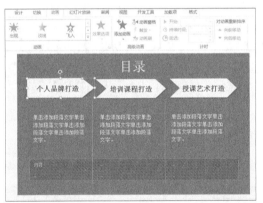

图11-10

图11-11

单击"确定"按钮即可添加动画，单击"预览"按钮预览动画效果，如图11-12所示。用同样的方法为其他对象添加"强调"动画效果，如图11-13所示。

图11-12

图11-13

3. 添加退出动画

在PowerPoint 2013中切换至"动画"功能区，选中幻灯片中的对象，如图11-14所示。单击"其他"按钮，在弹出的列表框中选择"更多退出效果"，弹出"更改退出效果"对话框，在该对话框中选择相应的动画效果，如图11-15所示。

单击"确定"按钮即可添加动画，单击"预览"按钮预览动画效果，如图11-16所示。

图11-14

图11-15

图11-16

4. 添加动作动画

在PowerPoint 2013中切换至"动画"功能区，选中幻灯片中的对象，如图11-17所示。单击"其他"按钮，在弹出的列表框中选择"其他动作路径"，弹出"更改动作路径"对话框，在该对话框中选择相应的动画效果，如图11-18所示。

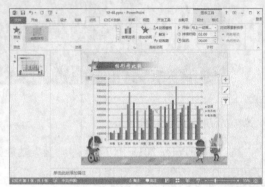

图11-17

图11-18

单击"确定"按钮即可添加动画，单击"预览"按钮预览动画效果，如图11-19所示。

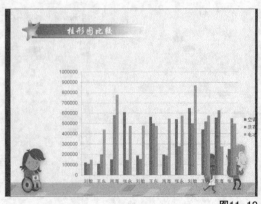

图11-19

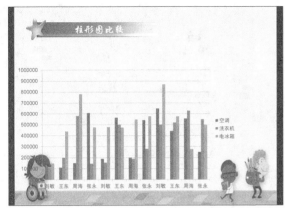

图11-19（续）

11.2 动画效果的编辑

当为对象添加动画效果之后，该对象就应用了默认的动画格式。这些动画格式主要包括动画开始运行的方式、变化方向、运行速度、延时方案及重复次数等属性。用户可以根据幻灯片内容设置相应属性。

11.2.1 修改动画效果

如果要修改已设置的动画效果，可以在动画窗格中完成。

课堂案例	
修改动画效果	
案例位置	光盘>效果>第11章>课堂案例——修改动画效果.pptx
视频位置	光盘>视频>第11章>课堂案例——修改动画效果.mp4
难易指数	★☆☆☆☆
学习目标	掌握修改动画效果的制作方法

本案例的最终效果如图11-20所示。

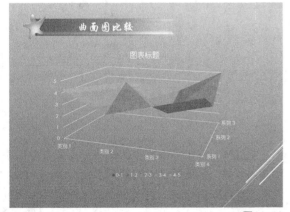

图11-20

STEP 01 在PowerPoint 2013中打开一个素材文件，切换至"动画"功能区，单击"高级动画"选项区中的"动画窗格"按钮，如图11-21所示。

图11-21

STEP 02 执行操作后，弹出"动画窗格"窗格，各选项设置如图11-22所示，在此窗格中可以设置动画开始的方式、变换方向、运行速度等。

图11-22

11.2.2 添加多个动画效果

在每张幻灯片中的各个对象都可以设置不同的动画效果。

课堂案例	
添加多个动画效果	
案例位置	光盘>效果>第11章>课堂案例——添加多个动画效果.pptx
视频位置	光盘>视频>第11章>课堂案例——添加多个动画效果.mp4
难易指数	★★☆☆☆
学习目标	掌握课堂案例——添加多个动画效果的制作方法

本案例的最终效果如图11-23所示。

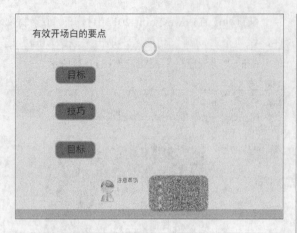

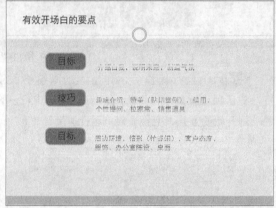

图11-23

图11-25

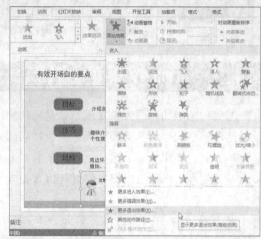

图11-26

STEP 01 在PowerPoint 2013中打开一个素材文件，在编辑区中选择需要添加动画效果的对象，如图11-24所示。

STEP 04 弹出"添加退出效果"对话框，在"基本型"选项区中选择"向外溶解"选项，如图11-27所示。

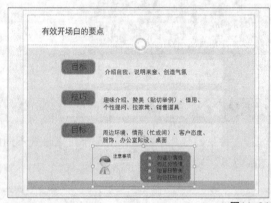

图11-24

STEP 02 切换至"动画"功能区，单击"高级动画"选项区中的"添加动画"下拉按钮，如图11-25所示。

STEP 03 弹出列表框，选择"更多退出效果"选项，如图11-26所示。

图11-27

STEP 05 单击"确定"按钮即可为文本对象添加动画效果，效果如图11-28所示。

STEP 06 用同样的方法为文本对象添加"随机线条"的动画效果，最终效果如图11-29所示。

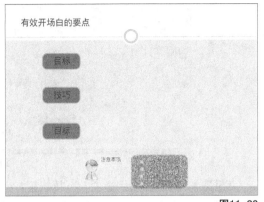

图11-28

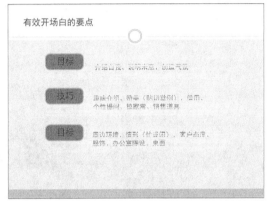

图11-29

11.2.3 设置动画计时

在PowerPoint 2013中，动画效果可以设置计时，如设置延迟的时间、转换快慢的时间等，让幻灯片演示更加完善。

在PowerPoint 2013的编辑区中选择相应对象，如图11-30所示。切换至"动画"功能区，在"动画"选项区中单击"显示其他效果选项"按钮，如图11-31所示。

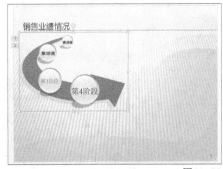

图11-30

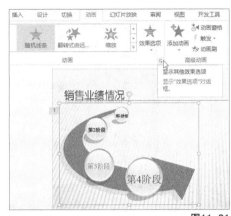

图11-31

执行操作后，弹出"随机线条"的对话框，如图11-32所示。切换至"计时"选项卡，设置"开始"为"单击时"、"延迟"为"2秒"、"期间"为"慢速（3秒）"，如图11-33所示。单击"确定"按钮即可设置动画效果选项，单击"预览"选项区中的"预览"按钮，预览动画效果，如图11-34所示。

图11-32

图11-33

图11-34

技巧与提示

用户还可以在"缩放"对话框的"效果"选项卡中,设置相应选项。

11.2.4 设置动画效果选项

动画效果可以按系列、类别或元素放映,用户可以对幻灯片中的内容进行设置。

课堂案例	
设置动画效果选项	
案例位置	光盘>效果>第11章>课堂案例——设置动画效果选项.pptx
视频位置	光盘>视频>第11章>课堂案例——设置动画效果选项.mp4
难易指数	★★☆☆☆
学习目标	掌握设置动画效果选项的制作方法

本案例的最终效果如图11-35所示。

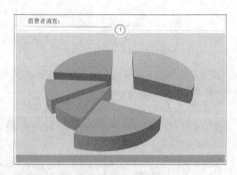

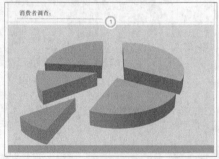

图11-35

STEP 01 在PowerPoint 2013中打开一个素材文件,切换至"动画"功能区,如图11-36所示。

图11-36

STEP 02 单击"效果选项"下拉按钮,在列表框中选择"按类别"选项,如图11-37所示。

图11-37

STEP 03 执行操作后,单击"预览"按钮即可按类别显示图表项目,效果如图11-38所示。

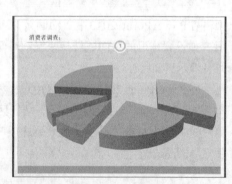

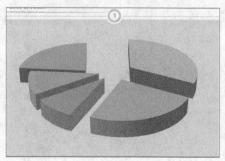

图11-38

11.2.5 设置动画播放顺序

如果幻灯片中的多个对象已添加动画效果，添加效果的顺序就是幻灯片放映时的播放顺序。

在PowerPoint 2013中，选中添加动画的对象，切换至"动画"功能区，如图11-39所示。单击"计时"选项区中的"向后移动"按钮，如图11-40所示。执行操作后，单击"预览"按钮即可按重新排序的动画效果预览，效果如图11-41所示。

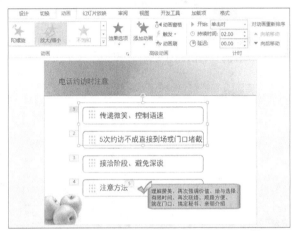

图11-39

图11-40

图11-41

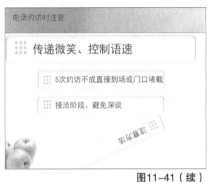

图11-41（续）

11.3 动画技巧的设置

PowerPoint 2013中的动作路径动画提供了大量预设路径效果，用户还可以自定义动画路径。

11.3.1 添加波浪形动作路径

为幻灯片中的对象添加波浪形的动作路径，使得该对象在幻灯片放映时将像波浪一样浮动。

课堂案例	
添加波浪形动作路径	
案例位置	光盘>效果>第11章>课堂案例——添加波浪形动作路径.pptx
视频位置	光盘>视频>第11章>课堂案例——添加波浪形动作路径.mp4
难易指数	★★★☆☆
学习目标	掌握添加波浪形动作路径的制作方法

本案例的最终效果如图11-42所示。

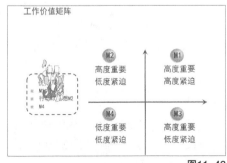

图11-42

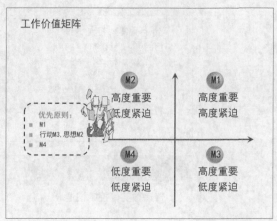

图11-42（续）

STEP 01 在PowerPoint 2013中打开一个素材文件，如图11-43所示。

STEP 02 在编辑区中选择需要添加波浪形动作路径的对象，如图11-44所示。

图11-43

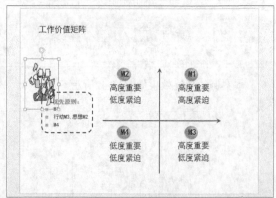

图11-44

STEP 03 切换至"动画"功能区，单击"动画"选项区中的"其他"下拉按钮，效果如图11-45所示。

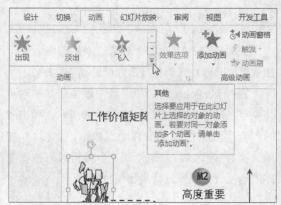

图11-45

STEP 04 弹出列表框，选择"其他动作路径"选项，如图11-46所示。

图11-46

STEP 05 弹出"更改动作路径"对话框，在"直线和曲线"选项区中选择"波浪形"选项，如图11-47所示。

STEP 06 单击"确定"按钮即可为幻灯片中的对象添加波浪形动作路径动画效果，如图11-48所示。

图11-47

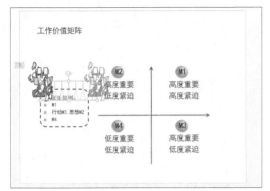

图11-48

11.3.2 添加心跳动作路径

为幻灯片中的对象添加心跳的动作路径，使得该对象在幻灯片放映时将像心电图一样跳动。

在PowerPoint 2013的编辑区中，选择需要添加心跳动作路径的对象，如图11-49所示。切换至"动画"功能区，单击"动画"选项区中的"其他"下拉按钮，如图11-50所示。

图11-49

图11-50

弹出列表框，选择"其他动作路径"选项，如图11-51所示。弹出"更改动作路径"对话框，在"直线和曲线"选项区中选择"心跳"选项，如图11-52所示。

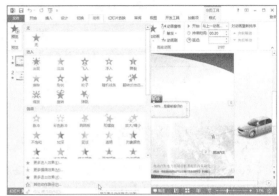

图11-51

图11-52

单击"确定"按钮即可为幻灯片中的对象添加心跳动作路径动画效果，效果如图11-53所示。

图11-53

图11-53（续）

11.3.3 绘制动作路径动画

PowerPoint为用户提供了几种常用幻灯片对象的动画效果，除此之外用户还可以自定义较复杂的动画效果，使画面更生动。

在PowerPoint 2013的编辑区中，选中需要设置动画的对象，切换至"动画"功能区，如图11-54所示。单击"动画"选项区中的"其他"下拉按钮，如图11-55所示。

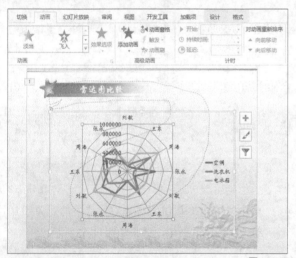

图11-54

技巧与提示

当绘制完一段开放路径时，在动作路径起始端将显示一个绿色标志，在结束端将显示一个红色标志，两个标志以一条虚线相连接，当需要改变动作路径的位置时，只需要单击该路径并拖曳即可。

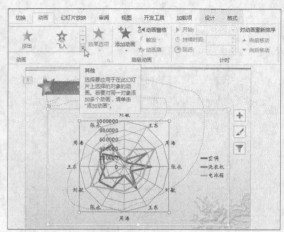

图11-55

在弹出的列表框中选择"自定义路径"选项，如图11-56所示。

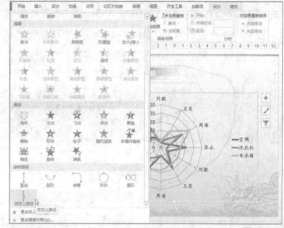

图11-56

在幻灯片中拖曳鼠标绘制动画路径，效果如图11-57所示。绘制完成后，双击鼠标即可按照绘制的路径进行运动，效果如图11-58所示。

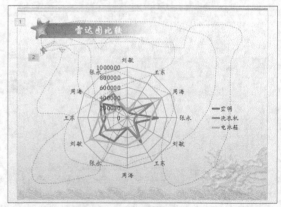

图11-57

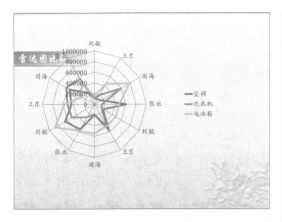

图11-58

11.3.4 添加弹簧动作路径

为幻灯片中的对象添加弹簧动作路径，使得该对象在幻灯片放映时呈弹簧运动效果。

在PowerPoint 2013中的编辑区中，选择需要添加弹簧动作路径的对象，如图11-59所示。切换至"动画"功能区，单击"动画"选项区中的"其他"下拉按钮，如图11-60所示。

图11-60

弹出列表框，选择"其他动作路径"选项，如图11-61所示。弹出"更改动作路径"对话框，在"直线和曲线"选项区中选择"弹簧"选项，如图11-62所示。

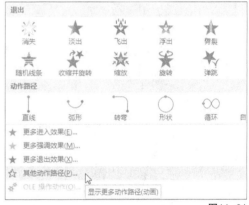

图11-61

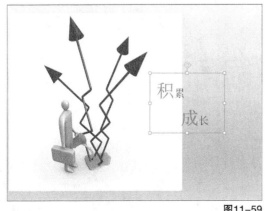

图11-59

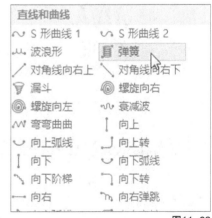

图11-62

单击"确定"按钮即可为幻灯片中的对象添加弹簧动作路径动画效果，如图11-63所示。单击"预览"按钮，效果如图11-64所示。

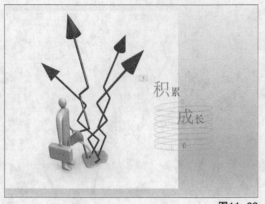

图11-63

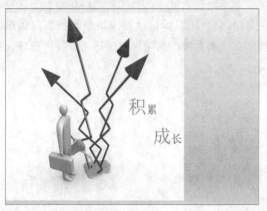

图11-64

11.3.5 添加动画声音

在每张幻灯片的动画效果中，用户还可以添加相应的声音。

课堂案例	
添加动画声音	
案例位置	光盘>效果>第11章>课堂案例——添加动画声音.pptx
视频位置	光盘>视频>第11章>课堂案例——添加动画声音.mp4
难易指数	★☆☆☆☆
学习目标	掌握添加动画声音的制作方法

本案例的最终效果如图11-65所示。

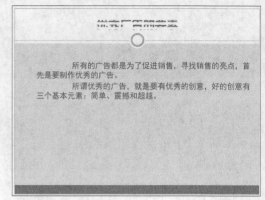

图11-65

STEP 01 在PowerPoint 2013中打开一个素材文件，选中需要添加声音的对象，切换至"动画"功能区，如图11-66所示。

图11-66

STEP 02 单击"动画"选项区右下角的扩展按钮，在弹出的对话框中设置"声音"为"打字机"，如图11-67所示，单击"确定"按钮即可添加声音。

图11-67

11.4 本章小结

PowerPoint 2013 提供了多种幻灯片的动画样式，用户可以为演示文稿中的文本或图片等对象添加特殊的视觉动画效果。本章主要介绍了添加课件动画效果、编辑课件动画效果以及设置课件动画技巧的操作方法。

11.5 课后习题

本章主要介绍设置幻灯片动画效果的内容。本节将通过填空题、选择题以及上机练习题，对本章的知识点进行回顾。

11.5.1 填空题

（1）在弹出的"更改进入效果"对话框中，包括_____大类型的进入动画。

（2）"下浮"动画与"上浮"动画的区别主要在于对象出现的方向为_____方向。

（3）在"更改动作路径"的对话框中，包含有3种动作路径的选项区，分别是"基本"选项区、_____选项区和"特殊"选项区。

11.5.2 选择题

（1）在"更改强调效果"对话框中的"华丽型"选项区中，包含（ ）种强调类型。

A．1种   B．3种

C．5种   D．8种

（2）在PowerPoint 2013中，显示高级日程表后，在"动画窗格"中将会显示（ ）样式的色块。

A．黑色   B．无色

C．有色   D．白色

（3）在PowerPoint 2013中的（ ）动画，能够让运用该动画效果的对象，在放映时变换出多种的颜色。

A．补色   B．对比色

C．画笔颜色   D．不饱和

11.5.3 课后习题——为"网络时代"演示文稿添加缩放动画

案例位置	光盘>效果>第11章>课后习题——为"网络时代"演示文稿添加缩放动画.pptx
视频位置	光盘>视频>第11章>课后习题——为"网络时代"演示文稿添加缩放动画.mp4
难易指数	★★☆☆☆
学习目标	掌握为"网络时代"演示文稿添加缩放动画的制作方法

本实例介绍为"网络时代"演示文稿添加缩放动画的方法，最终效果如图11-68所示。

图11-68

步骤分解如图11-69所示。

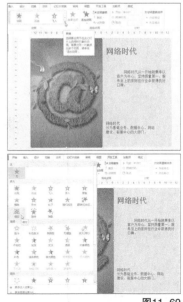

图11-69

253

第12章

幻灯片的放映方式

在PowerPoint 2013中提供了多种放映和控制幻灯片的方法，如计时放映、录音放映以及跳转放映等。用户可以选择最为理想的放映速度与放映方式，使幻灯片在放映时结构清晰、流畅。

课堂学习目标

设置幻灯片放映

设置幻灯片放映方式

设置幻灯片切换效果

12.1 幻灯片放映的设置

在PowerPoint中启动幻灯片放映就是打开要放映的演示文稿，在"幻灯片放映"功能区中执行操作来启动幻灯片的放映，启动放映的方法有3种：第1种是从头开始放映幻灯片；第2种是从当前幻灯片开始播放；第3种是自定义幻灯片放映。

12.1.1 从头开始放映

从头开始放映将从幻灯片的第1张开始依次进行放映。

课堂案例	
从头开始放映	
案例位置	光盘>效果>第12章>课堂案例——从头开始放映.pptx
视频位置	光盘>视频>第12章>课堂案例——从头开始放映.mp4
难易指数	★★☆☆☆
学习目标	掌握从头开始放映的制作方法

本案例的最终效果如图12-1所示。

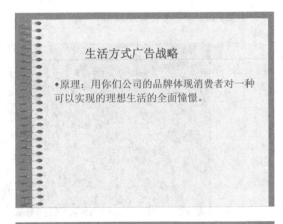

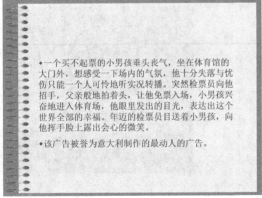

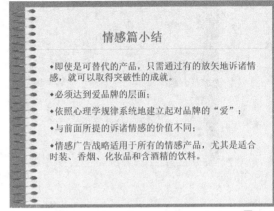

图12-1

STEP 01 在PowerPoint 2013中打开一个素材文件，切换至"幻灯片放映"功能区，如图12-2所示。

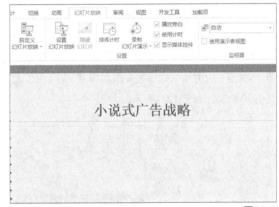

图12-2

STEP 02 单击"开始放映幻灯片"选项区中的"从头开始"按钮，如图12-3所示。

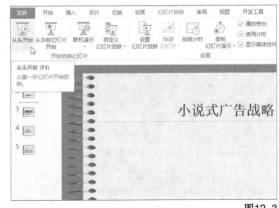

图12-3

STEP 03 执行操作后即可从头开始放映幻灯片，如图12-4所示。

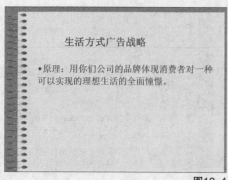

图12-4

图12-7

12.1.2 从当前幻灯片开始放映

如果用户需要从当前选择的幻灯片处开始放映，可以按【Shift＋F5】组合键。

在PowerPoint 2013中选择幻灯片，切换至"幻灯片放映"功能区，如图12-5所示。单击"开始放映幻灯片"选项区中的"从当前幻灯片开始"按钮，如图12-6所示。执行操作后即可从当前幻灯片处开始放映，如图12-7所示。

12.1.3 自定义幻灯片放映

自定义幻灯片放映是按设定的顺序播放，而不会按顺序依次放映每一张幻灯片。

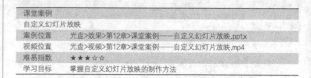

课堂案例	
自定义幻灯片放映	
案例位置	光盘>效果>第12章>课堂案例——自定义幻灯片放映.pptx
视频位置	光盘>视频>第12章>课堂案例——自定义幻灯片放映.mp4
难易指数	★★★☆☆
学习目标	掌握自定义幻灯片放映的制作方法

本案例的最终效果如图12-8所示。

图12-5

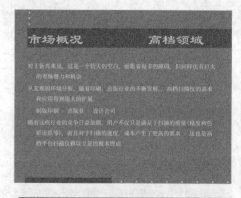

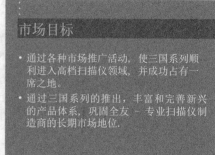

图12-8

STEP 01 在PowerPoint 2013中打开一个素材文件，切换至"幻灯片放映"功能区，单击"自定义放映"按钮，如图12-9所示。

图12-6

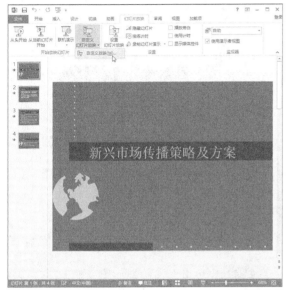

图12-9

图12-12

STEP 02 执行操作后，弹出"自定义放映"对话框，单击该对话框中的"新建"按钮，如图12-10所示。

图12-10

STEP 03 弹出"定义自定义放映"对话框，选择"2.市场目标"选项，单击"添加"按钮，如图12-11所示。

图12-11

STEP 04 用同样的方法添加"3.市场概况 高档领域"选项，单击右侧的向上按钮，将"1.市场概况 高档领域"置于"2.市场目标"的上方，如图12-12所示。

STEP 05 单击"确定"按钮，返回"自定义放映"对话框，单击"放映"按钮即可按自定义幻灯片顺序放映，如图12-13所示。

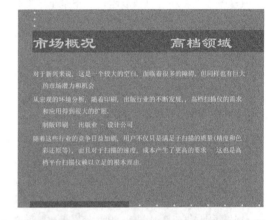

图12-13

12.2 幻灯片放映方式的设置

PowerPoint 2013提供了多种演示文稿的放映方式，最常用的是幻灯片页面的演示控制。制作完成演示文稿后，在需要查看制作好的成果，或让观众欣赏制作出的演示文稿时，可以通过幻灯片放映来观看幻灯片的总体效果。

12.2.1 设置放映类型

在PowerPoint 2013中提供了很多种演示文稿的放映方式，用户可根据实际放映的演示文稿对放映方式进行设置。

1. 演讲者放映

利用演讲者放映方式可以全屏显示幻灯片，演讲者在自行播放时具有完整的控制权，可采用人工或自动方式放映，也可以将演示文稿暂停，添加更多的细节或修改错误，还可以在放映过程中录下旁白。

课堂案例	
演讲者放映	
案例位置	光盘>效果>第12章>课堂案例——演讲者放映.pptx
视频位置	光盘>视频>第12章>课堂案例——演讲者放映.mp4
难易指数	★★☆☆☆
学习目标	掌握演讲者放映的制作方法

本案例的最终效果如图12-14所示。

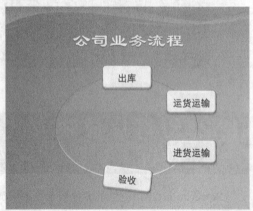

图12-14

STEP 01 在PowerPoint 2013中打开一个素材文件，切换至"幻灯片放映"功能区，如图12-15所示。

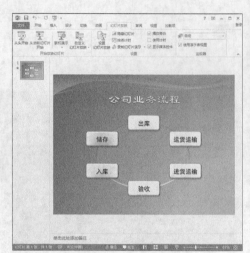

图12-15

STEP 02 单击"设置"选项区中的"设置幻灯片放映"按钮，弹出"设置放映方式"对话框，选中"演讲者放映（全屏幕）"单选按钮，如图12-16所示。

图12-16

STEP 03 单击"确定"按钮，在"开始放映幻灯片"选项区中单击"从头开始"按钮即可开始放映幻灯片，如图12-17所示。

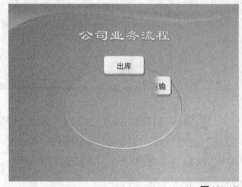

图12-17

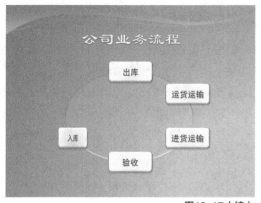

图12-17（续）

2. 观众自行浏览

观众自行浏览方式将在标准窗口中放映幻灯片。通过底部的"上一张"和"下一张"按钮可选择放映的幻灯片。

在PowerPoint 2013中，切换至"幻灯片放映"功能区，单击"设置幻灯片放映"按钮，如图12-18所示。弹出"设置放映方式"对话框，选中"观众自行浏览（窗口）"单选按钮，如图12-19所示。

图12-18

图12-19

单击"确定"按钮，在"开始放映幻灯片"选项区中选择"从头开始"选项即可开始放映幻灯片，如图12-20所示。

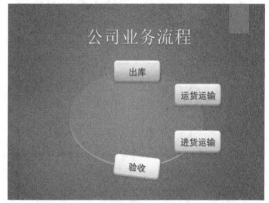

图12-20

3. 在展台浏览放映

设置为展台浏览方式后，幻灯片将自动运行全屏幕幻灯片放映，并且循环放映演示文稿。在放映过程中，除了保留鼠标用于选择屏幕对象放映外，其他功能全部失效，按【Esc】键可终止放映。

在PowerPoint 2013中，切换至"幻灯片放映"功能区，单击"设置幻灯片放映"按钮，如图12-21所示。弹出"设置放映方式"对话框，选中"在展台浏览（全屏幕）"单选按钮，如图12-22所示，单击"确定"按钮即可更改放映方式。

❓ 技巧与提示

运用展台浏览方式无法单击鼠标手动放映幻灯片，但可以通过单击超链接和动作按钮来切换。在展览会或会议中运行时，在无人管理幻灯片放映时适合运用这种方式。

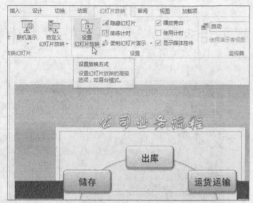

图12-21

图12-22

12.2.2 设置循环放映

设置循环放映幻灯片，只需要打开"设置放映方式"对话框，在"放映选项"选项区中勾选"循环播放，按ESC键终止"复选框即可设置循环放映，如图12-23所示。

图12-23

12.2.3 设置换片方式

在"设置放映方式"对话框中，还可以使用"换片方式"选项区中的选项来指定如何从一张幻灯片移动到另一张幻灯片，用户只需要打开"设置放映方式"对话框，在"换片方式"选项区中设定幻灯片放映时的换片方式，然后单击"确定"按钮即可，如图12-24所示。

图12-24

12.2.4 放映指定幻灯片

当用户制作完演示文稿后，在幻灯片放映时可以指定幻灯片的放映范围。

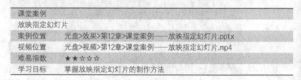

课堂案例	
放映指定幻灯片	
案例位置	光盘>效果>第12章>课堂案例——放映指定幻灯片.pptx
视频位置	光盘>视频>第12章>课堂案例——放映指定幻灯片.mp4
难易指数	★★☆☆☆
学习目标	掌握放映指定幻灯片的制作方法

本案例的最终效果如图12-25所示。

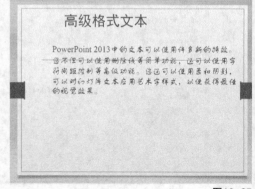

图12-25

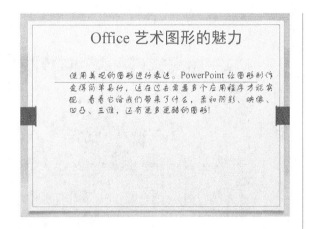

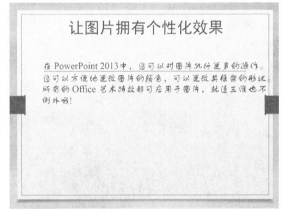

图12-25（续）

图12-27

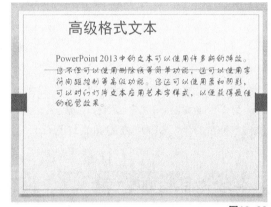

图12-28

STEP 01 在PowerPoint 2013中打开一个素材文件，并切换至"幻灯片放映"功能区，如图12-26所示，单击"设置幻灯片放映"按钮。

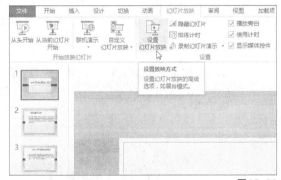

图12-26

STEP 02 弹出"设置放映方式"对话框，设置"放映幻灯片"为"从2到4"，如图12-27所示，单击"确定"按钮。

STEP 03 在"开始放映幻灯片"选项区中单击"从头开始"按钮即可从指定的第2张幻灯片开始放映，直到第4张结束，如图12-28所示。

12.2.5 隐藏和显示幻灯片

隐藏幻灯片就是将演示文稿中的某一部分幻灯片隐藏起来，在放映的时候将不会放映隐藏的幻灯片。

在PowerPoint 2013中切换至"幻灯片放映"功能区，单击"隐藏幻灯片"按钮，如图12-29所示。

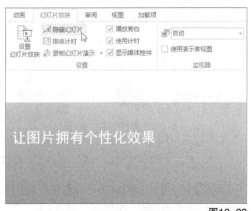

图12-29

执行操作后即可隐藏该幻灯片，在幻灯片缩略图左上角将出现一个斜线方框，如图12-30所示。

图12-30

12.2.6 排练计时

运用"排练计时"功能可以让演讲者确切了解每一张幻灯片需要讲解的时间，以及整个演示文稿的总放映时间，而且PowerPoint 2013会根据演讲者在排练时使用的换页速度在放映时自动进行换页。

课堂案例	
排练计时	
案例位置	光盘>效果>第12章>课堂案例——排练计时.pptx
视频位置	光盘>视频>第12章>课堂案例——排练计时.mp4
难易指数	★★☆☆☆
学习目标	掌握排练计时的制作方法

本案例的最终效果如图12-31所示。

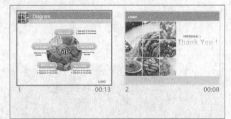

图12-31

STEP 01 在PowerPoint 2013中打开一个素材文件，切换至"幻灯片放映"功能区，如图12-32所示。

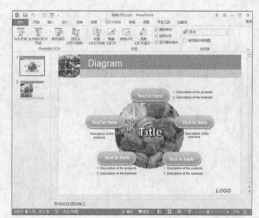

图12-32

STEP 02 单击"排练计时"的按钮，如图12-33所示。

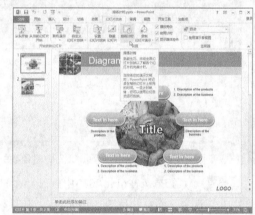

图12-33

STEP 03 执行操作后，演示文稿将自动切换到幻灯片放映状态，此时在演示文稿左上角将显示"预演"对话框，如图12-34所示。

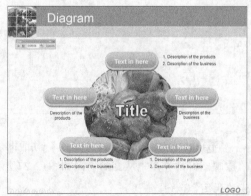

图12-34

STEP 04 幻灯片放映完成后，将弹出信息提示框，如图12-35所示。

图12-35

STEP 05 单击"是"按钮,将演示文稿切换到幻灯片浏览视图,如图12-36所示。

图12-36

技巧与提示

在放映幻灯片时,如果用户在"设置放映方式"对话框中选中"手动"单选按钮,则每张幻灯片的存在时间不起作用,在放映幻灯片时通过单击鼠标或按【Enter】键可以切换幻灯片。

12.3 幻灯片切换效果的设置

在演示文稿中设置幻灯片的切换动画可以增加演示文稿的趣味性和观赏性,同时也能带动演讲气氛。

12.3.1 添加切换效果

在演示文稿中添加幻灯片的动画方式有很多种。切换至"切换"功能区,单击"切换到此幻灯片"选项区中的"其他"下拉按钮即可展开"切换效果"列表框,如图12-37所示。在列表框中选择相应选项即可设置幻灯片的切换效果,如图12-38所示。

图12-37

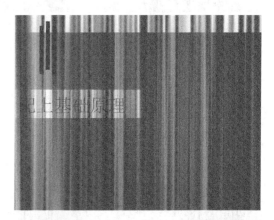

图12-38

图12-38（续）

图12-39（续）

技巧与提示

对于演示文稿中的幻灯片也可以运用同一种切换方式，单击"计时"选项区中的"全部应用"按钮即可将所有幻灯片都应用同一种切换方式。

1. 细微型切换效果

在PowerPoint 2013中，用户可以为多张幻灯片设置动画切换效果，其中在细微型切换效果中包括"切出""淡出""推进""分割"和"形状"等切换效果。

幻灯片中的分割切换效果是将某张幻灯片以一个特定的分界线向特定的两个方向进行切割的动画效果。

课堂案例	
细微型切换效果	
案例位置	光盘>效果>第12章>课堂案例——细微型切换效果.pptx
视频位置	光盘>视频>第12章>课堂案例——细微型切换效果.mp4
难易指数	★★★☆☆
学习目标	掌握细微型切换效果的制作方法

本案例的最终效果如图12-39所示。

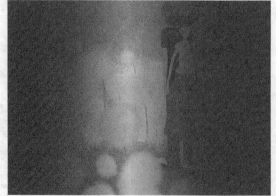

图12-39

STEP 01 在PowerPoint 2013中打开一个素材文件，如图12-40所示。

图12-40

STEP 02 切换至"切换"功能区，单击"切换到此幻灯片"选项区中的"其他"下拉按钮，如图12-41所示。

图12-41

STEP 03 弹出列表框，在"细微型"选项区中选择"分割"选项，如图12-42所示。

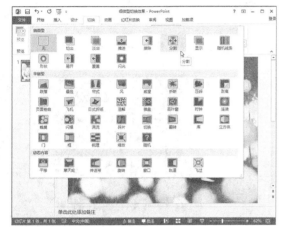

图12-42

STEP 04 执行操作后即可添加分割切换效果，在"预览"选项区中单击"预览"按钮，如图12-43所示。

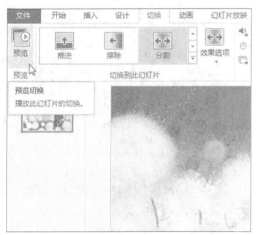

图12-43

STEP 05 执行操作后即可预览分割切换效果，如图12-44所示。

图12-44

2. 华丽型切换效果

在PowerPoint 2013中，用户可以为多张幻灯片设置动画切换效果，其中华丽型切换效果中包括"跌落""涟漪""日式折纸""涡流"和"蜂巢"等切换效果。

在PowerPoint 2013中，用户可以添加跌落切换效果。幻灯片中的跌落切换效果是将某张幻灯片淡出时幕布即将跌倒的切换效果。

课堂案例	
华丽型切换效果	
案例位置	光盘>效果>第12章>课堂案例——华丽型切换效果.pptx
视频位置	光盘>视频>第12章>课堂案例——华丽型切换效果.mp4
难易指数	★★★☆☆
学习目标	掌握华丽型切换效果的制作方法

本案例的最终效果如图12-45所示。

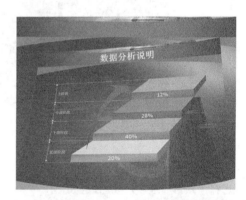

图12-45

STEP 01 在PowerPoint 2013中打开一个素材文件，如图12-46所示。

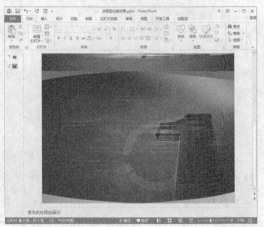

图12-46

STEP 02 切换至"切换"功能区,单击"切换到此幻灯片"选项区中的"其他"下拉按钮,如图12-47所示。

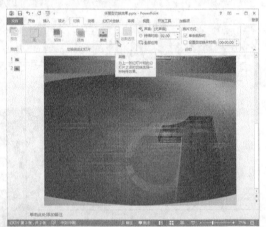

图12-47

STEP 03 弹出列表框,在"华丽型"选项区中选择"跌落"选项,如图12-48所示。

图12-48

STEP 04 执行操作后即可添加"跌落"切换效果,在"预览"选项区中单击"预览"按钮,如图12-49所示。

图12-49

STEP 05 执行操作后即可预览"跌落"切换效果,如图12-50所示。

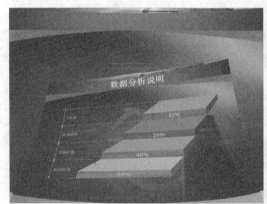

图12-50

3. 动态内容切换效果

在PowerPoint 2013中,用户可以为多张幻灯片设置动画切换效果,其中在动态内容切换效果中包括"平移""摩天轮""传送带""旋转"和"轨道"等切换效果。

平移切换效果是指应用该切换效果的幻灯片,在进行放映时,整张幻灯片在淡出的同时,其他内容则以向上迅速移动的形式,显示整张幻灯片。

课堂案例	
动态内容切换效果	
案例位置	光盘>效果>第12章>课堂案例——动态内容切换效果.pptx
视频位置	光盘>视频>第12章>课堂案例——动态内容切换效果.mp4
难易指数	★★☆☆☆
学习目标	掌握动态内容切换效果的制作方法

本案例的最终效果如图12-51所示。

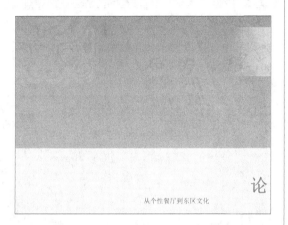

图12-51

STEP 01 在PowerPoint 2013中打开一个素材文件，如图12-52所示。

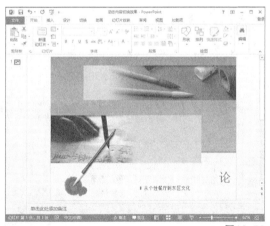

图12-52

STEP 02 切换至"切换"功能区，单击"切换到此幻灯片"选项区中的"其他"下拉按钮，弹出列表框，在"动态内容"选项区中选择"摩天轮"选项，如图12-53所示。

图12-53

STEP 03 执行操作后即可添加"摩天轮"切换效果，在"预览"选项区中单击"预览"按钮，预览切换效果，如图12-54所示。

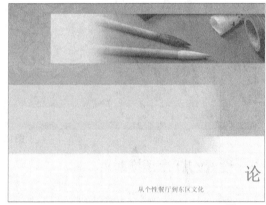

图12-54

12.3.2 设置切换声音和速度

PowerPoint 2013为用户提供了多种切换声音，用户可以从"声音"下拉列表中选择一种声音作为动画播放时的伴音。添加切换效果后，用户还可以根据自己的需要设置动画的播放速度。

1. 设置幻灯片切换声音

在PowerPoint 2013中选中第1张幻灯片，切换至"切换"功能区，如图12-55所示。单击"声音"右侧的下拉三角按钮，在弹出的列表框中选择声音即可设置切换声音，如图12-56所示。

图12-55

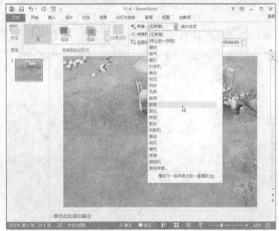

图12-56

2. 设置幻灯片切换时间

设置幻灯片切换速度，只需要单击"计时"选项区的"持续时间"右侧的下三角按钮即可设置幻灯片切换时间，如图12-57所示。

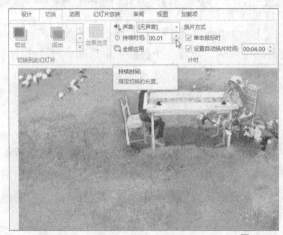

图12-57

12.3.3 设置指针选项

在放映幻灯片时，单击鼠标右键，在弹出的快捷菜单中可以设置指针在放映幻灯片时的情况，如图12-58所示。

图12-58

12.3.4 切换与定位幻灯片

切换与定位幻灯片是指在幻灯片放映的过程中，使用快捷菜单中的命令自由切换至上一张或者下一张幻灯片，或者直接定位至目标幻灯片中。

课堂案例	
切换与定位幻灯片	
案例位置	无
视频位置	光盘>视频>第12章>课堂案例——切换与定位幻灯片.mp4
难易指数	★★☆☆☆
学习目标	掌握切换与定位幻灯片的制作方法

本案例的最终效果如图12-59所示。

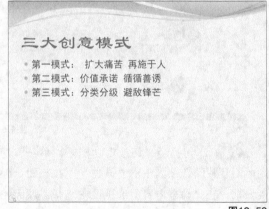

图12-59

STEP 01 在PowerPoint 2013中打开一个素材文件，切换至"幻灯片放映"功能区，如图12-60所示。

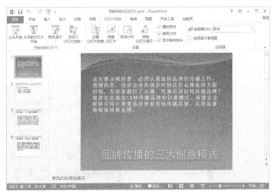

图12-60

STEP 02 放映幻灯片，单击"下一页"按钮，如图12-61所示。

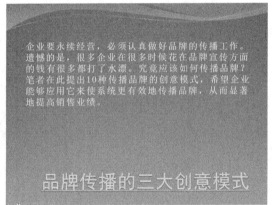

图12-61

STEP 03 此时即可跳转到下一张幻灯片，如图12-62所示。如果要跳转到上一张幻灯片中，可以单击控制菜单中的第一个箭头按钮。

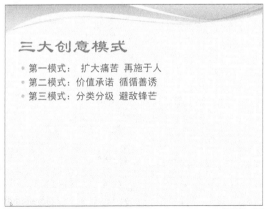

图12-62

12.4 本章小结

PowerPoint 2013提供了多种放映和控制幻灯片的方法，用户可以选择最为理想的放映速度与放映方式，使幻灯片在放映时结构清晰、流畅。本章主要介绍了设置幻灯片放映、幻灯片放映方式以及幻灯片切换效果等内容。

12.5 课后习题

本章主要介绍设置和放映幻灯片的内容。本节将通过填空题、选择题以及上机练习题，对本章的知识点进行回顾。

12.5.1 填空题

（1）启动放映的方法有3种：第1种是从头开始放映幻灯片；第2种是从当前幻灯片开始播放；第3种是_____。

（2）如果用户需要从当前选择的幻灯片处开始放映，可以按_____组合键，或单击"开始放映幻灯片"选项区中的"从当前幻灯片开始"按钮。

（3）运用_____功能可以让演讲者确切了解每一张幻灯片需要讲解的时间。

12.5.2 选择题

（1）如果希望在演示文稿中从第1张开始依次进行放映，可以按（ ）键放映。

A. 【F5】　　　　　　　B. 【F4】

C. 【F3】　　　　　　　D. 【F2】

（2）利用演讲者放映方式可以全屏显示幻灯片，演讲者在自行播放时具有完整的控制权，可采用（ ）方式放映。

A. 人工　　　　　　　B. 自动

C. 人工或自动　　　　D. 人工和自动

（3）利用观众自行浏览方式将在标准窗口中放映幻灯片，通过底部的（ ）按钮可选择放映的幻灯片。

A．"上一张"　　　B．"下一张"

C．"上一张"和"下一张"

12.5.3 课后习题——为"红瓷文化"演示文稿设置从当前幻灯片开始放映

案例位置	光盘>效果>第12章>课后习题——为"红瓷文化"演示文稿设置从当前幻灯片开始放映.pptx
视频位置	光盘>视频>第12章>课后习题——为"红瓷文化"演示文稿设置从当前幻灯片开始放映.mp4
难易指数	★☆☆☆☆
学习目标	掌握为"红瓷文化"演示文稿设置从当前幻灯片开始放映的制作方法

本实例介绍为"红瓷文化"演示文稿设置从当前幻灯片开始放映的方法，最终效果如图12-63所示。

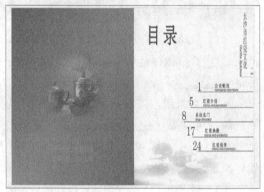

图12-63

步骤分解如图12-64所示。

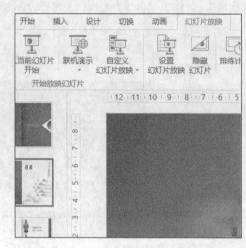

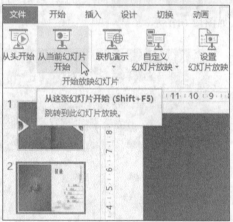

图12-64

第13章

打印输出演示文稿

演示文稿制作好以后，可以将整个演示文稿中的部分幻灯片、讲义、备注页、大纲等打印出来，还可以将其模版保存起来以便以后使用，可以将其制作成光盘或者转移到其他计算机上等。

课堂学习目标

设置打印页面

演示文稿的安全设置

打印演示文稿

输出演示文稿

13.1 打印页面的设置

通过页面设置可以设置用于打印的幻灯片大小、方向和其他版式。幻灯片每页只打印一张,在打印前应该先调整其大小以适合各种纸张大小,还可以自定义打印的方式和方向。

13.1.1 设置幻灯片大小

在打印演示文稿前,用户可以根据自己的需要对打印页面进行设置,使打印的形式和效果更符合实际需要。

课堂案例	
设置幻灯片大小	
案例位置	光盘>效果>第13章>课堂案例——设置幻灯片大小.pptx
视频位置	光盘>视频>第13章>课堂案例——设置幻灯片大小.mp4
难易指数	★★☆☆☆
学习目标	掌握设置幻灯片大小的制作方法

本案例的最终效果如图13-1所示。

图13-1

技巧与提示

通过"自定义幻灯片大小"对话框可以设置用于打印的幻灯片大小、方向和其他版式。

STEP 01 在PowerPoint 2013中打开一个素材文件,切换至"设计"功能区,单击"自定义"选项区中的"幻灯片大小"按钮,如图13-2所示。

图13-2

STEP 02 弹出快捷菜单,选择"自定义幻灯片大小"选项,如图13-3所示。

图13-3

STEP 03 弹出"幻灯片大小"对话框,单击"幻灯片大小"下拉按钮,在弹出的列表框中选择"A4纸张(210×297毫米)"选项,如图13-4所示。

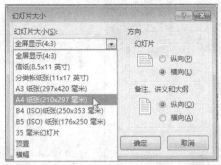

图13-4

STEP 04 单击"确定"按钮,弹出提示信息框,单击"确保适合"按钮即可设置幻灯片大小,如图13-5所示。

图13-5

13.1.2 设置幻灯片方向

设置文稿中幻灯片的方向，只需要单击"页面设置"对话框中"方向"选项区中的"横向"或"纵向"单选按钮。

课堂案例	
设置幻灯片方向	
案例位置	光盘>效果>第13章>课堂案例——设置幻灯片方向.pptx
视频位置	光盘>视频>第13章>课堂案例——设置幻灯片方向.mp4
难易指数	★★☆☆☆
学习目标	掌握设置幻灯片方向的制作方法

本案例的最终效果如图13-6所示。

图13-6

STEP 01 在PowerPoint 2013中打开一个素材文件，切换至"设计"功能区，单击"自定义"选项区中的"幻灯片大小"下拉按钮，弹出列表框，选择"自定义幻灯片大小"选项，如图13-7所示。

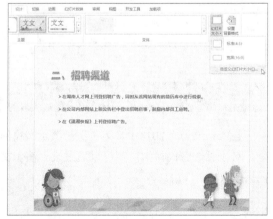

图13-7

STEP 02 弹出"幻灯片大小"对话框，在"方向"选项区中，选中"幻灯片"选项区中的"纵向"单选按钮，如图13-8所示。

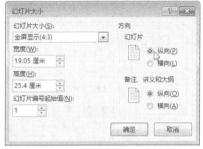

图13-8

STEP 03 单击"确定"按钮，弹出提示信息框，单击"确保适合"按钮，如图13-9所示。

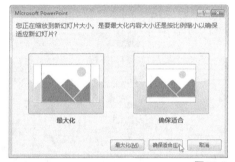

图13-9

STEP 04 执行操作后即可设置幻灯片方向，如图13-10所示。

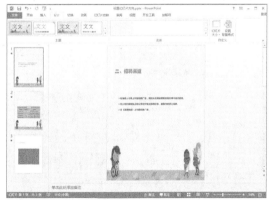

图13-10

13.1.3 设置幻灯片宽度和高度

在PowerPoint 2013中切换至"设计"功能区，单击"自定义"选项区中的"幻灯片大小"下拉按钮,在弹出的列表框中选择"自定义幻灯片大小"选项,如图13-11所示。弹出"幻灯片大小"对话框,设置"宽度"为"28厘米"、"高度"为"16厘米",如图13-12所示。

图13-11

图13-12

单击"确定"按钮,弹出提示信息框,单击"确保适合"按钮即可设置幻灯片宽度和高度,效果如图13-13所示。

图13-13

13.1.4 设置幻灯片编号起始值

在PowerPoint 2013中,切换至"设计"功能区,单击"自定义"选项区中的"幻灯片大小"下拉按钮,弹出列表框,选择"自定义幻灯片大小"选项,如图13-14所示。

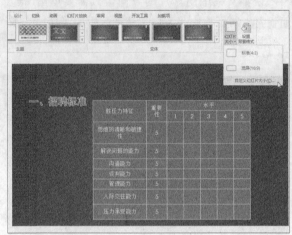

图13-14

弹出"幻灯片大小"对话框,在"幻灯片编号起始值"数值框中输入幻灯片的起始编号,如图13-15所示。单击"确定"按钮即可设置幻灯片编号的起始值。

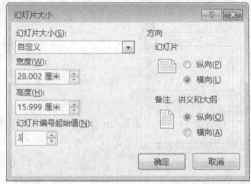

图13-15

技巧与提示

在"幻灯片大小"对话框中设置的起始编号,对整个演示文稿中的所有幻灯片、备注、讲义和大纲均有效。

13.2 安全设置演示文稿

在PowerPoint 2013中,为了保护演示文稿的安全,可以设置密码保护,还可以通过设置演示文稿的属性保护个人信息。

13.2.1 让演示文稿无法修改

在PowerPoint 2013中，将演示文稿保存为放映模式，可以让演示文稿无法被修改。

课堂案例	
让演示文稿无法修改	
案例位置	无
视频位置	光盘>视频>第13章>课堂案例——让演示文稿无法修改.mp4
难易指数	★★☆☆☆
学习目标	掌握让演示文稿无法修改的制作方法

STEP 01 在PowerPoint 2013中打开一个素材文件，如图13-16所示。

图13-16

STEP 02 单击"文件"|"另存为"命令，如图13-17所示。

STEP 03 在"另存为"选项区中选择"计算机"选项，然后单击"浏览"按钮，如图13-18所示。

STEP 04 弹出"另存为"对话框，单击"保存类型"右侧的下拉按钮，在弹出的列表框中选择"PowerPoint放映"选项，如图13-19所示。

图13-17

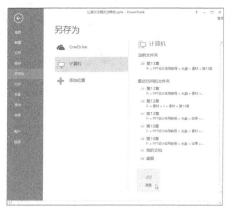

图13-18

图13-19

STEP 05 单击"保存"按钮即可让演示文稿无法被修改。

13.2.2 为演示文稿设置密码保护

在PowerPoint 2013中，通过"另存为"对话框可以设置密码保护。

在PowerPoint 2013中，单击"文件"|"另存为"命令，如图13-20所示。在"另存为"选项区中选择"计算机"选项，然后单击"浏览"按钮，如图13-21所示。

图13-20

图13-21

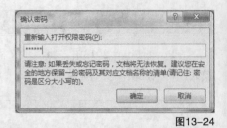

图13-24

弹出"另存为"对话框，单击"工具"右侧的下拉按钮，在弹出的列表框中选择"常规选项"选项，如图13-22所示。弹出"常规选项"对话框，在"打开权限密码"文本框中输入自定义的密码，然后单击"确定"按钮，如图13-23所示。

13.2.3 将演示文稿以PDF格式保存

在PowerPoint 2013中，为了保护演示文稿，可以将演示文稿以PDF格式保存。

在PowerPoint 2013中单击"文件"|"另存为"命令，如图13-25所示。在"另存为"选项区中选择"计算机"选项，然后单击"浏览"按钮，如图13-26所示。

图13-22

图13-25

图13-23

弹出"确认密码"对话框，再次输入打开权限密码，单击"确定"按钮，返回至"另存为"对话框，单击"保存"按钮即可设置密码保护，如图13-24所示。

图13-26

弹出"另存为"对话框，单击"保存类型"右侧的下拉按钮，在弹出的列表框中选择PDF选项，如图13-27所示。单击"保存"按钮即可将演示文稿以PDF格式保存。

图13-27

13.2.4 将演示文稿标记为最终状态

在PowerPoint 2013中，为了防止他人编辑演示文稿，可以将演示文稿标记为最终状态。

在PowerPoint 2013中单击"文件"|"信息"命令，如图13-28所示。在"信息"选项区中单击"保护演示文稿"下拉按钮，在弹出的列表框中选择"标记为最终状态"选项，如图13-29所示。弹出提示信息框，单击"确定"按钮，如图13-30所示。

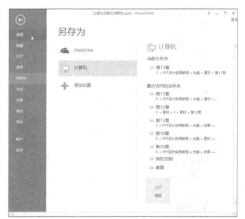

图13-28

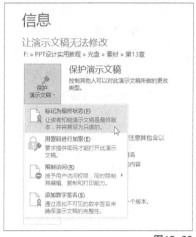

图13-29

图13-30

再次弹出提示信息框，单击"确定"按钮，如图13-31所示。执行操作后，返回演示文稿，在功能区下方显示"标记为最终状态"提示语，表示演示文稿已标记为最终状态，如图13-32所示。

图13-31

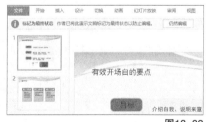

图13-32

13.2.5 在演示文稿属性中添加作者的名称

在PowerPoint 2013中，通过"属性"对话框中的"详细信息"选项卡即可添加作者名称。

打开演示文稿所在文件夹，选择该演示文稿，单击鼠标右键，在弹出的快捷菜单中选择"属性"选项，如图13-33所示。弹出"属性"对话框，切换至"详细信息"选项卡，单击"来源"选项下的"作者"右侧文本框，输入作者名称，单击"确定"按钮，如图13-34所示。

图13-33

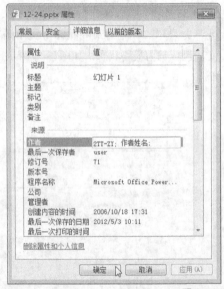

图13-34

13.3 演示文稿的打印

在PowerPoint 2013中，可以将制作完成的演示文稿打印出来。在打印时，可以根据不同的目的将演示文稿打印为不同的形式，常用的打印稿形式有幻灯片、讲义、备注和大纲视图。

13.3.1 打印预览

在打印演示文稿前，用户可以对打印的页面进行预览，提前查看打印结果，避免打印错误的文稿而造成不必要的浪费，使打印的形式和效果更符合实际需要。

1. 设置打印选项

在PowerPoint 2013中的"打印预览"功能区中，用户可以根据制作课件的实际需要设置打印选项。

课堂案例	
设置打印选项	
案例位置	无
视频位置	光盘>视频>第13章>课堂案例——设置打印选项.mp4
难易指数	★★☆☆☆
学习目标	掌握设置打印选项的制作方法

本案例的最终效果如图13-35所示。

图13-35

STEP 01 在PowerPoint 2013中单击"文件"|"打印"命令即可预览打印效果，如图13-36所示。

图13-36

STEP 02 单击"设置"选项区中的"打印全部幻灯片"下拉按钮，在弹出的列表框中选择"打印当前幻灯片"选项，如图13-37所示，执行操作后即可打印当前页。

图13-37

2. 设置打印内容

设置打印内容是指设置打印幻灯片、讲义、备注或是大纲视图，单击"页面设置"选项区中的"打印内容"，在弹出的列表框中用户可以根据自己的需求选择打印的内容，如选择"讲义（每张6张幻灯片）"选项，选择打印内容后就变成讲义视图。

课堂案例	
设置打印内容	
案例位置	无
视频位置	光盘>视频>第13章>课堂案例——设置打印内容.mp4
难易指数	★★☆☆☆
学习目标	掌握设置打印内容的制作方法

本案例的最终效果如图13-38所示。

图13-38

STEP 01 在PowerPoint 2013中单击"文件"|"打印"命令，单击"整页幻灯片"按钮，在弹出的列表框中选择"4张水平放置的幻灯片"选项，如图13-39所示。

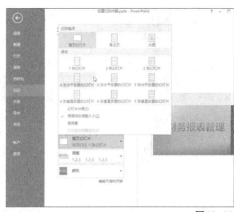

图13-39

STEP 02 执行操作后即可以4张水平放置的幻灯片显示预览，如图13-40所示。

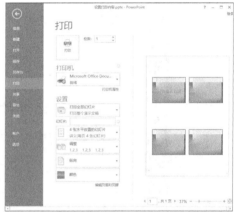

图13-40

3. 设置幻灯片边框

在PowerPoint 2013中单击"文件"|"打印"命令，单击"整页幻灯片"按钮，在弹出的列表框中选择需要设置的选项，如图13-41所示。执行操作后即可为幻灯片添加边框，如图13-42所示。

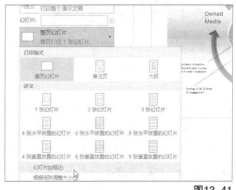

图13-41

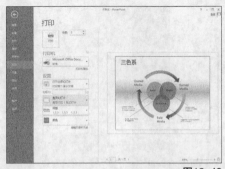

图13-42

13.3.2 打印多份演示文稿

单击"文件"|"打印"命令，单击"副本"右侧的三角按钮即可设置打印份数，如图13-43所示。

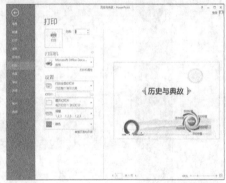

图13-43

13.4 演示文稿的输出

PowerPoint 提供了多种保存、输出演示文稿的方法。用户可以将制作出来的演示文稿输出为多种样式，如将演示文稿打包、以网页或文件的形式输出等。

13.4.1 打包演示文稿

要在没有安装PowerPoint 的计算机上运行演示文稿，需要Microsoft Office PowerPoint Viewer的支持。默认情况下，在安装PowerPoint时将自动安装PowerPoint Viewer，因此可以直接使用将演示文稿打包CD功能，从而将演示文稿以特殊的形式复制到可刻录光盘、网络或本地磁盘驱动器中，并在其中集成一个PowerPoint Viewer，以便在任何计算机上都能进行演示。

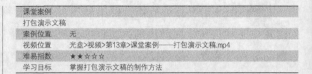

课堂案例	
打包演示文稿	
案例位置	无
视频位置	光盘>视频>第13章>课堂案例——打包演示文稿.mp4
难易指数	★★☆☆☆
学习目标	掌握打包演示文稿的制作方法

STEP 01 在PowerPoint 2013中单击"文件""导出"命令，在右侧的选项区中选择"将演示文稿打包成CD"|"打包成CD"选项，如图13-44所示。

图13-44

STEP 02 弹出"打包成CD"对话框，单击"复制到文件夹"按钮，如图13-45所示。

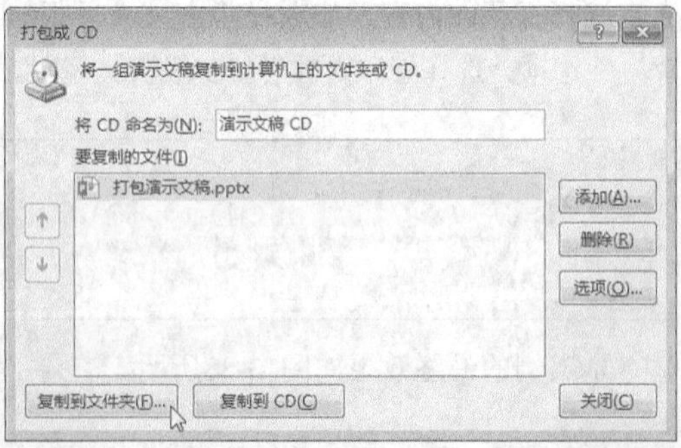

图13-45

STEP 03 弹出"复制到文件夹"对话框，单击"浏览"按钮，如图13-46所示。执行操作后，弹出"选择位置"对话框，在该对话框中选择需要保存的位置，如图13-47所示。

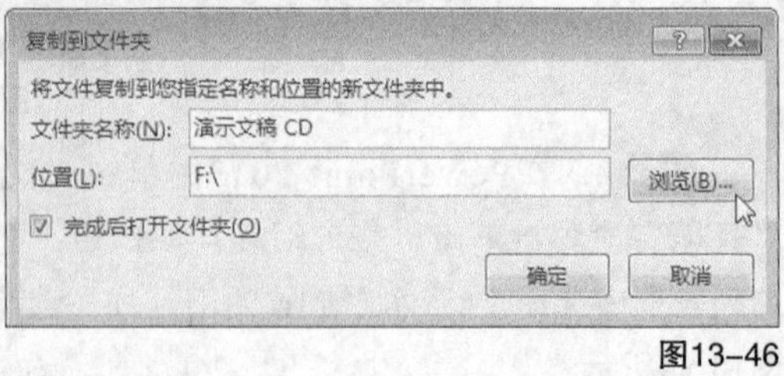

图13-46

图13-47

STEP 04 单击"选择"按钮，返回到"复制到文件夹"对话框，单击"确定"按钮，在弹出的信息提示框中单击"是"按钮，如图13-48所示。弹出"正在将文件复制到文件夹"对话框。待演示文稿中的文件复制完成后，单击"打包成CD"对话框中的"关闭"按钮即可完成演示文稿的打包操作，在保存位置可查看打包CD的文件，如图13-49所示。

图13-48

图13-49

技巧与提示

如果幻灯片中使用了TrueType字体，可将其一起嵌入到包中，嵌入字体可确保在不同的计算机上运行演示文稿时，该字体可正确显示。

13.4.2 发布演示文稿

可以将演示文稿中的幻灯片保存到Office Share Point Viewer 2013服务器上的幻灯片库中，保存后可以共享并重复使用幻灯片的内容。也可以从幻灯片库中将幻灯片添加到正在编辑的演示文稿中。

在PowerPoint 2013中，单击"文件"|"共享"|"发布幻灯片"命令，单击右侧的"发布幻灯片"按钮，如图13-50所示。在弹出的"发布幻灯片"对话框中单击"全选"按钮，如图13-51所示，选择幻灯片的保存位置，单击"发布"按钮即可将所选的幻灯片发布到幻灯片库中。

图13-50

图13-51

13.4.3 输出文件形式

PowerPoint支持将演示文稿中的幻灯片输出为GIF、JPG、TIFF、BMP、PNG、WMF等格式的图形文件。

1. 输出为图形文件

将演示文稿中的幻灯片输出为图形文件的方法如下：

课堂案例	
输出为图形文件	
案例位置	无
视频位置	光盘>视频>第13章>课堂案例——输出为图形文件.mp4
难易指数	★★☆☆☆
学习目标	掌握输出为图形文件的制作方法

STEP 01 在PowerPoint 2013中单击"文件"|"导出"|"更改文件类型"命令，如图13-52所示。

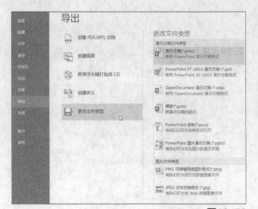

图13-52

STEP 02 在"演示文稿文件类型"列表框中选择"JPEG文件交换格式"选项，如图13-53所示。

图13-53

STEP 03 执行操作后，弹出"另存为"对话框，选择相应的保存文件类型，如图13-54所示。

图13-54

STEP 04 单击"保存"按钮，弹出信息提示框，单击"所有幻灯片"按钮，如图13-55所示。

图13-55

STEP 05 执行操作后，弹出信息提示框，单击"确定"按钮，如图13-56所示。

图13-56

STEP 06 执行操作后即可输出演示文稿为图形文件，打开相应的文件夹，如图13-57所示，双击文件名查看文件。

图13-57

2. 输出为幻灯片放映文件

在PowerPoint 2013中经常用到的输出格式还有幻灯片放映和大纲。幻灯片放映是将演示文稿保存为总是以幻灯片放映的形式打开的演示文稿，每当打开该类型演示文件，PowerPoint将自动切换到幻灯片放映状态，而不会出现PowerPoint编辑窗口。

在PowerPoint 2013中，单击"文件"|"导出"|"更改文件类型"命令，如图13-58所示。在"演示文稿文件类型"列表框中选择"PowerPoint放映"选项，如图13-59所示。

图13-58

图13-59

执行操作后，弹出"另存为"对话框，选择需要存储的文件类型，如图13-60所示。单击"保存"按钮即可输出文件，在保存文件的位置上双击文件即可查看文件，如图13-61所示。

图13-60

图13-61

13.5 本章小结

在PowerPoint 2013中，演示文稿制作完成以后，可以将整个演示文稿中的部分幻灯片、讲义、备注页和大纲等打印出来。本章主要介绍了设置打印页面、打包演示文稿以及打印演示文稿等内容。

13.6 课后习题

本章主要介绍打印和发布演示文稿的内容。本节将通过填空题、选择题以及上机练习题，对本章的知识点进行回顾。

13.6.1 填空题

（1）设置文稿中幻灯片的方向，只需要选中_____对话框的"方向"选项区中的"横向"或"纵向"单选按钮即可。

（2）单击"打印全部幻灯片"下拉按钮，在弹出的列表框中用户还可以选择_____，将需要的某一特定的幻灯片进行打印。

（3）通过_____设置，可以设置用于打印的幻灯片大小、方向和其他版式。

13.6.2 选择题

（1）在"页面设置"对话框中的"幻灯片大小"列表框中，包含有（　）种页面大小样式。

A．13种　　　　　　　B．14种

C．15种　　　　　　　D．16种

（2）在PowerPoint 2013中，对制作完成的课件进行打印方向的设置时，有（　）方法。

A．2种　　　　　　　B．5种

C．3种　　　　　　　D．4种

（3）选择"幻灯片加框"选项，只有在打印"幻灯片""备注页"和（　）视图模式下的时候才能被激活。

A．"阅读视图"　　　　B．"大纲视图"

C．"普通视图"　　　　D．"讲义母版"

13.6.3 课后习题——为"美食"演示文稿设置高度和宽度

案例位置	光盘>效果>第13章>课后习题——为"美食"演示文稿设置高度和宽度.pptx
视频位置	光盘>视频>第13章>课后习题——为"美食"演示文稿设置高度和宽度.mp4
难易指数	★★☆☆☆
学习目标	掌握为"美食"演示文稿设置高度和宽度的制作方法

本实例介绍为"美食"演示文稿设置高度和宽度的方法，最终效果如图13-62所示。

图13-62

步骤分解如图13-63所示。

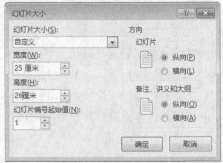

图13-63

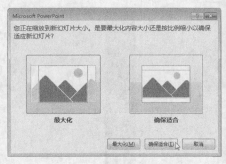

图13-63（续）

第14章

商业案例实训

由于市场竞争越来越激烈，企业对办公效率的要求越来越高，领导们往往对厚厚的文件越来越反感，对精致美观的电子演示文稿越来越青睐。这一现象使得PowerPoint在日常办公中的作用和影响越来越大。本章作为本书的一个综合章节，在回顾前面所学知识的基础上，重点讲解了PPT的综合案例制作方法，解决广大读者的燃眉之急，使读者快速成为使用PowerPoint制作演示文稿的高手！

课堂学习目标

品牌服装宣传

新品推广

年度会议报告

语文课件

市场调研分析

14.1 课堂案例——品牌 服装宣传

案例位置	光盘>效果>第14章>课堂案例——品牌服装宣传.pptx
视频位置	光盘>视频>第14章>课堂案例——品牌服装宣传.mp4
难易指数	★★★★★
学习目标	掌握品牌服装宣传演示文稿的制作方法

本实例介绍制作品牌服装宣传演示文稿的方法，最终效果如图14-1所示。

 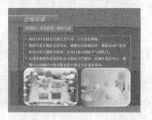

图14-1

14.1.1 制作幻灯片背景

STEP 01 在PowerPoint 2013中打开一个素材文件，如图14-2所示。

STEP 02 单击"新建幻灯片"按钮，在弹出的列表框中选择"空白"选项，如图14-3所示，新建空白幻灯片。

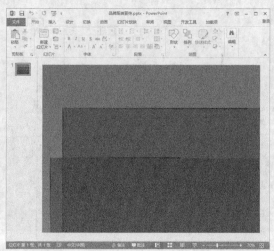

图14-2

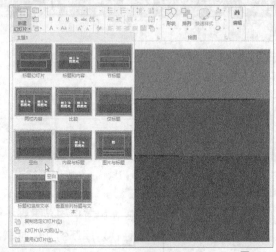

图14-3

STEP 03 重复上述步骤，新建5张空白幻灯片，如图14-4所示。

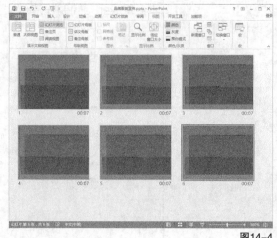

图14-4

14.1.2 装饰幻灯片

STEP 01 切换至"插入"功能区，单击"文本框"下拉按钮，在弹出的列表框中选择"横排文本框"选项，绘制文本框并输入文字，效果如图14-5所示。

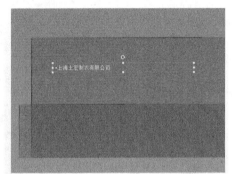

图14-5

STEP 02 选中文本，切换至"开始"功能区，设置"字体"为"隶书"，"字号"为"40"，"字体颜色"为"淡紫，着色1"，单击"下划线"按钮，效果如图14-6所示。

图14-6

STEP 03 用同样的方法输入其他文字，并设置相应属性，效果如图14-7所示。

图14-7

STEP 04 切换至"插入"功能区，单击"形状"按钮，在弹出的列表框中选择"七角形"选项，在幻灯片中绘制形状，效果如图14-8所示。

图14-8

STEP 05 切换至"绘图工具"|"格式"功能区，设置"形状样式"为"中等效果-紫色，强调颜色2"，效果如图14-9所示。

图14-9

STEP 06 在形状上单击鼠标右键，在弹出的快捷菜单中选择"编辑文字"选项，输入文字，设置"字体"为"华文行楷"，"字号"为"12"，并居中对齐，效果如图14-10所示。

图14-10

STEP 07 进入第2张幻灯片，切换至"插入"功能区，单击"形状"下拉按钮，在弹出的列表框中选择"矩形"选项，在幻灯片中绘制矩形，效果如图14-11所示。

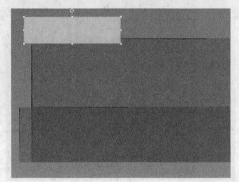

图14-11

STEP 08 切换至"绘图工具"|"格式"功能区，设置"形状样式"为"强烈效果-紫色，强调颜色2"，效果如图14-12所示。

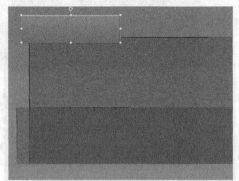

图14-12

STEP 09 在形状上单击鼠标右键，在弹出的快捷菜单中选择"编辑文字"选项，在文本框中输入文字，效果如图14-13所示。

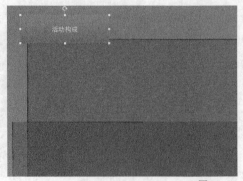

图14-13

STEP 10 进入第2张幻灯片，选中文本，切换至"开始"功能区，设置"字体"为"宋体"，"字号"为"28"，"字体颜色"为"黄色"，单击"加粗"和"倾斜"按钮，效果如图14-14所示。

图14-14

STEP 11 复制图形至第3张幻灯片中，并输入相应的文字，效果如图14-15所示。

图14-15

STEP 12 用同样的方法复制形状至其他幻灯片中，并输入相应的文字，效果如图14-16所示。

图14-16

图14-16（续）

STEP 13 进入第2张幻灯片，切换至"插入"功能区，在"形状"列表框中选择"矩形"选项，绘制一个矩形，效果如图14-17所示。

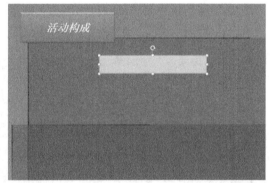

图14-17

STEP 14 切换至"绘图工具"|"格式"功能区，设置"形状样式"为"彩色轮廓-淡紫，强调颜色1"，效果如图14-18所示。

图14-18

STEP 15 在形状上单击鼠标右键，在弹出的快捷菜单中选择"编辑文字"选项，在文本框中输入文字，效果如图14-19所示。

图14-19

STEP 16 选中文本，切换至"开始"功能区，设置"字体"为"宋体"，"字号"为"18"，"字体颜色"为"金色，着色4，深色25%"，单击"加粗"和"倾斜"按钮，效果如图14-20所示。

图14-20

STEP 17 复制出几个图形并将其粘贴至合适位置，修改图形内的文字，效果如图14-21所示。

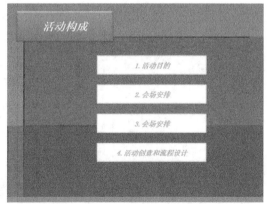

图14-21

STEP 18 选中所有图形，切换至"绘图工具"|"格式"功能区，单击"对齐"下拉按钮，在

弹出的列表框中选择"左右居中"和"纵向分布"选项，效果如图14-22所示。

图14-22

STEP 19 进入第3张幻灯片，绘制一个横排文本框，设置"字体"为"宋体"，"字体大小"为"20"，单击"加粗"按钮，在文本框中输入文字，效果如图14-23所示。

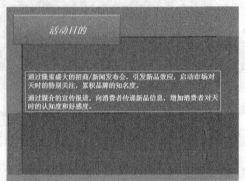

图14-23

STEP 20 单击"项目符号"下三角按钮，在弹出的列表框中选择相应选项，如图14-24所示。

图14-24

STEP 21 执行操作后即可添加项目符号，效果如图14-25所示。

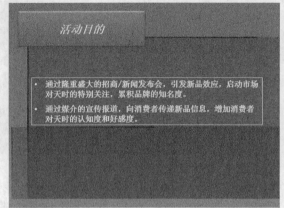

图14-25

STEP 22 选中文本，单击"绘图"选项区中的"形状轮廓"下拉按钮，在弹出的列表框中选择"白色，文字1"选项，效果如图14-26所示。

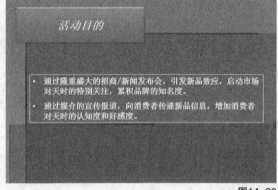

图14-26

STEP 23 进入第4张幻灯片，用同样的方法输入文字，并设置相应属性，如图14-27所示。

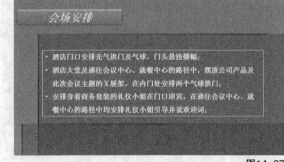

图14-27

STEP 24 用同样的方法在第5张和第6张幻灯片中输入文字，并设置相应属性，效果如图14-28所示。

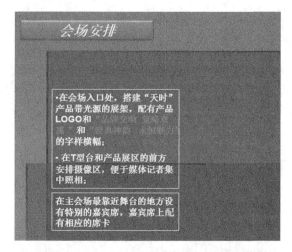

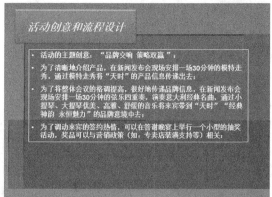

图14-28

STEP 25 进入第4张幻灯片，切换至"插入"功能区，单击"形状"的按钮，在弹出的列表框中选择"矩形"选项，绘制矩形，如图14-29所示。

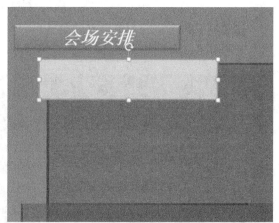

图14-29

STEP 26 切换至"绘图工具"|"格式"功能区，设置"形状样式"为"浅色1轮廓，彩色填充-紫色，强调颜色2"，效果如图14-30所示。

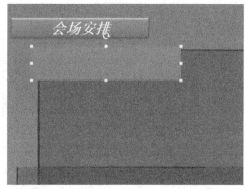

图14-30

STEP 27 在形状上单击鼠标右键，在弹出的快捷菜单中选择"编辑文字"选项，在文本框中输入文字，设置"字体"为"宋体"，"字号"为"18"，"字体颜色"为"黄色"，单击"加粗"和"倾斜"按钮，效果如图14-31所示。

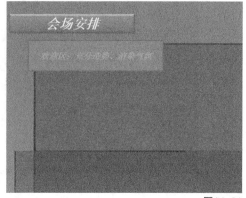

图14-31

STEP 28 切换至"插入"功能区，单击"图片"按钮即可弹出"插入图片"对话框，在该对话框中选择需要打开的素材图片，如图14-32所示。

图14-32

STEP 29 单击"插入"按钮，插入图片并调整图片大小与位置，切换至"绘图工具"|"格式"功

能区，添加"图片样式"为"棱台矩形"，效果如图14-33所示。

择"超链接"选项，弹出"插入超链接"对话框，在该对话框中设置各选项，如图14-36所示。

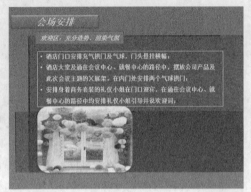

图14-33

STEP 30 用同样的方法插入图片并调整图片大小与位置，效果如图14-34所示。

图14-36

STEP 33 单击"确定"按钮即可插入超链接，选中的文本颜色将改变并添加下划线，效果如图14-37所示。

图14-34

STEP 31 进入第5张幻灯片，用同样的方法输入文字并插入图片，设置"图片样式"为"柔化边缘椭圆"，效果如图14-35所示。

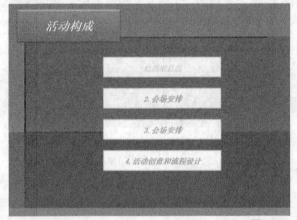

图14-37

STEP 34 用同样的方法插入其他超链接，效果如图14-38所示。

图14-35

STEP 32 进入第2张幻灯片，选中"1.活动目的"文本，单击鼠标右键，在弹出的快捷菜单中选

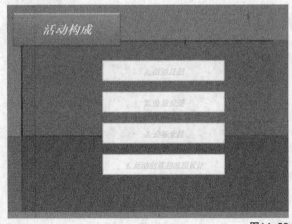

图14-38

14.1.3 添加动画效果

STEP 01 进入第2张幻灯片，选择"活动构成"形状，切换至"动画"功能区，在动画效果列表框中选择"弹跳"选项，如图14-39所示。

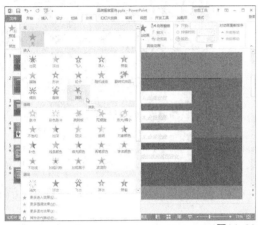

图14-39

STEP 02 用同样的方法设置"1.活动目的"到"4.活动创意和流程设计"4个形状的动画效果均为"飞入"，效果如图14-40所示。

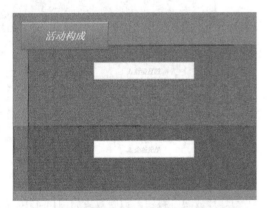

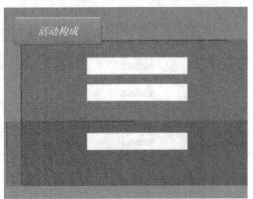

图14-40

STEP 03 用同样的方法设置第3张幻灯片的动画效果，单击"预览"按钮即可查看动画效果，如图14-41所示。

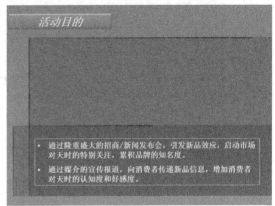

图14-41

STEP 04 进入第4张幻灯片，用同样的方法，设置形状动画为"弹跳"和"飞入"，设置图片的动画效果为"旋转"，单击"预览"按钮，预览效果如图14-42所示。

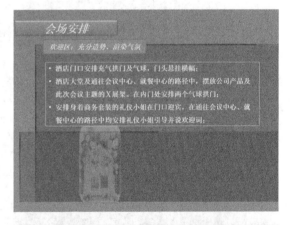

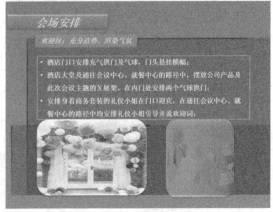

图14-42

STEP 05 用同样的方法设置第5张和第6张幻灯片，单击"预览"按钮，预览效果如图14-43所示。

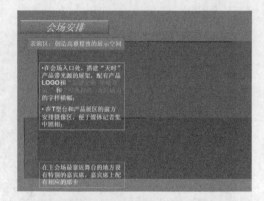

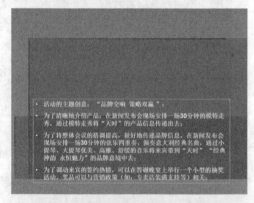

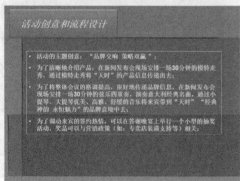

图14-43

STEP 06 进入第1张幻灯片，切换至"切换"功能区，设置第1张幻灯片的切换效果为"立方体"，单击"预览"按钮，预览效果如图14-44所示。

图14-44

STEP 07 单击"计时"选项区中的"全部应用"按钮即可全部应用"立方体"切换效果，单击"幻灯片放映"按钮，放映效果如图14-45所示。

图14-45

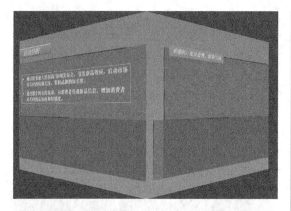

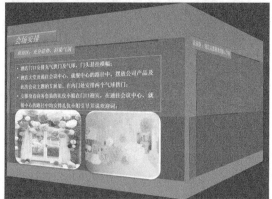

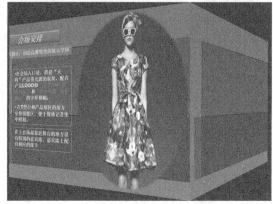

图14-45（续）

14.2 课堂案例——新品推广

案例位置	光盘>效果>第14章>课堂案例——新品推广.pptx
视频位置	光盘>视频>第14章>课堂案例——新品推广.mp4
难易指数	★★★★★
学习目标	掌握新品推广演示文稿的制作方法

本实例介绍制作新品推广演示文稿，最终效果如图14-46所示。

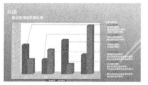

图14-46

14.2.1 添加幻灯片

STEP 01 启动PowerPoint 2013，切换至"设计"功能区，在"主题"选项区中单击"其他"按钮，在弹出的列表框中选择需要的主题，如图14-47所示。

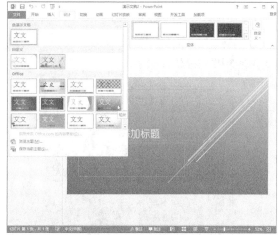

图14-47

STEP 02 执行操作后即可应用该主题，如图14-48所示。

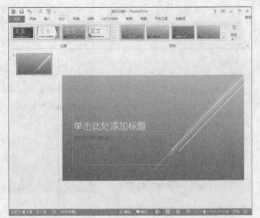

图14-48

STEP 03 切换至"开始"功能区,单击"新建幻灯片"按钮,在弹出的列表框中选择"仅标题"选项,如图14-49所示。

图14-49

STEP 04 用同样的方法新建3张"仅标题"幻灯片,如图14-50所示。

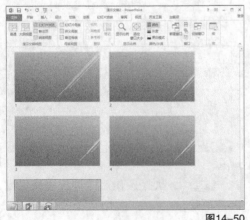

图14-50

14.2.2 制作幻灯片

STEP 01 进入第1张幻灯片,在标题文本框中输入文字,效果如图14-51所示。

图14-51

STEP 02 选中文本,设置"字体"为"隶书","字号"为"66","对齐方式"为"居中",效果如图14-52所示。

图14-52

STEP 03 在副标题文本框中输入文字,并设置"字体"为"华文中宋","字号"为"24",单击"加粗"按钮,设置对齐方式为"文本右对齐",效果如图14-53所示。

图14-53

STEP 04 移动文本至合适位置,效果如图14-54所示。

图14-54

STEP 05 进入第2张幻灯片，在标题栏内输入相应文字，效果如图14-55所示。

图14-55

STEP 06 切换至"插入"功能区，单击"形状"按钮，在弹出的列表框中选择"矩形"选项，在幻灯片中绘制矩形，效果如图14-56所示。

图14-56

STEP 07 选中形状，切换至"绘图工具"|"格式"功能区，单击"形状填充"右侧的下拉按钮，在弹出的列表框中选择"白色"，设置"形状轮廓"为"黑色"，效果如图14-57所示。

图14-57

STEP 08 用同样的方法绘制矩形，效果如图14-58所示。

图14-58

STEP 09 切换至"绘图工具"|"格式"功能区，单击"形状填充"按钮，设置颜色为"绿色"，如图14-59所示。

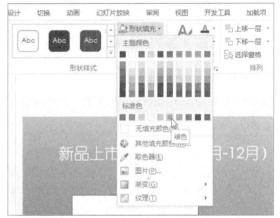

图14-59

STEP 10 执行操作后即可设置形状填充颜色，如图14-60所示。

图14-60

STEP 11 用同样的方法绘制一个"燕尾箭头"并设置相应属性，效果如图14-61所示。

图14-61

STEP 12 在形状内单击鼠标右键，在弹出的快捷菜单中选择"编辑文字"选项，并输入文字，设置字体、字号、颜色等文字属性，如图14-62所示。

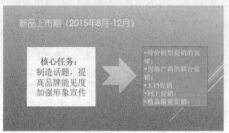

图14-62

STEP 13 进入第3张幻灯片，在标题文本框中输入相应文字，绘制文本框并输入文字，然后设置文字属性，效果如图14-63所示。

图14-63

STEP 14 切换至"插入"功能区，单击"图片"按钮，在弹出的"插入图片"对话框中选择需要插入的图片，如图14-64所示。

图14-64

STEP 15 单击"插入"按钮即可插入图片，调整图片大小与位置，效果如图14-65所示。

图14-65

STEP 16 切换至"图片工具"|"格式"功能区，单击"图片样式"选项区中的"其他"按钮，在弹出的列表框中选择"映像棱台，白色"选项即可设置图片样式，效果如图14-66所示。

图14-66

STEP 17 进入第4张幻灯片，在标题文本框中输入文字，绘制文本框并输入文字，然后设置文字属性，效果如图14-67所示。

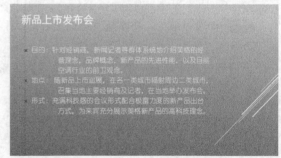

图14-67

STEP 18 进入第5张幻灯片，输入相应文字，切换至"插入"功能区，单击"图表"按钮，在弹出的"插入图表"对话框中选择相应的图表类型，如图14-68所示。

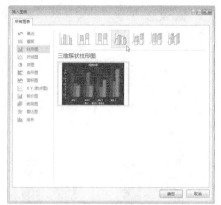

图14-68

STEP 19 单击"确定"按钮即可启动Excel应用程序，在表格中输入相应的数据，如图14-69所示。

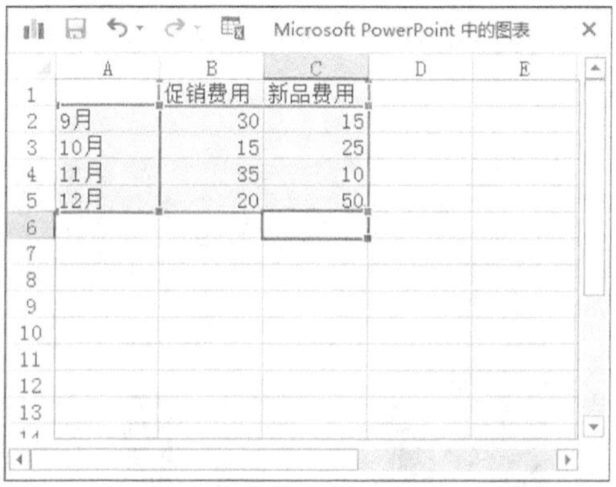

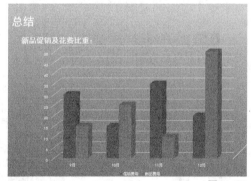

图14-69

STEP 20 执行操作后即可插入相应数据图表，如图14-70所示。

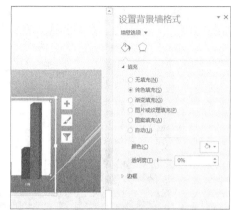

图14-71

STEP 22 执行操作后即可设置背景墙颜色，效果如图14-72所示。

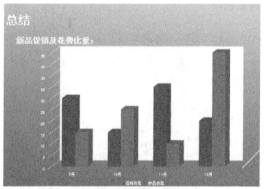

图14-72

STEP 23 单击"墙壁选项"按钮，在弹出的快捷菜单中选择"基底"选项，弹出"设置基底格式"窗格，设置"填充"为"纯色填充"，"颜色"为"黄色"，如图14-73所示。

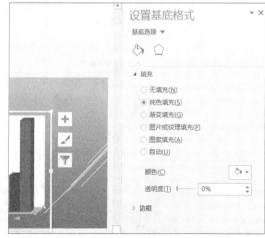

图14-70

STEP 21 选中图表，双击"图表区"，弹出"设置背景墙格式"窗格，单击"墙壁选项"按钮，在弹出的快捷菜单中选择"背景墙"选项，设置"填充"为"纯色填充"，"颜色"为"白色"，如图14-71所示。

图14-73

STEP 24 执行操作后即可设置图表基底，效果如图14-74所示。

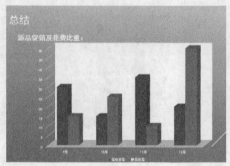

图14-74

STEP 25 切换至"设置图例格式"窗格，设置"填充"为"纯色填充"，"颜色"为"黑色"，效果如图14-75所示。

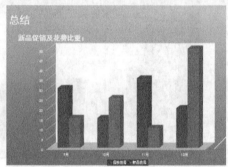

图14-75

STEP 26 切换至"图表工具"|"格式"功能区，单击"形状填充"下拉按钮，在弹出的列表框中选择"其他填充颜色"选项，弹出"颜色"对话框，各选项设置如图14-76所示。

图14-76

STEP 27 单击"确定"按钮即可设置形状填充颜色，效果如图14-77所示。

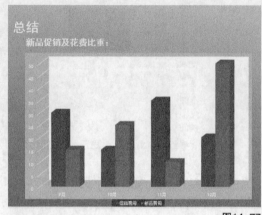

图14-77

STEP 28 设置"形状轮廓"为"黑色"，效果如图14-78所示。

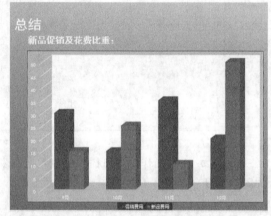

图14-78

STEP 29 在幻灯片中绘制一个横排文本框并输入相应的文字，效果如图14-79所示。

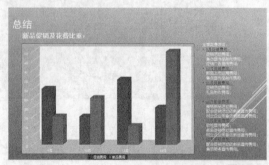

图14-79

STEP 30 切换至"插入"功能区，单击"图片"按钮，在弹出的"插入图片"对话框中选择需要插入的图片，单击"插入"按钮即可插入图片，调整图片大小与位置，效果如图14-80所示。

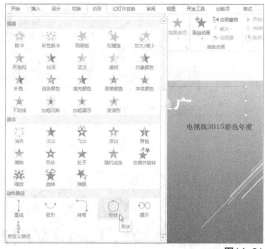

图14-80

14.2.3 自定义幻灯片动画

STEP 01 进入第1张幻灯片，选择标题文本框，切换至"动画"功能区，单击"动画"选项区中的"其他"按钮，在弹出的列表框中选择"形状"选项，如图14-81所示。

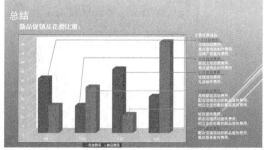

图14-81

STEP 02 单击"开始"右侧的下拉按钮，在弹出的列表框中选择"上一动画之后"选项，如图14-82所示。

图14-82

STEP 03 单击"预览"按钮即可预览动画效果，如图14-83所示。

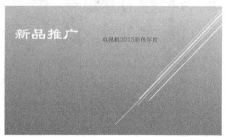

图14-83

STEP 04 用同样的方法设置副标题的动画效果，如图14-84所示。

图14-84

图14-84（续）

STEP 05 进入第2张幻灯片，设置标题的动画为"形状"，其他形状的动画为"飞入"，并为标题设置"动画计时"为"上一动画之后"，单击"预览"按钮即可预览动画，效果如图14-85所示。

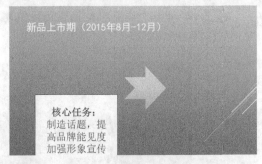

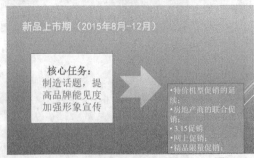

图14-85

STEP 06 用同样的方法设置第3~5张幻灯片，单击"预览"按钮，预览效果如图14-86所示。

图14-86

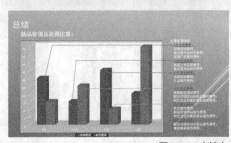

图14-86（续）

STEP 07 进入第1张幻灯片，切换至"转换"功能区，设置第1张幻灯片的切换效果为"百叶窗"，单击"预览"按钮，预览效果如图14-87所示。

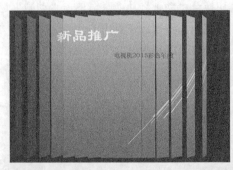

图14-87

302

STEP 08 单击"计时"选项区中的"全部应用"按钮即可全部应用"百叶窗"切换效果，单击"幻灯片放映"按钮，放映效果如图14-88所示。

图14-88

14.3 课堂案例——年度会议报告

案例位置	光盘>效果>第14章>课堂案例——年度会议报告.pptx
视频位置	光盘>视频>第14章>课堂案例——年度会议报告.mp4
难易指数	★★★★★
学习目标	掌握年度会议报告演示文稿的制作方法

本实例介绍制作年度会议报告演示文稿的方法，最终效果如图14-89所示。

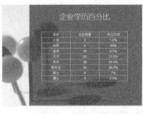

图14-89

303

14.3.1 添加幻灯片

STEP 01 启动PowerPoint 2013，切换至"设计"功能区，单击"主题"功能区中的"其他"按钮，在弹出的列表框中选择相应主题，如图14-90所示。

图14-90

STEP 02 切换至"开始"功能区，在"幻灯片"选项区中单击"新建幻灯片"下拉按钮，在弹出的列表框中选择"仅标题"选项，新建5张新幻灯片，如图14-91所示。

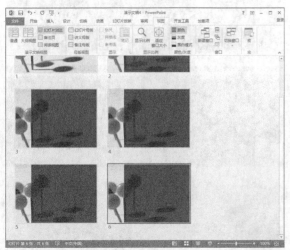

图14-91

STEP 03 用同样的方法再新建一张"标题幻灯片"，如图14-92所示。

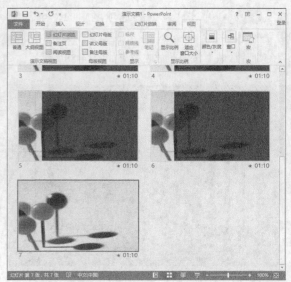

图14-92

14.3.2 制作企业介绍页

STEP 01 进入第1张幻灯片，在标题文本框中输入相应文字，效果如图14-93所示。

图14-93

STEP 02 用同样的方法在副标题文本框中输入相应文字，效果如图14-94所示。

图14-94

STEP 03 切换至"插入"功能区,单击"图片"按钮,弹出"插入图片"对话框,在该对话框中选择需要插入的图片,如图14-95所示。

要插入的图片,如图14-98所示。

图14-95

STEP 04 单击"插入"按钮即可插入图片,调整图片大小与位置,效果如图14-96所示。

图14-98

STEP 07 单击"插入"按钮即可插入图片,调整其大小与位置,效果如图14-99所示。

图14-96

STEP 05 进入第2张幻灯片,用同样的方法输入文字,效果如图14-97所示。

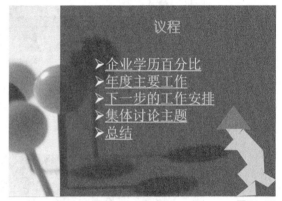

图14-99

STEP 08 进入第3张幻灯片,输入相应标题文字,效果如图14-100所示。

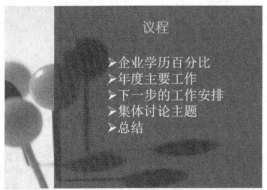

图14-97

STEP 06 切换至"插入"功能区,单击"图片"按钮,在弹出的"插入图片"对话框中选择需

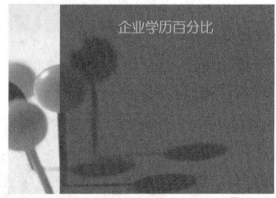

图14-100

STEP 09 切换至"插入"的功能区,单击"表格"按钮,在弹出的列表框中选择"插入表格"选项,弹出对话框,各选项设置如图14-101所示。

图14-101

STEP 10 执行操作后即可在幻灯片中插入表格，拖曳表格至合适位置并输入相应文字，效果如图14-102所示。

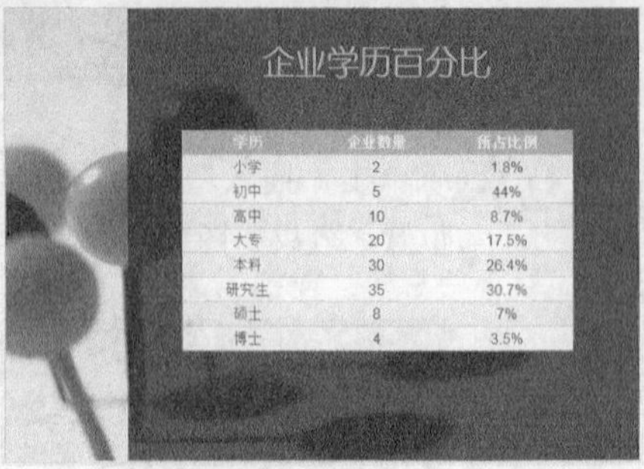

图14-102

STEP 11 选中表格，切换至"图表工具"|"设计"功能区，设置"表格样式"为"无样式，网格形"，效果如图14-103所示。

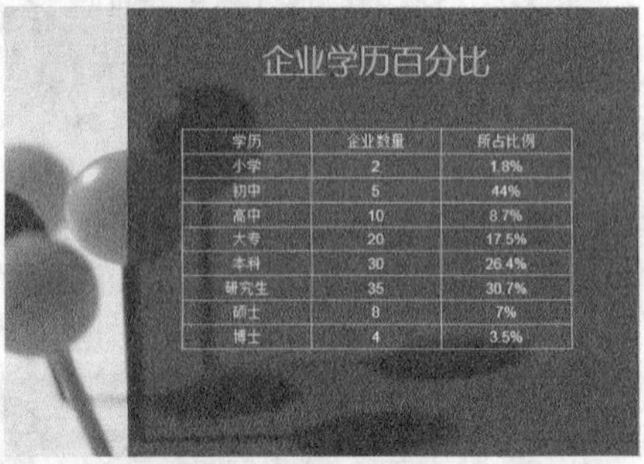

图14-103

STEP 12 进入第4张幻灯片，输入相应的文字，效果如图14-104所示。

图14-104

STEP 13 选中文本框中的文字，切换至"开始"功能区，单击"段落"选项区中的"项目符号"下拉按钮，在弹出的列表框中选择需要的选项，如图14-105所示。

图14-105

STEP 14 执行操作后即可添加项目符号，效果如图14-106所示。

图14-106

STEP 15 单击"项目符号"下拉按钮，在弹出的列表框中选择"项目符号和编号"选项，如图14-107所示。

图14-107

STEP 16 单击"项目符号"下拉按钮,在弹出的列表框中选择"项目符号和编号"选项,在弹出的对话框中设置各选项,如图14-108所示。

图14-108

STEP 17 单击"确定"按钮即可更改项目符号颜色,效果如图14-109所示。

图14-109

STEP 18 切换至"插入"功能区,单击"图片"按钮,在弹出的"插入图片"对话框中选择需要插入的图片,如图14-110所示。

图14-110

STEP 19 单击"插入"按钮即可插入图片,调整其大小与位置,效果如图14-111所示。

图14-111

STEP 20 进入第5张幻灯片,输入相应文字,切换至"插入"功能区,单击"图片"按钮,在弹出的"插入图片"对话框中选择需要插入的图片,单击"插入"按钮即可插入图片,调整其大小与位置,效果如图14-112所示。

图14-112

STEP 21 进入第6张幻灯片,输入相应文字,添加项目符号,切换至"插入"功能区,单击"图片"按钮,在弹出的"插入图片"对话框中选择需要插入的图片,单击"插入"按钮即可插入图片,调整其大小与位置,效果如图14-113所示。

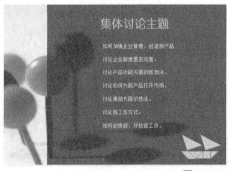

图14-113

STEP 22 进入第7张幻灯片，输入相应文字，切换至"插入"功能区，单击"图片"按钮，在弹出的"插入图片"对话框中选择需要插入的图片，单击"插入"按钮即可插入图片，调整其大小与位置，效果如图14-114所示。

图14-114

STEP 23 切换至"插入"功能区，单击"形状"下拉按钮，在弹出的列表框中选择"左箭头"选项，如图14-115所示。

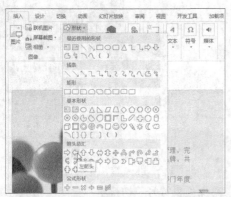

图14-115

STEP 24 执行操作后，在幻灯片右上角绘制形状，效果如图14-116所示。

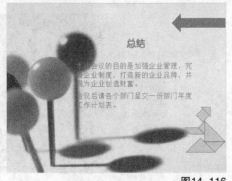

图14-116

STEP 25 切换至"绘图工具"|"格式"功能区，设置"形状样式"为"强烈效果-水绿色，强调颜色3"，效果如图14-117所示。

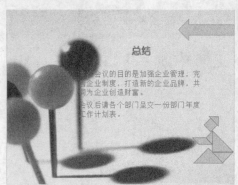

图14-117

STEP 26 在形状上单击鼠标右键，在弹出的快捷菜单中选择"编辑文字"选项，执行操作后，在文本框中输入文字，效果如图14-118所示。

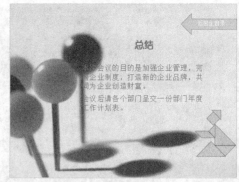

图14-118

STEP 27 选中形状，单击鼠标右键，在弹出的快捷菜单中选择"超链接"选项，弹出"插入超链接"对话框，各选项设置如图14-119所示。

图14-119

STEP 28 单击"确定"按钮即可设置超链接。进入第2张幻灯片，选中第一行文字，如图14-120所示。

图14-120

STEP 29 单击鼠标右键，在弹出的快捷菜单中选择"超链接"选项，弹出"插入超链接"对话框，在对话框中设置各选项，如图14-121所示。

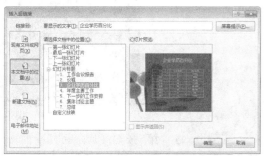

图14-121

STEP 30 单击"确定"按钮即可设置超链接，用同样的方法设置其他条目的超链接，如图14-122所示。

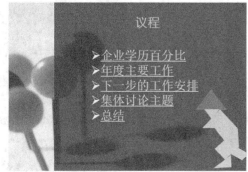

图14-122

14.3.3 制作企业开场动画

STEP 01 进入第1张幻灯片，选择"工作会议报告"文本框，切换至"动画"功能区，在动画效果列表中选择"飞入"选项，如图14-123所示。

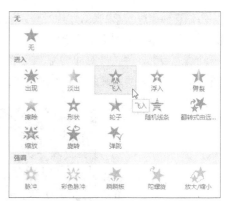

图14-123

STEP 02 单击"开始"右侧的下拉按钮，在弹出的列表框中选择"上一动画之后"选项，如图14-124所示。

图14-124

STEP 03 用同样的方法设置其他动画效果，单击"预览"按钮即可查看动画效果，如图14-125所示。

图14-125

STEP 04 进入第2张幻灯片，分别设置动画效果为"展开"和"形状"，设置"动画计时"为"上一动画之后"，"持续时间"为"2秒"，单击"预览"按钮即可查看动画效果，如图14-126所示。

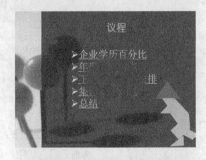

图14-126

STEP 05 进入第3张幻灯片，用同样的方法设置形状动画为"展开"和"楔入"，设置"动画计时"为"上一动画之后"，单击"预览"按钮，预览效果如图14-127所示。

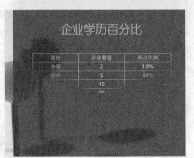

图14-127

STEP 06 进入第4张幻灯片，用同样的方法设置形状动画为"展开"和"形状"，设置"动画计时"为"上一动画之后"，单击"预览"按钮，预览效果如图14-128所示。

图14-128

STEP 07 进入第5张幻灯片，用同样的方法设置形状动画为"展开"和"形状"，设置"动画计时"为"上一动画之后"，单击"预览"按钮，预览效果如图14-129所示。

图14-129

STEP 08 用同样的方法设置第6张与第7张幻灯片的动画效果，单击"预览"按钮，预览效果如图14-130所示。

图14-130

STEP 09 进入第1张幻灯片，切换至"切换"功能区，设置切换动画为"擦除"，单击"全部应用"的按钮，然后单击"幻灯片放映"按钮，放映效果如图14-131所示。

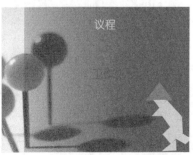

图14-131

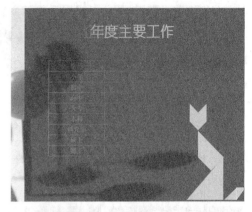

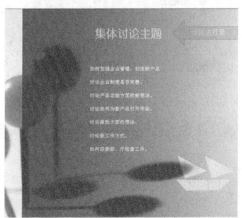

图14-131（续）

14.4 课堂案例——语文课件

案例位置	光盘>效果>第14章>课堂案例——语文课件.pptx
视频位置	光盘>视频>第14章>课堂案例——语文课件.mp4
难易指数	★★★★★
学习目标	掌握制作语文课件演示文稿的方法

本实例介绍制作语文课件演示文稿的方法，最终效果如图14-132所示。

图14-132

14.4.1 创建第1张幻灯片效果

STEP 01 在PowerPoint 2013中打开一个素材文件，如图14-133所示。

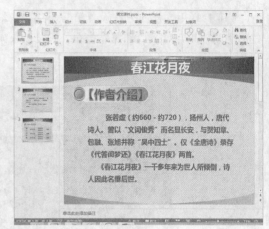

图14-133

STEP 02 在第1张幻灯片中选择相应对象，如图14-134所示。

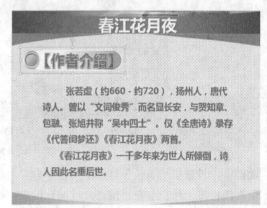

图14-134

STEP 03 切换至"动画"功能区，在"动画"选项区中单击"其他"下拉按钮，在弹出的列表框中的"进入"选项区中选择"浮入"选项，如图14-135所示。

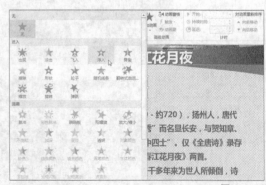

图14-135

STEP 04 执行操作后即可为对象添加浮入动画效果，选择文本对象，如图14-136所示。

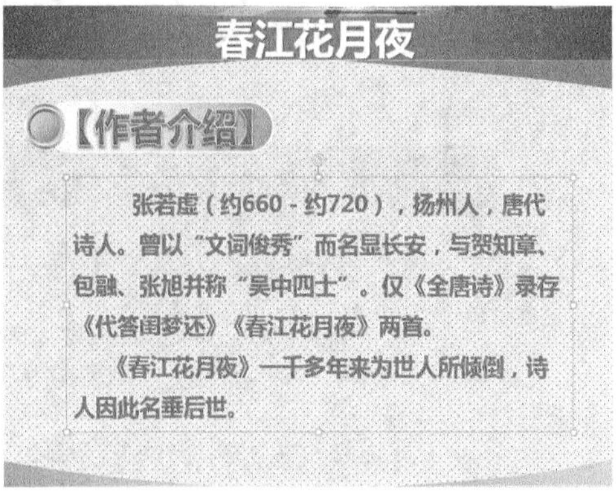

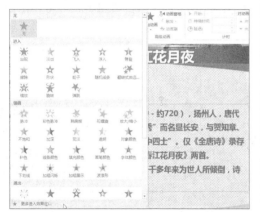

图14-136

STEP 05 在"动画"选项区中单击"其他"下拉按钮，在弹出的列表框中选择"更多进入效果"选项，如图14-137所示。

图14-137

STEP 06 弹出"更改进入效果"对话框，在"华丽型"选项区中选择"挥鞭式"选项，如图14-138所示。

图14-138

STEP 07 单击"确定"按钮即可为文本添加动画效果，单击"预览"选项区中的"预览"按钮，预览动画效果，如图14-139所示。

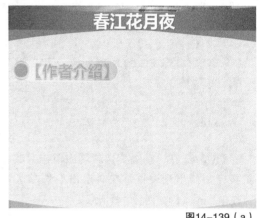

图14-139（a）

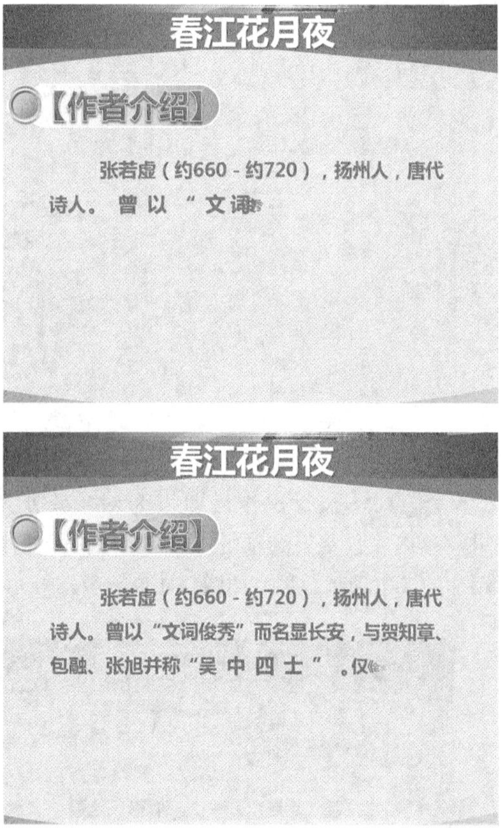

图14-139（b）

14.4.2 创建第2张幻灯片效果

STEP 01 切换至第2张幻灯片，选择幻灯片中的相应对象，如图14-140所示。

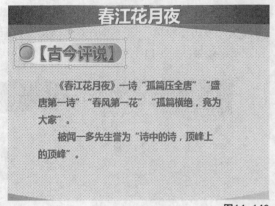

图14-140

STEP 02 在"动画"选项区中单击"其他"下拉按钮，弹出列表框，在"退出"选项区中选择"淡出"选项，如图14-141所示。

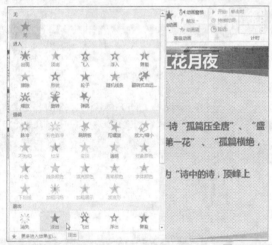

图14-141

STEP 03 执行操作后即可为对象添加动画效果，单击"预览"选项区中的"预览"按钮，预览添加的淡出动画效果，如图14-142所示。

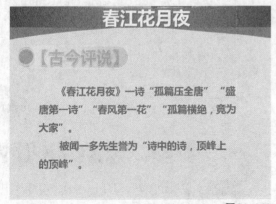

图14-142

STEP 04 在幻灯片中选择文本对象，如图14-143所示。

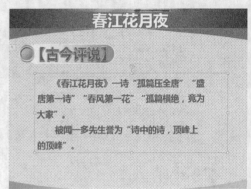

图14-143

STEP 05 单击"动画"选项区中的"其他"下拉按钮，在弹出的列表框中选择"更多退出效果"选项，如图14-144所示。

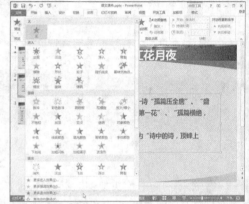

图14-144

STEP 06 弹出"更改退出效果"对话框，在"基本型"选项区中选择"菱形"选项，如图14-145所示。

图14-145

STEP 07 单击"确定"按钮即可为文本添加动画，单击"预览"选项区中的"预览"按钮，预览动画效果，如图14-146所示。

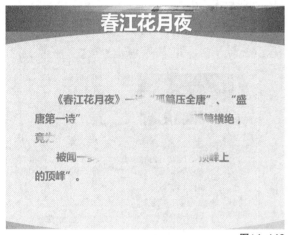

图14-146

14.4.3 创建第3张幻灯片效果

STEP 01 切换至第3张幻灯片，选择相应文本，单击"动画"选项区中的"其他"下拉按钮，弹出列表框，在"动作路径"选项区中选择"弧形"选项，如图14-147所示。

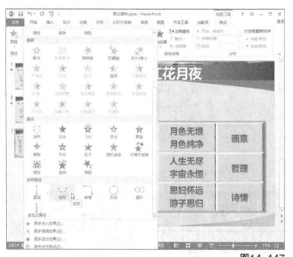

图14-147

STEP 02 执行操作后即可为对象设置弧形动画效果，效果如图14-148所示。

图14-148

STEP 03 在第3张幻灯片中选择表格对象，在"动画"选项区中单击"其他"下拉按钮，在弹出的列表框中选择"其他动作路径"选项，弹出"更改动作路径"对话框，在"特殊"选项区中选择"正方形结"选项，如图14-149所示。

图14-149

STEP 04 单击"确定"按钮即可为表格添加动作路径动画，如图14-150所示。

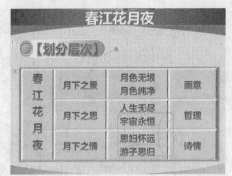

图14-150

STEP 05 切换至"计时"功能区，设置"开始"为"与上一动画同时"，如图14-151所示。

图14-151

STEP 06 执行操作后即可设置动画计时，单击"预览"选项区中的"预览"按钮，预览第3张幻灯片中的动画效果，如图14-152所示。

图14-152

STEP 07 切换至第1张幻灯片，选中"作者介绍"文本，单击"高级动画"选项区中的"添加动画"下拉按钮，在弹出的列表框中选择"轮子"选项，如图14-153所示。

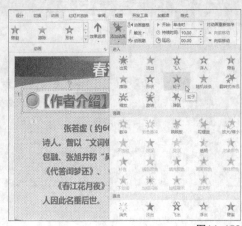

图14-153

STEP 08 执行操作后即可为同一个对象添加两个动作效果，在"预览"选项区中单击"预览"按钮，预览动画效果，如图14-154所示，完成春江花月夜语文课件的制作。

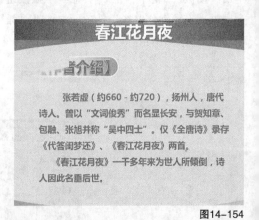

图14-154

14.5 课堂案例——市场调研分析

案例位置	光盘>效果>第14章>课堂案例——市场调研分析.pptx
视频位置	光盘>视频>第14章>课堂案例——市场调研分析.mp4
难易指数	★★★★★
学习目标	掌握市场调研分析演示文稿的制作方法

本实例介绍制作市场调研分析演示文稿的方法，最终效果如图14-155所示。

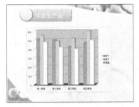

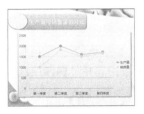

图14-155

14.5.1 设置背景格式

STEP 01 在PowerPoint 2013中打开一个素材文件,如图14-156所示。

图14-157

STEP 03 用同样的方法新建一张标题幻灯片,如图14-158所示。

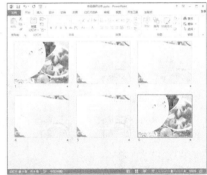

图14-158

14.5.2 制作"市场调研分析"标题页

STEP 01 进入第1张幻灯片,在标题文本框中输入文字,效果如图14-159所示。

图14-159

STEP 02 单击"新建幻灯片"按钮,在弹出的列表框中选择"标题和内容"选项,新建3张幻灯片,如图14-157所示。

图14-156

STEP 02 切换至"插入"功能区,单击"文本框"下拉按钮,在弹出的列表框中选择"横排文本框"选项,绘制一个文本框并输入文字,效果如图14-160所示。

图14-160

STEP 03 选中文本,设置"字体"为"隶书","字号"为"24",单击"加粗"和"文字阴影"按钮,效果如图14-161所示。

图14-161

STEP 04 选中文本,切换至"绘图工具"|"格式"功能区,设置"艺术字样式"为"填充-金色,着色2,轮廓,着色2"并调整位置,效果如图14-162所示。

图14-162

STEP 05 进入第2张幻灯片,选择标题文本框,按【Delete】键删除文本框,如图14-163所示。

图14-163

STEP 06 切换至"插入"功能区,单击"形状"按钮,在弹出的列表框中选择"椭圆"选项,在幻灯片中绘制圆形,效果如图14-164所示。

图14-164

STEP 07 切换至"绘图工具"|"格式"功能区,单击"形状样式"选项区中的"其他"按钮,在弹出的列表框中选择需要的选项,如图14-165所示。

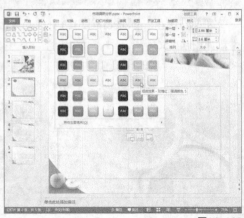

图14-165

STEP 08 设置"形状轮廓"为"无轮廓",单击"形状效果"下拉按钮,在弹出的列表框中选择需要的选项,如图14-166所示。

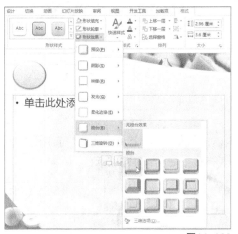

图14-166

STEP 09 设置完成后即可完成制作,如图14-167所示。

图14-167

STEP 10 切换至"插入"功能区,单击"形状"按钮,在弹出的列表框中选择"圆角矩形"选项,并绘制一个圆角矩形,效果如图14-168所示。

图14-168

STEP 11 切换至"绘图工具"|"格式"功能区,设置"形状样式"为"强烈效果-金色,强调颜色2",效果如图14-169所示。

图14-169

STEP 12 选中圆角矩形,单击鼠标右键,在弹出的快捷菜单中选择"置于底层"选项,并调整圆角矩形的位置,效果如图14-170所示。

图14-170

STEP 13 选中圆角矩形,单击鼠标右键,在弹出的快捷菜单中选择"编辑文字"选项,在文本框中输入相应文字,如图14-171所示。

图14-171

319

STEP 14 切换至"开始"功能区，设置"字体"为"黑体"，"字号"为"32"，单击"加粗"和"文字阴影"按钮，效果如图14-172所示。

图14-172

STEP 15 切换至"绘图工具"|"格式"功能区，设置"艺术字样式"为"填充-白色，轮廓-着色2、清晰阴影-着色2"，效果如图14-173所示。

图14-173

STEP 16 单击占位符中的"插入图表"按钮，弹出"插入图表"对话框，各选项设置如图14-174所示。

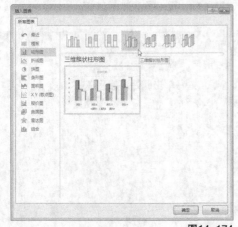

图14-174

STEP 17 单击"确定"按钮即可启动Excel应用程序，在表格中输入相应的数据，如图14-175所示。

图14-175

STEP 18 执行操作后即可在幻灯片中插入图表，效果如图14-176所示。

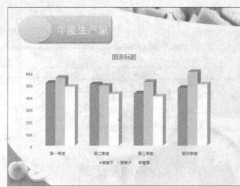

图14-176

STEP 19 切换至"图表工具"|"格式"功能区，设置"形状样式"为"细微效果-金色，强调颜色2"，效果如图14-177所示。

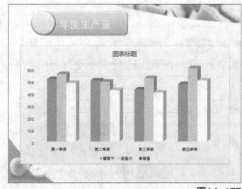

图14-177

STEP 20 选中图表，双击"图表区"，弹出"设置背景墙格式"窗格，单击"墙壁选项"按钮，在弹出的窗格中选择"背景墙"选项，设置"填充"为"图案填充"，"前景"为"玫瑰红，着色1，淡色60%"，"背景"为"蓝色"，如图14-178所示。

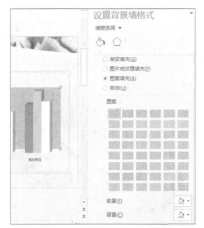

图14-178

STEP 21 单击"墙壁选项"按钮，在弹出的快捷菜单中选择"基底"选项，弹出"设置基底格式"窗格，设置"填充"为"纯色填充"，"颜色"为"黑色"，如图14-179所示。

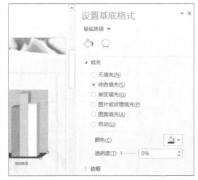

图14-179

STEP 22 单击"关闭"按钮即可设置图表属性，效果如图14-180所示。

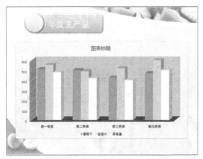

图14-180

STEP 23 单击"墙壁选项"按钮，在弹出的窗口中选择"垂直（值）轴主要网格线"选项，弹出"设置主要网格线格式"窗口，设置"线条"为"实线"，"颜色"为"红色"，如图14-181所示。

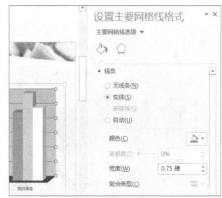

图14-181

STEP 24 单击"关闭"按钮即可设置图表网格线，效果如图14-182所示。

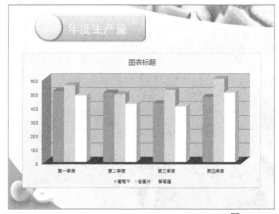

图14-182

STEP 25 调整图表与形状的大小、位置，效果如图14-183所示。

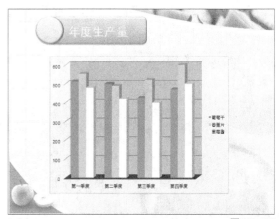

图14-183

STEP 26 选中"椭圆"和"圆形矩形"的形状，单击鼠标右键，在弹出的快捷菜单中选择"组合"选项，如图14-184所示。

321

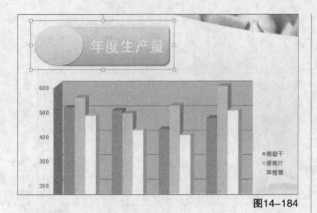

图14-184

STEP 27 进入第3张幻灯片，选择标题文本框，按【Delete】键删除文本框，效果如图14-185所示。

图14-185

STEP 28 复制第2张幻灯片的形状，将其粘贴至第3张幻灯片中并修改文字，如图14-186所示。

图14-186

STEP 29 设置圆形形状的"形状填充"为"黄色"，效果如图14-187所示。

图14-187

STEP 30 单击占位符中的插入图表按钮，弹出"插入图表"对话框，在该对话框中选择"带数据标记的折线图"选项，如图14-188所示，单击"确定"按钮。

图14-188

STEP 31 执行操作后即可启动Excel程序，在表格中输入数据，如图14-189所示。

图14-189

STEP 32 执行操作后即可插入图表，效果如图14-190所示。

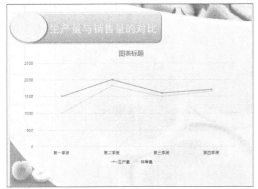

图14-190

STEP 33 切换至"图表工具"|"设计"功能区，单击"图表样式"选项区中的"其他"按钮，在弹出的列表框中选择"样式2"选项，如图14-191所示。

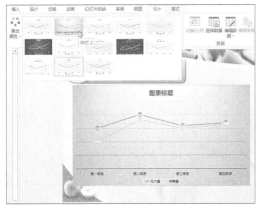

图14-191

STEP 34 切换至"图表工具"|"格式"功能区，单击"形状样式"选项区中的"其他"按钮，在弹出的列表框中选择需要的选项，如图14-192所示。

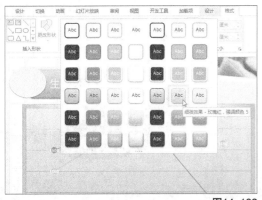

图14-192

STEP 35 单击"形状轮廓"下拉按钮，在弹出的列表框中选择"无轮廓"选项。单击"形状效果"下拉按钮，在弹出的列表框中选择"棱台"|"圆"选项，如图14-193所示。

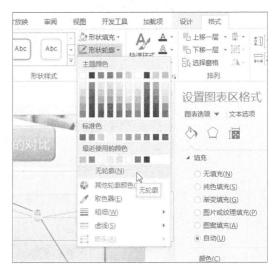

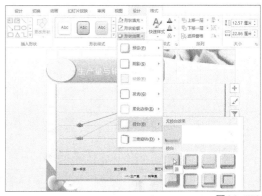

图14-193

STEP 36 执行操作后即可设置图表样式，效果如图14-194所示。

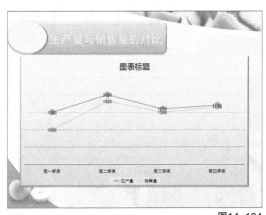

图14-194

STEP 37 设置图表内的"字号"为"18",调整图表的大小与位置,效果如图14-195所示。

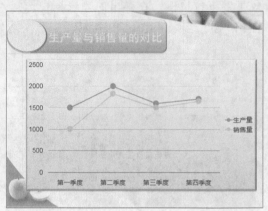

图14-195

STEP 38 进入第4张幻灯片,选择标题文本框,按【Delete】键删除该文本框,效果如图14-196所示。

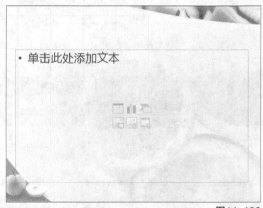

图14-196

STEP 39 复制第2张幻灯片中的图形,将其粘贴至第4张幻灯片,修改图形内的文字,效果如图14-197所示。

图14-197

STEP 40 单击占位符中的"插入图表"按钮,弹出"插入图表"对话框,在该对话框中选择需要的选项,如图14-198所示。

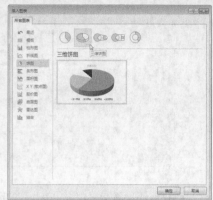

图14-198

STEP 41 单击"确定"按钮即可启动Excel应用程序,在表格中输入相应的数据,效果如图14-199所示。

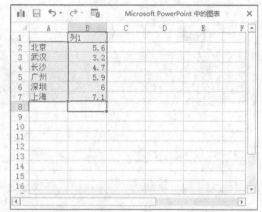

图14-199

STEP 42 执行操作后即可插入图表,效果如图14-200所示。

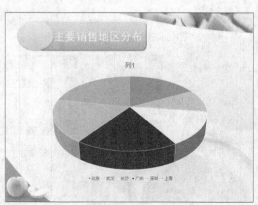

图14-200

STEP 43 切换至"图表工具"|"设计"功能区，设置"图表样式"为"样式6"，效果如图14-201所示。

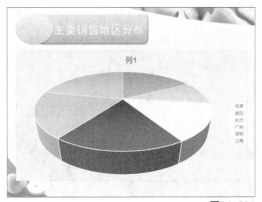

图14-201

STEP 44 选择"图表标题"文本框，按【Delete】键删除该文本框，效果如图14-202所示。

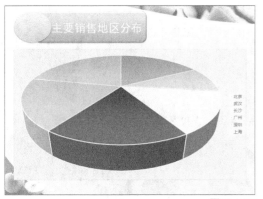

图14-202

STEP 45 切换至"图表工具"|"设计"功能区，单击"添加图表元素"下拉按钮，在弹出的列表框中选择"数据标签"|"数据标签内"选项，效果如图14-203所示。

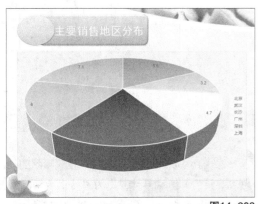

图14-203

STEP 46 切换至"图表工具"|"格式"功能区，设置"形状样式"为"细微效果-金色，强调颜色2"，效果如图14-204所示。

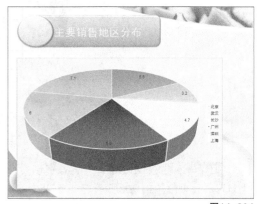

图14-204

STEP 47 调整图表的大小与位置，效果如图14-205所示。

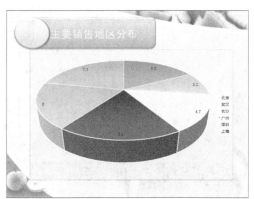

图14-205

STEP 48 设置图表的"字号"为"18"，效果如图14-206所示。

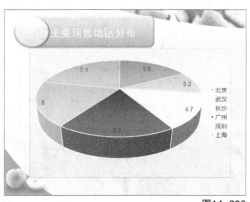

图14-206

STEP 49 进入第5张幻灯片，在文本框中输入相应文字，效果如图14-207所示。

图14-207

STEP 50 设置文本框中的文字"字号"为"54"，效果如图14-208所示。

图14-208

14.5.3 制作动画效果

STEP 01 进入第1张幻灯片，选择标题文本框，切换至"动画"功能区，单击"动画"选项区中的"其他"按钮，在弹出的列表框中选择"劈裂"选项，如图14-209所示。

图14-209

STEP 02 单击"开始"右侧的下拉按钮，在弹出的列表框中选择"上一动画之后"选项，如图14-210所示。

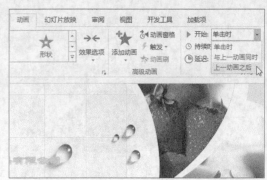

图14-210

STEP 03 用同样的方法设置文本框中的文字，单击"预览"按钮即可预览动画效果，如图14-211所示。

图14-211

STEP 04 进入第2张幻灯片，设置形状的动画效果为"旋转"，"动画计时"为"与上一动画同时"，单击"预览"按钮，预览效果如图14-212所示。

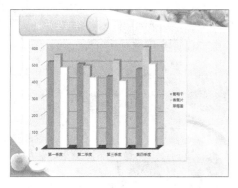

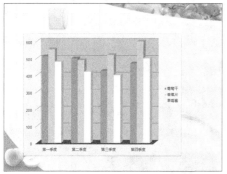

图14-212

STEP 05 设置图表的动画效果为"阶梯状"，"动画计时"为"上一动画之后"，"持续时间"为"2秒"，单击"预览"按钮，预览效果如图14-213所示。

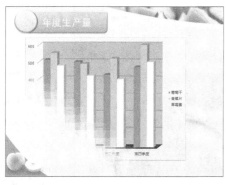

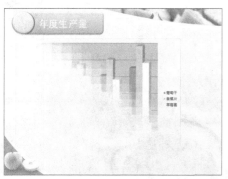

图14-213

STEP 06 用同样的方法，设置第3张幻灯片的动画效果分别为"旋转"和"形状"，单击"预览"按钮，预览效果如图14-214所示。

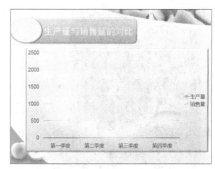

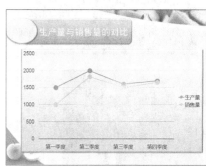

图14-214

STEP 07 进入第4张幻灯片，设置相应的动画效果，单击"预览"按钮，效果如图14-215所示。

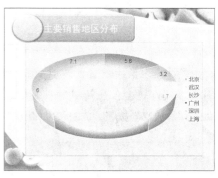

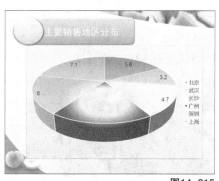

图14-215

STEP 08 进入第1张幻灯片，切换至"切换"功能区，设置切换动画为"时钟"，单击"预览"按钮，预览效果如图14-216所示。

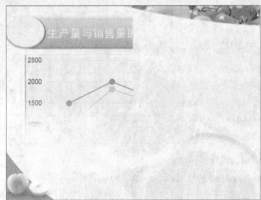

图14-216

STEP 09 单击"计时"选项区中的"全部应用"按钮即可全部应用"时钟"切换效果，单击"幻灯片放映"按钮，放映效果如图14-217所示。

图14-217

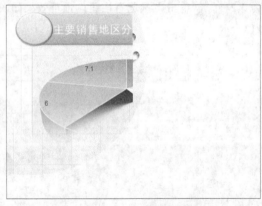

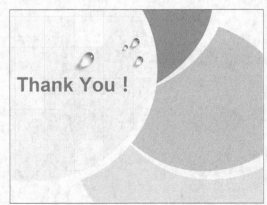

图14-217（续）

14.6 课堂案例——广告 画册

案例位置	光盘>效果>第14章>课堂案例——广告画册.pptx
视频位置	光盘>视频>第14章>课堂案例——广告画册.mp4
难易指数	★★★★★
学习目标	掌握广告画册演示文稿的制作方法

本实例介绍制作广告画册演示文稿的方法，最终效果如图14-218所示。

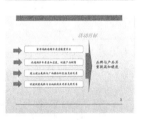

图14-218

14.6.1 添加幻灯片

STEP 01 启动PowerPoint 2013，切换至"设计"功能区，在"主题"选项区中单击"其他"按钮，

在弹出的列表框中选择需要的主题即可运用该主题，如图14-219所示。

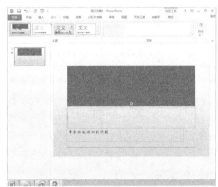

图14-219

STEP 02 切换至"开始"功能区，单击"新建幻灯片"按钮，在弹出的列表框中选择"标题幻灯片"选项，如图14-220所示。

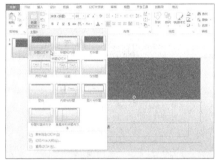

图14-220

STEP 03 执行操作后即可新建标题幻灯片，如图14-221所示。

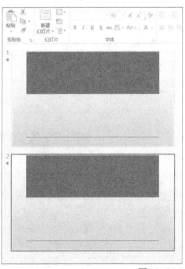

图14-221

STEP 04 单击"新建幻灯片"按钮，在弹出的列表中选择"空白"选项，如图14-222所示。

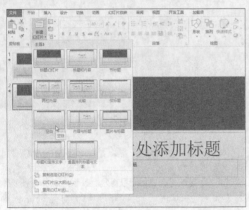

图14-222

STEP 05 执行该操作后即可新建空白幻灯片，用同样的方法新建6张幻灯片，如图14-223所示。

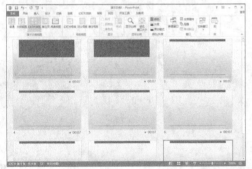

图14-223

14.6.2 美化幻灯片

STEP 01 进入第1张幻灯片，删除文本框，切换至"插入"功能区，单击"形状"按钮，在弹出的列表框中选择"矩形"选项，在幻灯片中绘制一个矩形，效果如图14-224所示。

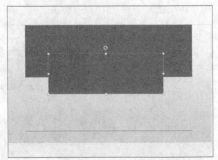

图14-224

STEP 02 设置形状的"形状填充"为"白色"，"形状轮廓"为"深红，着色1"，效果如图14-225所示。

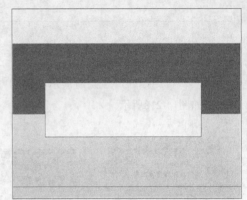

图14-225

STEP 03 在形状上单击鼠标右键，在弹出的快捷菜单中选择"编辑文字"选项，在文本框中输入文字并设置文字属性，效果如图14-226所示。

图14-226

STEP 04 在幻灯片中绘制文本框并输入文字，效果如图14-227所示。

图14-227

STEP 05 进入第2张幻灯片，在文本框中输入文字并设置相应属性，将文本拖曳至合适位置，效果如图14-228所示。

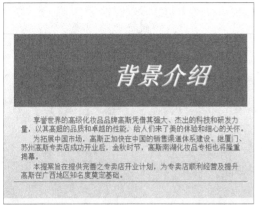

图14-228

STEP 06 进入第3张幻灯片，绘制文本框并输入相应文字，效果如图14-229所示。

图14-229

STEP 07 切换至"插入"功能区，单击"形状"下拉按钮，在弹出的列表框中选择"圆角矩形"选项，在幻灯片中绘制形状，如图14-230所示。

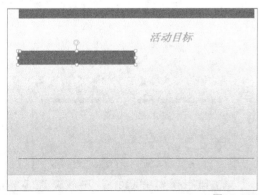

图14-230

STEP 08 切换至"绘图工具-格式"功能区，设置"形状样式"为"彩色轮廓-深红，强调颜色1"，效果如图14-231所示。

图14-231

STEP 09 在形状上单击鼠标右键，在弹出的快捷菜单中选择"编辑文字"选项，在文本框中输入相应文字，效果如图14-232所示。

图14-232

STEP 10 复制形状并粘贴至合适位置，修改形状中的文字，效果如图14-233所示。

图14-233

STEP 11 用同样的方法在幻灯片中绘制一个"虚尾箭头"形状并设置形状样式，效果如图14-234所示。

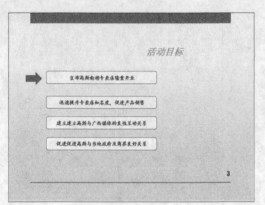

图14-234

STEP 12 复制箭头并粘贴至合适位置，效果如图14-235所示。

图14-235

STEP 13 用同样的方法在幻灯片中绘制一个"右箭头"形状并设置相应的形状样式，效果如图14-236所示。

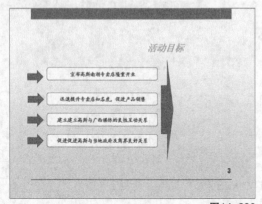

图14-236

STEP 14 在幻灯片中绘制一个横排文本框并输入相应文字，效果如图14-237所示。

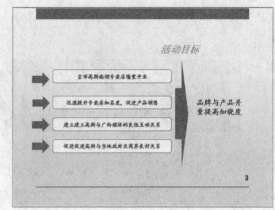

图14-237

STEP 15 在幻灯中绘制一个圆形和一条直线并组合形状，效果如图14-238所示。

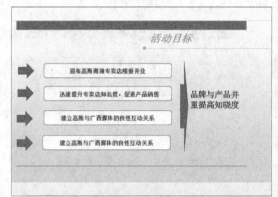

图14-238

STEP 16 复制组合的形状，粘贴至第4~6张幻灯片中的合适位置，效果如图14-239所示。

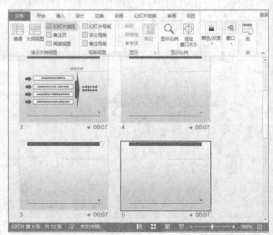

图14-239

STEP 17 进入第4张幻灯片，绘制文本框并输入文字，效果如图14-240所示。

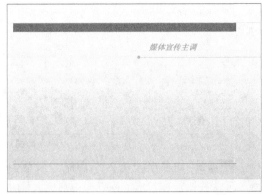

图14-240

STEP 18 切换至"插入"功能区，单击"形状"按钮，在弹出的列表框中选择"下箭头标注"选项，在幻灯片中绘制形状并设置相应的形状样式，效果如图14-241所示。

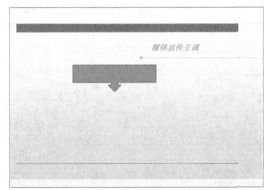

图14-241

STEP 19 在形状上单击鼠标右键，在弹出的快捷菜单中选择"编辑文字"选项，在文本框中输入文字，效果如图14-242所示。

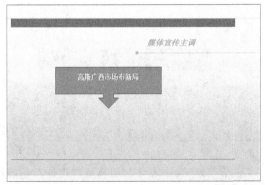

图14-242

STEP 20 用同样的方法在幻灯片中绘制形状并输入相应的文字，如图14-243所示。

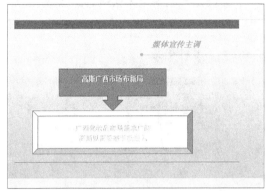

图14-243

STEP 21 进入第5张幻灯片，在幻灯片中绘制文本框并输入相应的文字，如图14-244所示。

图14-244

STEP 22 切换至"插入"功能区，单击"形状"下拉按钮，在弹出的列表框中选择"立方体"选项，在幻灯片中绘制形状，并设置形状样式，输入文字，效果如图14-245所示。

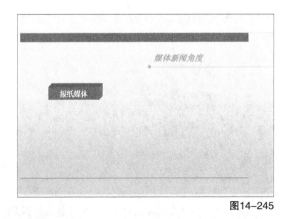

图14-245

STEP 23 复制形状并粘贴至合适位置，修改形状中的文字，效果如图14-246所示。

图14-246

STEP 24 单击"形状"下拉按钮，在弹出的列表框中选择"右箭头"选项，在幻灯片中绘制3个"右箭头"形状并设置形状样式，效果如图14-247所示。

图14-247

STEP 25 在幻灯片中绘制文本框并输入相应的文字，效果如图14-248所示。

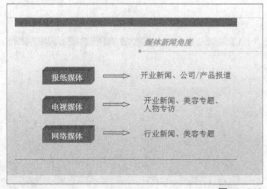

图14-248

STEP 26 进入第6张幻灯片，绘制文本框并输入文字，效果如图14-249所示。

图14-249

STEP 27 切换至"插入"功能区，单击"表格"下拉按钮，在弹出的列表框中拖曳鼠标，创建一个6列、3行的表格，如图14-250所示。

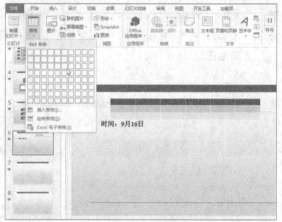

图14-250

STEP 28 拖曳表格至合适位置，在表格内输入相应的文字并调整表格的大小，效果如图14-251所示。

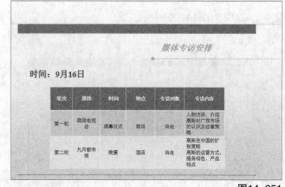

图14-251

STEP 29 选中表格，切换至"设计"功能区，单击"所有框线"按钮，效果如图14-252所示。

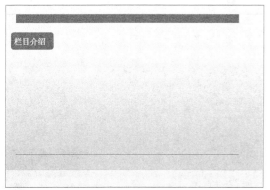

图14-252

STEP 30 进入第7张幻灯片，在幻灯片中绘制一个圆角矩形并输入相应文字，效果如图14-253所示。

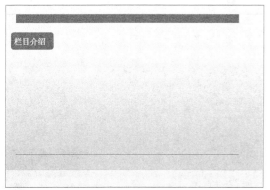

图14-253

STEP 31 在幻灯片中绘制一个横排文本框并输入文字，设置文字的字体、字号、颜色等属性，效果如图14-254所示。

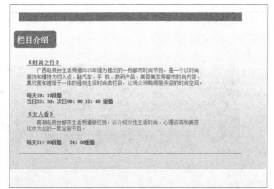

图14-254

STEP 32 进入第8张幻灯片，切换至"插入"功能区，单击"图片"按钮，在弹出的对话框中选择需要插入的图片，如图14-255所示。

图14-255

STEP 33 单击"插入"按钮即可插入图片，调整图片的大小与位置，切换至"设计"功能区，选择"图片样式"为"棱台透视"，效果如图14-256所示。

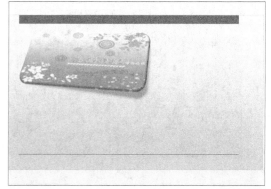

图14-256

STEP 34 用同样的方法插入图片，调整图片的大小与位置，切换至"图片工具"|"设计"功能区，设置"图片样式"为"柔化边缘椭圆"，效果如图14-257所示。

图14-257

STEP 35 在幻灯片中输入文字，绘制一个右中括号形状，效果如图14-258所示。

图14-258

STEP 36 进入第9张幻灯片，用同样的方法插入图片，效果如图14-259所示。

图14-259

STEP 37 切换至"插入"功能区，单击"页眉和页脚"按钮，弹出对话框，各选项设置如图14-260所示。

图14-260

STEP 38 单击"全部应用"按钮即可添加编号，效果如图14-261所示。

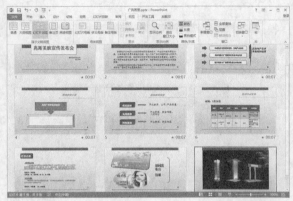

图14-261

14.6.3 添加动画效果

STEP 01 进入第1张幻灯片，选中标题文本，切换至"动画"功能区，在"动画"列表框中选择"随机线条"选项，如图14-262所示。

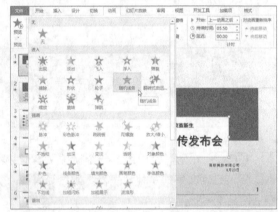

图14-262

STEP 02 单击"预览"按钮即可查看动画效果，如图14-263所示。

图14-263

STEP 03 进入第2张幻灯片，设置形状的动画效果为"旋转"，"动画计时"为"与上一动画同时"，单击"预览"按钮，预览效果如图14-264所示。

图14-264

STEP 04 进入第3张幻灯片，设置形状的动画效果为"旋转"和"形状"，"动画计时"为"与上一动画同时"，单击"预览"按钮，预览效果如图14-265所示。

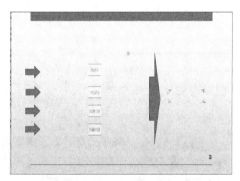

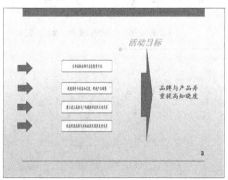

图14-265

STEP 05 进入第4张幻灯片，选中标题文本，切换至"动画"功能区，在"动画"列表框中选择"浮入"选项，如图14-266所示。

图14-266

STEP 06 用同样的方法设置其他形状的动画分别为"飞入"和"缩放"，效果如图14-267所示。

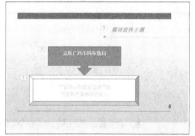

图14-267

STEP 07 单击"预览"按钮即可查看动画效果，如图14-268所示。

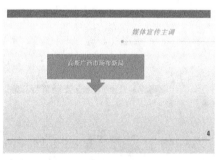

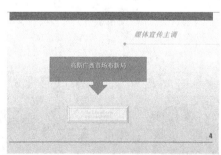

图14-268

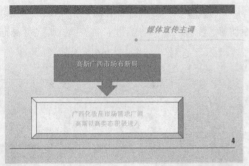

图14-268（续）

STEP 08 进入第5张幻灯片，设置形状的动画效果为"飞入"和"形状"，单击"预览"按钮，预览效果如图14-269所示。

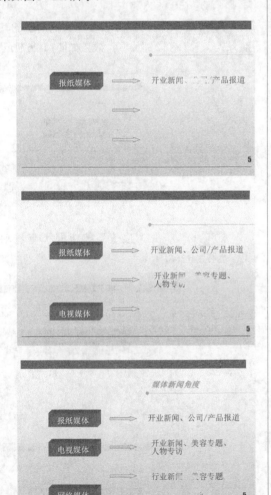

图14-269

STEP 09 进入第6张幻灯片，设置图表的动画效果为"形状"，单击"预览"按钮，预览效果如图14-270所示。

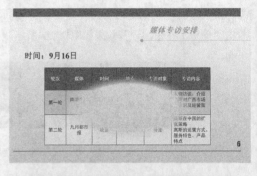

图14-270

STEP 10 进入第7张幻灯片，设置文本框的动画效果为"形状"，单击"预览"按钮，预览效果如图14-271所示。

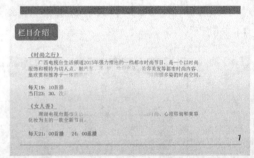

图14-271

STEP 11 进入第8张幻灯片，设置图片和文本框的动画效果分别为"随机线条"和"形状"，单击"预览"按钮，效果如图14-272所示。

图14-272

图14-272（续）

STEP 12 进入第9张幻灯片，设置图片的动画效果为"随机线条"，单击"预览"按钮，效果如图14-273所示。

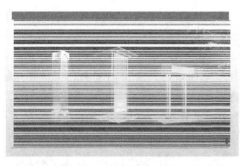

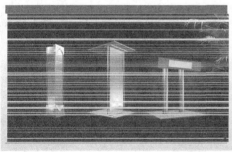

图14-273

STEP 13 进入第1张幻灯片，切换至"切换"功能区，设置第1张幻灯片的切换效果为"飞过"，单击"全部应用"按钮即可全部应用"飞过"切换效果，单击"幻灯片放映"按钮，放映效果如图14-274所示。

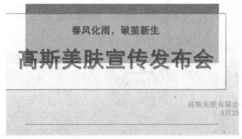

图14-274

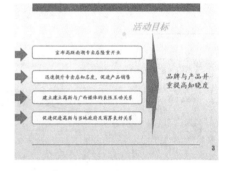

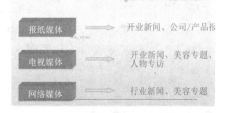

图14-274（续）

14.7 课堂案例——运动品牌推荐

案例位置	光盘>效果>第14章>课堂案例——运动品牌推荐.pptx
视频位置	光盘>视频>第14章>课堂案例——运动品牌推荐.mp4
难易指数	★★★★★
学习目标	掌握运动品牌推荐演示文稿的制作方法

本实例介绍制作运动品牌推荐演示文稿的方法，最终效果如图14-275所示。

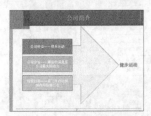
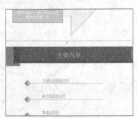

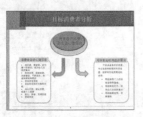
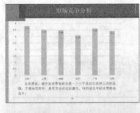

图14-275

14.7.1 新建幻灯片

STEP 01 在PowerPoint 2013中打开一个素材文件，如图14-276所示。

图14-276

STEP 02 单击"幻灯片"选项区中的"新建幻灯片"按钮，在弹出的列表框中选择"标题和内容"选项，执行操作后即可新建幻灯片，用同样的方法再新建4张幻灯片，如图14-277所示。

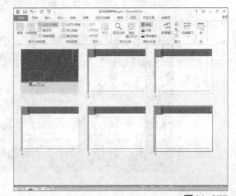

图14-277

STEP 03 用同样的方法新建一张标题幻灯片，如图14-278所示。

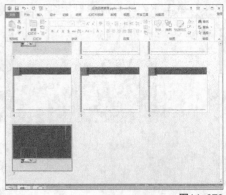

图14-278

14.7.2 输入相关内容

STEP 01 进入第1张幻灯片，在标题文本框中输入相应文字，效果如图14-279所示。

图14-279

STEP 02 进入第2张幻灯片，在标题文本框中输入相应文字，效果如图14-280所示。

图14-280

STEP 03 删除幻灯片中的占位符，绘制形状并设置形状样式，效果如图14-281所示。

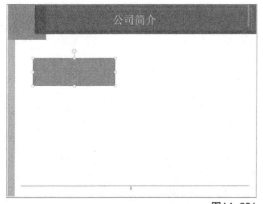

图14-281

STEP 04 在形状上单击鼠标右键，在弹出的快捷菜单中选择"编辑文字"选项，在文本框中输入相应文字，效果如图14-282所示。

图14-282

STEP 05 复制形状并粘贴至合适位置，修改形状内的文字与形状样式，如图14-283所示。

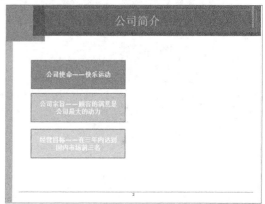

图14-283

STEP 06 绘制一个"右箭头"形状，调整形状控制柄，将其置于底层，如图14-284所示。

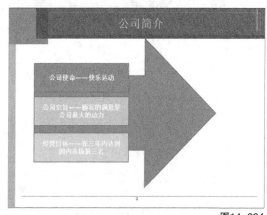

图14-284

STEP 07 选择箭头形状，设置相应的形状样式，效果如图14-285所示。

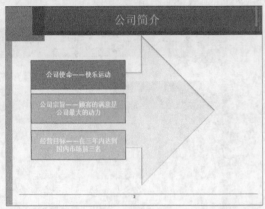

图14-285

STEP 08 在幻灯片中绘制文本框并输入相应文字，效果如图14-286所示。

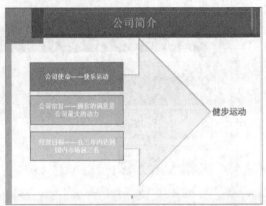

图14-286

STEP 09 进入第3张幻灯片，在标题文本框中输入相应文字，效果如图14-287所示。

图14-287

STEP 10 在占位符中单击"插入来自文件的图片"按钮，弹出"插入图片"对话框，在该对话框中选择需要插入的图片，单击"插入"按钮即可插入图片，调整图片大小与位置，效果如图14-288所示。

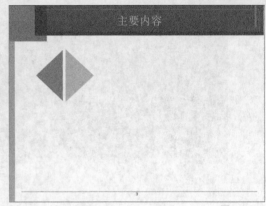

图14-288

STEP 11 复制图片并粘贴至合适位置，效果如图14-289所示。

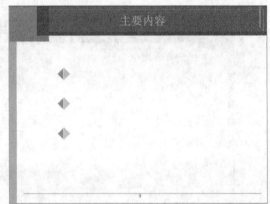

图14-289

STEP 12 在幻灯片中绘制3条直线并设置相应的形状样式，效果如图14-290所示。

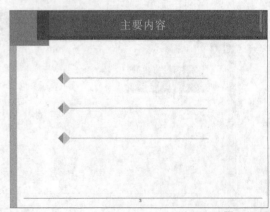

图14-290

STEP 13 在幻灯片中绘制文本框并输入相应文字，效果如图14-291所示。

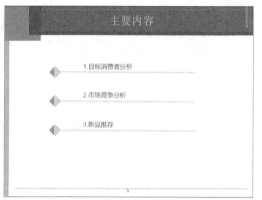

图14-291

STEP 14 进入第4张幻灯片并输入标题文字，效果如图14-292所示。

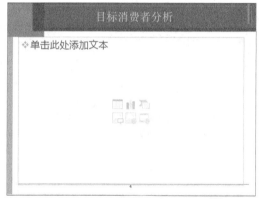

图14-292

STEP 15 单击占位符中的"图片"按钮，弹出"插入图片"对话框，在该对话框中选择需要插入的图片，单击"插入"按钮即可插入图片，调整图片大小与位置，效果如图14-293所示。

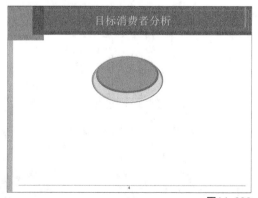

图14-293

STEP 16 在幻灯片中绘制圆角矩形形状并设置相应的形状样式，效果如图14-294所示。

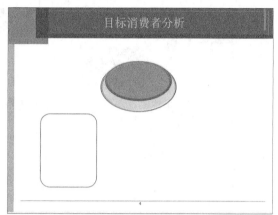

图14-294

STEP 17 在幻灯片中绘制文本框并输入文字，效果如图14-295所示。

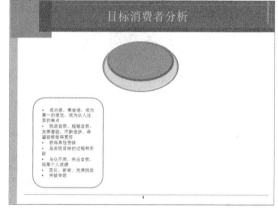

图14-295

STEP 18 复制形状与文字并粘贴至合适位置，修改文本框中的文字，如图14-296所示。

图14-296

STEP 19 在幻灯片中绘制两个矩形形状并输入文字,设置其形状样式,如图14-297所示。

图14-297

STEP 20 在椭圆形状上绘制文本框并输入文字,效果如图14-298所示。

图14-298

STEP 21 切换至"插入"功能区,单击"图片"按钮,弹出"插入图片"对话框,在该对话框中选择需要插入的图片,单击"插入"按钮即可插入图片,调整图片大小与位置,效果如图14-299所示。

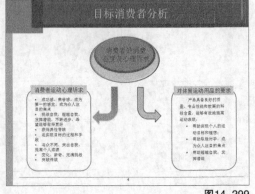

图14-299

STEP 22 进入第5张幻灯片,输入标题文字,效果如图14-300所示。

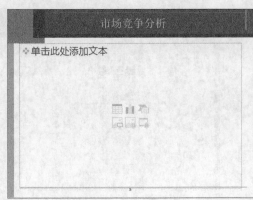

图14-300

STEP 23 单击占位符中的"插入图表"按钮,弹出"插入图表"对话框,在该对话框中选择需要的选项,如图14-301所示。

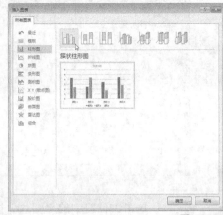

图14-301

STEP 24 单击"确定"按钮即可启动Excel程序,在表格中输入数据,如图14-302所示。

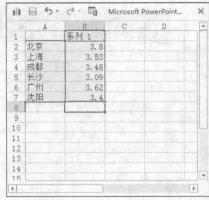

图14-302

STEP 25 执行操作后即可插入图表，效果如图14-303所示。

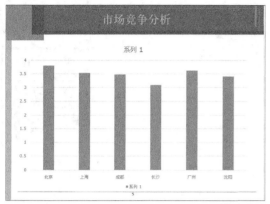

图14-303

STEP 26 选择"图表标题"文本框和"图例"文本框，按【Delete】键删除该文本框，效果如图14-304所示。

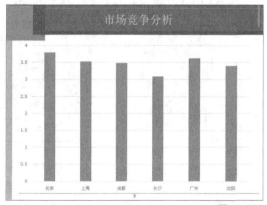

图14-304

STEP 27 切换至"图表工具"|"格式"功能区，设置相应的图表形状样式，效果如图14-305所示。

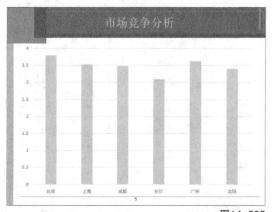

图14-305

STEP 28 为图表添加数据标签，调整图表的大小与位置，效果如图14-306所示。

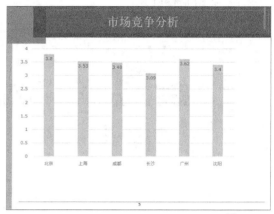

图14-306

STEP 29 在幻灯片中绘制文本框并输入文字，效果如图14-307所示。

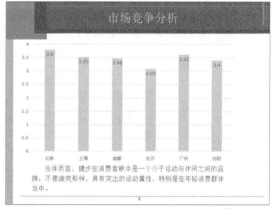

图14-307

STEP 30 进入第6张幻灯片，在标题文本框中输入文字，效果如图14-308所示。

图14-308

345

STEP 31 单击占位符中的"图片"按钮，弹出"插入图片"对话框，在该对话框中选择需要插入的图片，如图14-309所示。

图14-309

STEP 32 单击"插入"按钮即可插入图片，效果如图14-310所示。

图14-310

STEP 33 切换至"图片工具"|"格式"功能区，设置"图片样式"为"映像棱台，黑色"，效果如图14-311所示。

图14-311

STEP 34 调整图片的大小并将其拖曳至合适位置，效果如图14-312所示。

图14-312

STEP 35 在幻灯片中绘制一个圆角矩形，效果如图14-313所示。

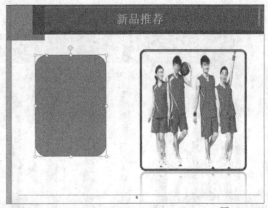

图14-313

STEP 36 切换至"图片工具"|"格式"功能区，设置相应的形状样式，效果如图14-314所示。

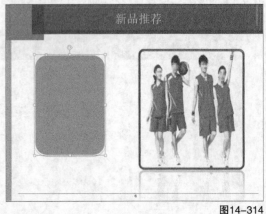

图14-314

STEP 37 在图形上绘制文本框，输入相应文字，效果如图14-315所示。

图14-315

STEP 38 进入第7张幻灯片，在文本框中输入相应文字并设置相应的艺术字样式，效果如图14-316所示。

图14-316

STEP 39 进入第3张幻灯片，选中文本框中的第一行文字，切换至"插入"功能区，单击"超链接"按钮，在弹出的对话框中设置各选项，如图14-317所示。

图14-317

STEP 40 单击"确定"按钮即可插入超链接，效果如图14-318所示。

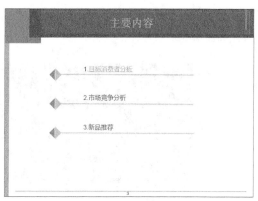

图14-318

STEP 41 用同样的方法设置其他文字的超链接，效果如图14-319所示。

图14-319

14.7.3 动画效果设计

STEP 01 进入第1张幻灯片，选中标题文本，切换至"动画"功能区，在"动画"列表框中选择"随机线条"选项，如图14-320所示。

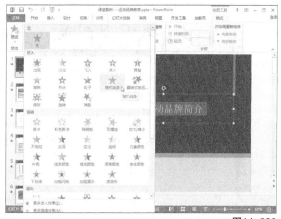

图14-320

STEP 02 单击"预览"按钮即可查看动画效果，如图14-321所示。

图14-321

STEP 03 进入第2张幻灯片，选择箭头形状，切换至"动画"功能区，单击"动画"选项区中的"其他"按钮，在弹出的列表框中选择"擦除"选项，如图14-322所示。

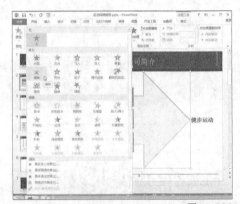

图14-322

STEP 04 设置其他3个形状的动画为"轮子"，设置所有形状的"动画计时"为"上一动画之后"，如图14-323所示。

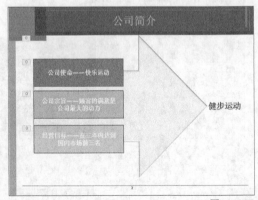

图14-323

STEP 05 单击"预览"按钮即可预览动画效果，如图14-324所示。

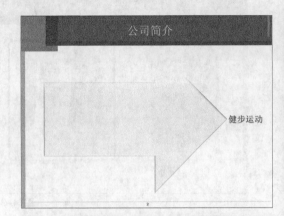

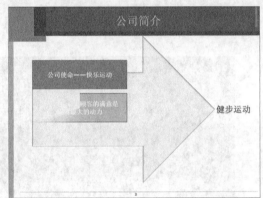

图14-324

STEP 06 进入第3张幻灯片，设置文本的动画效果为"形状"，"动画计时"为"与上一动画同时"，单击"预览"按钮，预览效果如图14-325所示。

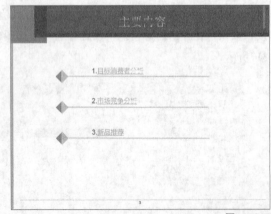

图14-325

STEP 07 进入第4张幻灯片，选中文本框文本和图片，切换至"动画"功能区，在"动画"列表框中选择"形状"选项，设置"动画计时"为"与上

一动画同时", 单击"预览"按钮, 预览效果如图
14-326所示。

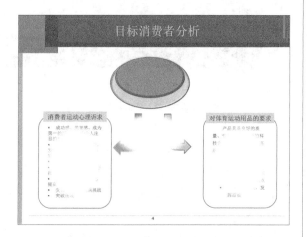

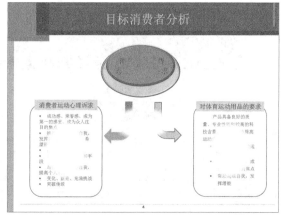

图14-326

STEP 08 进入第5张幻灯片, 设置图表和文本框
文本的动画效果均为"随机线条", 设置"动画计
时"为"与上一动画同时", 单击"预览"按钮,
预览效果如图14-327所示。

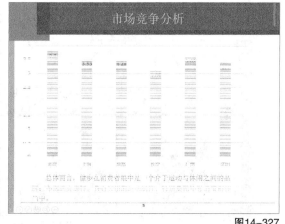

图14-327

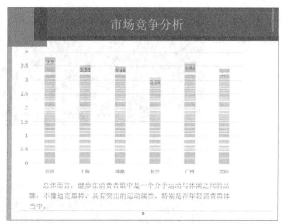

图14-327（续）

STEP 09 进入第6张幻灯片, 设置图片的动画效
果为"形状", 单击"预览"按钮, 预览效果如图
14-328所示。

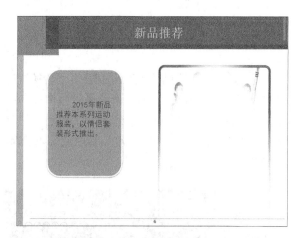

图14-328

STEP 10 进入第7张幻灯片, 设置标题文本的动
画效果为"形状", 单击"预览"按钮, 预览效果
如图14-329所示。

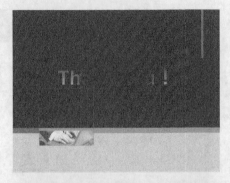

图14-329

(STEP 11) 进入第1张幻灯片，切换至"切换"功能区，设置第1张幻灯片的切换效果为"推进"，单击"全部应用"按钮即可全部应用"推进"切换效果，单击"幻灯片放映"按钮，放映效果如图14-330所示。

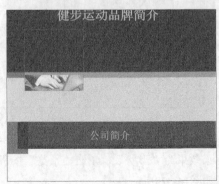

图14-330

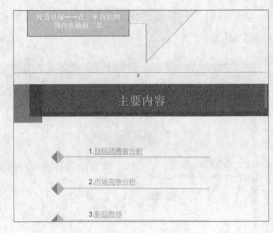

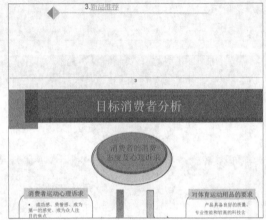

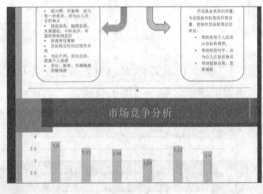

图14-330（续）

图14-330（续）

14.8 本章小结

本章作为本书的一个综合章节，在回顾前面所学知识的基础上，重点讲解了PPT的综合案例制作方法，解决广大读者的燃眉之急，使读者快速成为使用PowerPoint制作演示文稿的好手。

14.9 课后习题

14.9.1 课后习题1——制作云南风光演示文稿

案例位置	光盘>效果>第14章>课后习题——制作云南风光演示文稿.ppt
视频位置	光盘>视频>第14章>课后习题——制作云南风光演示文稿.mp4
难易指数	★★★★★
学习目标	掌握制作云南风光演示文稿的制作方法

本实例介绍制作云南风光演示文稿的方法，最终效果如图14-331所示。

图14-331

步骤分解如图14-332所示。

图14-332

14.9.2 课后习题2——制作数词复习演示文稿

案例位置	光盘>效果>第14章>课后习题——制作数词复习演示文稿.ppt
视频位置	光盘>视频>第14章>课后习题——制作数词复习演示文稿.flv
难易指数	★★★★★
学习目标	掌握制作数词复习演示文稿的制作方法

本实例介绍制作数词复习演示文稿的方法，最终效果如图14-333所示。

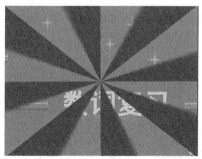

图14-333

步骤分解如图14-334所示。

图14-334

附录

PowerPoint快捷键索引

课堂案例索引

课后习题索引

PowerPoint快捷键索引

快捷键	功能	快捷键	功能
Ctrl+-（连字符）	创建不间断连字符	Ctrl+E	段落居中
Ctrl+B	使字符变为粗体	Ctrl+J	两端对齐
Ctrl+I	使字符变为斜体	Ctrl+L	左对齐
Ctrl+U	为字符添加下划线	Ctrl+R	右对齐
Ctrl+Shift+<	缩小字号	Ctrl+Shift+D	分散对齐
Ctrl+Shift+>	增大字号	Ctrl+Shift+S	应用样式
Ctrl+Q	删除段落格式	Alt+Ctrl+K	启动"自动套用格式"
Ctrl+空格	删除字符格式	Ctrl+Shift+N	应用"正文"样式
Ctrl+C	复制所选文本或对象	Alt+Ctrl+1	应用"标题1"样式
Ctrl+X	剪切所选文本或对象	Alt+Ctrl+2	应用"标题2"样式
Ctrl+V	粘贴文本或对象	Alt+Ctrl+3	应用"标题3"样式
Ctrl+Z	撤销上一操作	Ctrl+Shift+L	应用"列表"样式
Ctrl+Y	重复上一操作	Backspace	删除左侧的一个字符
Ctrl+]	逐磅增大字号	Ctrl+Backspace	删除左侧的一个单词
Ctrl+[	逐磅减小字号	Delete	删除右侧的一个字符
Ctrl+D	改变字符格式（"格式"菜单中的"字体"命令）	Ctrl+Delete	删除右侧的一个单词
Shift+F3	切换字母大小写	Alt+Shift+R	复制文档中上一节所使用的页眉或页脚
Ctrl+Shift+H	应用隐藏文字格式	Shift+Enter	换行符
Ctrl+=（等号）	应用下标格式（自动间距）	Ctrl+Enter	分页符
Ctrl+Shift++（加号）	应用上标格式（自动间距）	Ctrl+Shift+Enter	列分隔符
Ctrl+Shift+Z	取消人工设置的字符格式	Ctrl+Shift+空格	不间断空格
Ctrl+Shift+Q	将所选部分设为Symbol字体	Alt+Ctrl+C	版权符号
Ctrl+1	单倍行距	Alt+Ctrl+R	注册商标符号
Ctrl+2	双倍行距	Alt+Ctrl+T	商标符号
Ctrl+5	1.5倍行距	Alt+Ctrl+.（句点）	省略号
Ctrl+0	在段前添加一行间距	Shift+→	右侧的一个字符
Shift+←	左侧的一个字符	Ctrl+End	移至文档结尾
Shift+End	行尾	Ctrl+Home	移至文档开头
Shift+Home	行首	Enter	新段落
Shift+↓	下一行	Ctrl+Tab	制表符

快捷键	功能	快捷键	功能
Shift+↑	上一行	Ctrl+N	创建与当前或最近使用过的文档类型相同的新文档
Shift+PageDown	下一屏	Ctrl+O	打开文档
Shift+PageUp	上一屏	Ctrl+W	关闭文档
Ctrl+Shift+Home	文档开始处	Ctrl+S	保存文档
Ctrl+Shift+End	文档结尾处	Ctrl+F	查找文字、格式和特殊项
Ctrl+A	包含整篇文档	Ctrl+H	替换文字、特殊格式和特殊项
Shift+F8	缩小所选内容	Ctrl+G	定位至页、书签、脚注、表格、注释、图形或其他位置
←	左移一个字符	Alt+Ctrl+Z	返回至页、书签、脚注、表格、批注、图形或其他位置
→	右移一个字符	Alt+Ctrl+Home	浏览文档
Ctrl+←	左移一个单词	Alt+Ctrl+P	切换到页面视图
Ctrl+→	右移一个单词	Alt+Ctrl+O	切换到大纲视图
Ctrl+↑	上移一段	Alt+Ctrl+N	切换到普通视图
Ctrl+↓	下移一段	Alt+Ctrl+M	插入批注
Alt+Ctrl+PageUp	移至窗口顶端	Ctrl+Shift+E	打开或关闭标记修订功能
Alt+Ctrl+PageDown	移至窗口结尾	Alt+Shift+O	标记目录项
Ctrl+PageDown	移至下页顶端	Alt+Shift+I	标记引文目录项
Ctrl+PageUp	移至上页顶端	Alt+Shift+X	标记索引项
Ctrl+F12	显示"打开"对话框	Alt+Ctrl+F	插入脚注
F12	显示"另存为"对话框	Alt+Ctrl+E	插入尾注
Alt+1	转到上一文件夹（"向上一级"按钮）	Ctrl+6	删除底纹

课堂案例索引

案例名称	所在页码	案例名称	所在页码
课堂案例——显示/隐藏标尺	26	课堂案例——在"快速访问工具栏"中添加其他按钮	30
课堂案例——显示网格线	26	课堂案例——新建窗口	32
课堂案例——显示/隐藏参考线	27	课堂案例——全部重排窗口	32
课堂案例——显示/隐藏笔记	28	课堂案例——层叠窗口	33
课堂案例——在"快速访问工具栏"中添加常用按钮	29	课堂案例——切换窗口	34

课后习题索引